José Abrantes
André Antônio de Souza

Geometria Descritiva I

Coordenadas descritivas. Projeções.
Os diedros e as épuras. Ponto, reta e plano.
Figuras e retas contidas em planos.
Perspectivas. Vistas ortográficas nos 1º e 3º diedros.
Introdução ao Desenho Técnico Projetivo.

EDITORA
CIÊNCIA MODERNA

Geometria Descritiva I (Coordenadas descritivas. Projeções. Os diedros e as épuras. Ponto, reta e plano. Figuras e retas contidas nos planos. Perspectivas. Vistas ortográficas nos 1° e 3° diedros. Introdução ao Desenho Técnico Projetivo)

Editor: Paulo André P. Marques
Produção Editorial: Dilene Sandes Pessanha
Capa: Daniel Jara
Diagramação: Daniel Jara
Copidesque: Equipe Ciência Moderna

FICHA CATALOGRAFICA

ABRANTES, José; SOUZA, André Antônio de.

Geometria Descritiva I

Rio de Janeiro: Editora Ciência Moderna Ltda., 2024.

1. Geometria Descritiva
I — Título

ISBN: 978-65-5842-327-0
CDD 516.6

Editora Ciência Moderna Ltda.
R. Alice Figueiredo, 46 – Riachuelo
Rio de Janeiro, RJ – Brasil CEP: 20.950-150
Tel: (21) 2201-6662/ Fax: (21) 2201-6896
E-MAIL: LCM@LCM.COM.BR
WWW.LCM.COM.BR **01/24**

Sobre os autores

José Abrantes nasceu no Rio de Janeiro, em 07/02/1951. Técnico de Máquinas e Motores (ETFCSF), Engenheiro Mecânico (Uerj), licenciado em Desenho (UCAM), licenciado em Matemática (UCAM), Especialista em docência do Ensino Fundamental e Médio (UCAM), Especialista em Docência do Ensino Superior (FABES/ISEP), Mestre em Tecnologia (CEFET/RJ), Doutor em Engenharia de Produção (COPPE/UFRJ). Pós-Doutorado, na área de educação (FEAGRI/UNICAMP) e Pós-Doutorado, estudando a Pedagogia Empresarial (UFF). Trabalhou sete anos (1970 a 1976) como desenhista e projetista e 22 anos como engenheiro (1977 a 1998), sendo 17 anos como calculista de equipamentos e cinco em fábricas, como gerente de engenharia e manutenção. Entre 1999 e 2002 foi professor de Desenho Técnico da FAETEC. Entre 1998 e 2015 atuou como professor do ensino superior em diversas instituições privadas. É professor associado aposentado do Instituto de Aplicação Fernando Rodrigues da Silveira - CAp/UERJ, onde atuou no Departamento de Matemática e Desenho - DMD (entre 2002 e 2015). Entre janeiro de 2000 e fevereiro de 2023, foi professor do Departamento de Geometria e Representação Gráfica, do Instituto de Matemática e Estatística, da Universidade do Estado do Rio de Janeiro – IME/UERJ. Em março de 2023, aos 72 anos de idade, aposentou-se como professor titular.

André Antônio de Souza nasceu no Rio de Janeiro, em 21/07/1977. *Designer* (UGF), licenciado em Desenho (ISERJ), Especialista em Técnicas de Representação Gráfica (UFRJ), Mestre em *Design* (UFRJ), Doutorando em *Design* (UERJ). Atuou como Professor Substituto na área de Expressão Gráfica nas seguintes instituições: Universidade Federal Rural do Rio de Janeiro – UFRRJ, no Instituto de Tecnologia, Departamento de Arquitetura e Urbanismo (2010-2011), Universidade Federal do Rio de Janeiro – UFRJ, na Escola Politécnica, Departamento de Expressão Gráfica (2014) e Escola de Belas Artes, Departamento de Técnicas de Representação (2017-2018)/(2021-2023); Universidade do Estado do Rio de Janeiro – UERJ, no Instituto de Matemática e Estatística, Departamento de Geometria e Representação Gráfica (2013-2015)/(2022-2023). Entre 2010 e 2015 foi professor de Desenho em AutoCAD da FAETEC. Atuou ainda no Centro Universitário Carioca – UNICARIOCA, no Instituto INFNET e na Fundação CECIERJ. É professor assistente do Departamento de Matemática e Desenho – DMD, do Instituto de Aplicação Fernando Rodrigues da Silveira (CAp-UERJ).

Apresentação do livro

A Geometria Descritiva, também chamada de Geometria mongeana ou método de Monge, é um ramo da Geometria que tem como propósito representar objetos do espaço tridimensional ou R^3 no espaço ou plano bidimensional R^2. Também é conhecida como geometria espacial.
Em 1795, o matemático francês Gaspard Monge (1746-1818) criou um método baseado na dupla projeção ortogonal de uma reta. Estas duas projeções, posteriormente, chamadas de vista de cima ou superior ou planta e a vista de frente ou frontal ou anterior, representadas em dois planos ortogonais ou perpendiculares (π e π'), passaram a ser representadas em um único plano, através de um rebatimento, gerando o que se chama em Geometria Descritiva de épura, sendo a base conceitual do Desenho Técnico Projetivo.
Mesmo os mais modernos programas de representação gráfica, especialmente os de Geometria Dinâmica, inclusive com imagens tridimensionais que se movimentam, usam os conceitos básicos da Geometria Descritiva criados por Monge há mais de 220 anos.
Este livro foi planejado como livro texto da disciplina "Geometria Descritiva I", aplicada ao Ensino Médio, com duas aulas semanais, ao longo de dois semestres ou quatro bimestres, perfazendo um total anual entre 66 e 70 horas aula, incluindo testes, provas e avaliações . Os capítulos seguem uma lógica típica e consagrada de ementas de boas Escolas públicas e privadas que mantém o Ensino da Geometria Descritiva. Observa-se que, para uma boa performance no ensino/aprendizado da Geometria Descritiva é fundamental que o aluno tenha boas noções de Desenho Geométrico, principalmente quanto às habilidades de manuseio do par de esquadros e uso do compasso e régua, preferencialmente da escala triangular (escalímetro).
Ao longo de todo o livro, além dos conceitos teóricos, são apresentados exercícios resolvidos e propostos (com respostas no Apêndice A), bem como exemplos de aplicações práticas reais, quando possível. O livro é pródigo em imagens tridimensionais, reforçando a máxima de que: "Uma imagem vale mais do que mil palavras".
Para além dos conceitos típicos da Geometria Descritiva, sempre que aplicável, o livro interage com as Geometrias Plana, Espacial e Analítica, bem como com a Trigonometria nos triângulos retângulos. Ou seja, o livro pratica a interdisciplinaridade, facilitando em muito o aprendizado da Matemática, em especial das Geometrias Plana, Espacial e Analítica.
Este livro atende à ementa da disciplina "Geometria Descritiva I", praticada no Ensino Médio, também podendo ser utilizado como base conceitual ao ensino/aprendizado da disciplina Desenho Técnico Projetivo, normalmente constante na grade curricular dos seguintes cursos: Academias Militares, Arquitetura, Belas Artes, Desenho Industrial, Engenharias, Licenciatura em Desenho e Licenciatura em Matemática.

José Abrantes (D.Sc.). Professor associado aposentado, lotado no Departamento de Matemática e Desenho – DMD, do Instituto de Aplicação Fernando Rodrigues da Silveira, da Universidade do Estado do Rio de Janeiro – CAp/UERJ e professor titular aposentado, lotado no Departamento de Geometria e Representação Gráfica, do Instituto de Matemática e Estatística da Universidade do Estado do Rio de Janeiro – IME/UERJ.

André Antônio de Souza (M.Sc.). Professor assistente ativo, lotado no Departamento de Matemática e Desenho – DMD, do Instituto de Aplicação Fernando Rodrigues da Silveira, da Universidade do Estado do Rio de Janeiro – CAp/UERJ

Sumário

Como deve ser a prática da geometria descritiva: desenhos na prancheta com esquadros e compasso ou na forma digital?

Existem duas formas de se praticar a geometria descritiva: 1 – desenhos usando folhas de papel, realizados sobre mesas ou pranchetas, desenhando com lápis e ou lapiseiras e utilizando os materiais clássicos como: esquadros, compasso, escalímetro e transferidorr e 2 – desenhando em tela com programas de geometria dinâmica ou outros, como por exemplo, o AutoCad, e em alguns casos até com o Word.

Material básico "clássico" (ou analógico) usado nos desenhos de geometria descritiva

Embora na prática atual, e cada vez mais, os desenhos geométricos, técnicos e de geometria descritiva sejam executados usando programas de computador ou *softwares*, é importante citar os seguintes principais instrumentos que podem ser utilizados: par de esquadros, compasso, escalímetro (escala triangular), transferidor, borracha plástica, lápis ou lapiseiras e folhas de papel. Especialmente para desenhos de curvas, por exemplo, em perspectivas, faz-se necessário o uso de "curvas francesas" e gabaritos de circunferências e elipses, como a seguir mostrados:

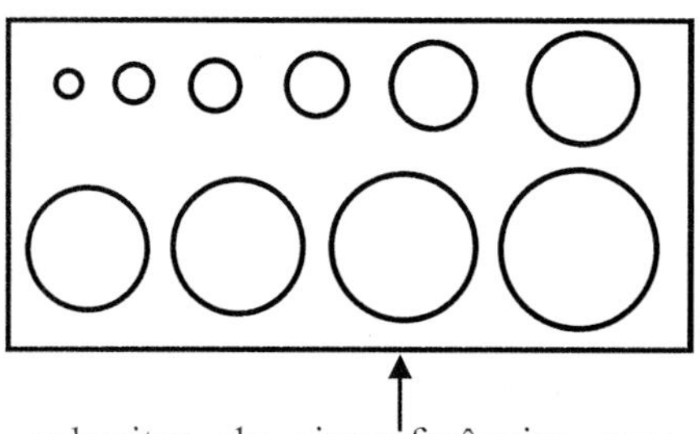

Os gabaritos de circunferências com vários valores de diâmetros, são retângulos de plásticos, com vários furos circulares. Esses gabaritos são particularmente úteis quando se deve desenhar circunferências e arcos circulares de pequenos valores, por exemplo, com raio menor que 5 mm.

Este é um exemplo de uma curva francesa, também feita em plástico. Assim como os gabaritos de circunferências, e até de elipses, existem vários tipos, com as mais variadas curvas. As partes internas são vazadas.

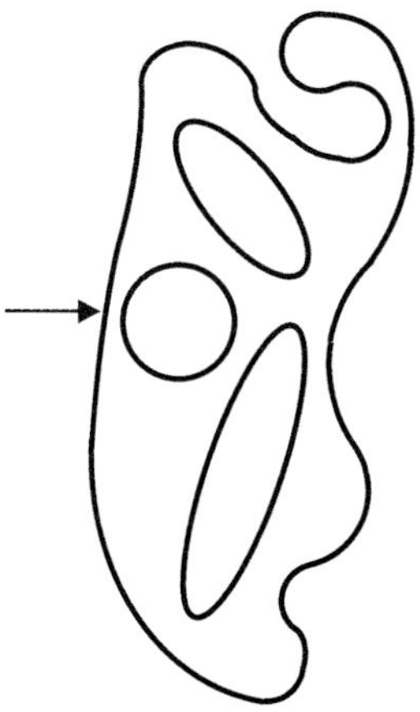

Com relação ao papel, a Associação Brasileira de Normas Técnicas – ABNT, através da Norma NBR 10068, define os seguintes formatos (dimensões): A0, A1, A2, A3 e A4. A norma brasileira foi inspirada na norma internacional ISO 216 de 1975, que define os tamanhos de papel utilizados em quase todos os países, com exceção dos EUA e Canadá.

Os formatos padronizados e detalhes das folhas de papel para desenho

Os tamanhos de papel definidos pela norma ABNT 10068 têm a particularidade de a razão entre sua altura e sua largura ser exatamente igual à raiz quadrada de dois ($\sqrt{2}$), o que significa que quando, por exemplo, se unem duas folhas A4 obtém-se uma folha A3, com exatamente o dobro da área e com as mesmas proporções. Da mesma forma, cortando-se uma folha A4 ao meio obtêm-se duas folhas de tamanho A5.
O tamanho A4 tem essa designação porque é a quarta divisão consecutiva do tamanho A0, que se caracteriza por ter exatamente um metro quadrado (1 m^2) de área com lados na razão de um para raiz quadrada de dois.

Formato	Largura x Altura (mm)
A0	841 x 1.189
A1	594 x 841
A2	420 x 594
A3	297 x 420
A4	210 x 297

Tabela 1: dimensões dos formatos
(*Fonte*: NBR 10068, tabela 1)

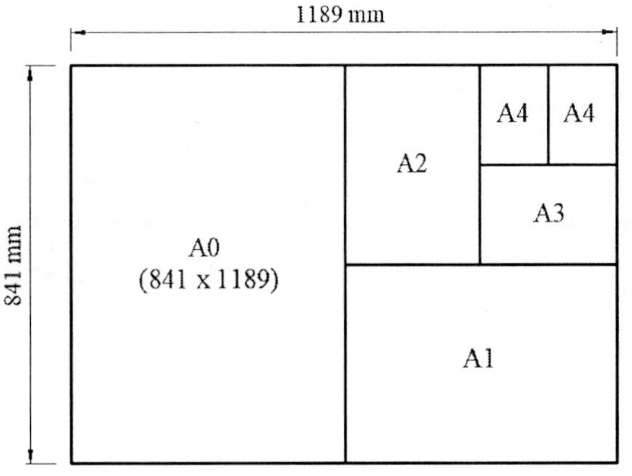

Figura 1.1: proporções dos formatos (*Fonte*: NBR 10068, figura 4)

O tamanho da folha a ser utilizada, depende do tipo de desenho, escala utilizada e quantos detalhes existam. Na prática da geometria descritiva é muito comum o uso dos formatos A3 e A4. Em geral usa-se o formato A3, quando se quer desenhar, por exemplo, tanto a imagem tridimensional, quanto as projeções e épuras, ou seja, imagens bidimensionais.

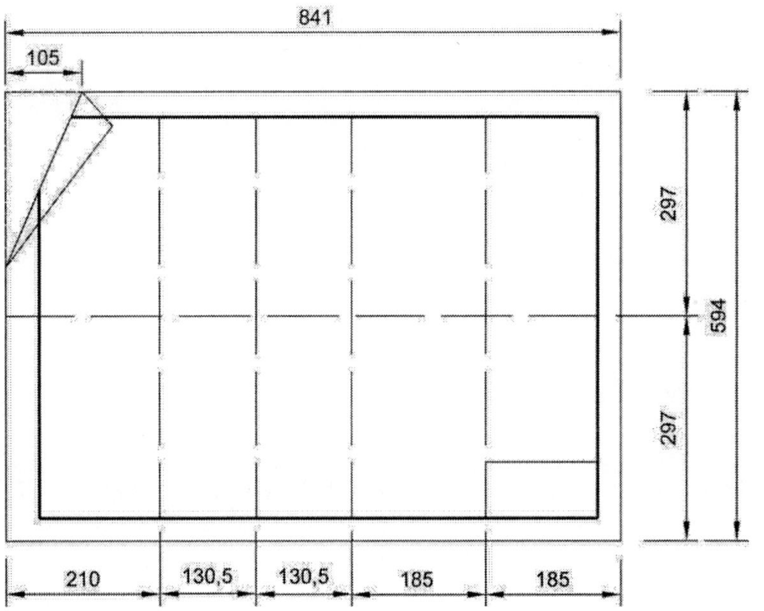

Após o dobramento o desenho é arquivado desta forma

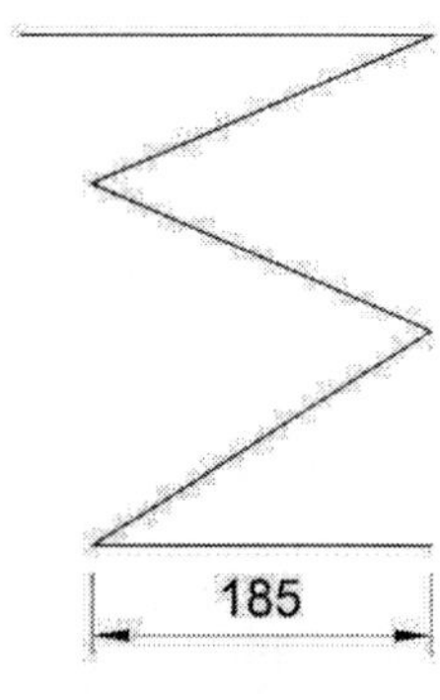

Figura 2: detalhes do dobramento da folha, formato A3 (folha na horizontal).

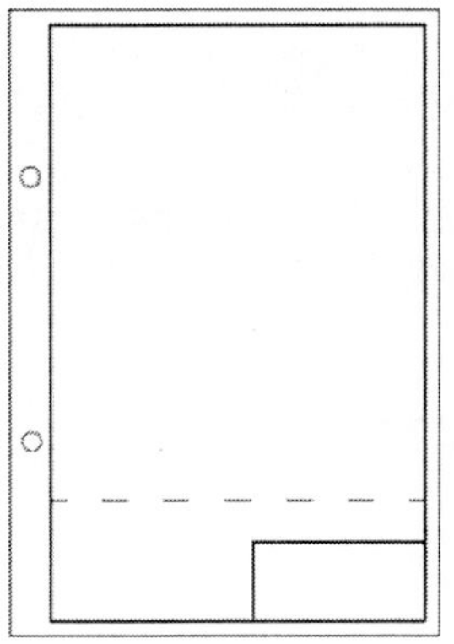

A folha A4, devido ao tamanho, tem este detalhe.

Figura 3: detalhes das folhas A4

Formato	Margem Equerda	Margem Direita	Espessura da linha
A0	25	10	1,4
A1	25	10	1,0
A2	25	7	0,7
A3	25	7	0,5
A4	25	7	0,5

Tabela 1.2: detalhes das margens (mm) (*Fonte*: NBR 10068, tabela 2)

Os tipos de grafites usados em desenhos de geometria descritiva

Para desenhos feitos à mão com os instrumentos clássicos, são usadas lapiseiras ou lápis, ou seja, grafite. Além de diversas espessuras, existem diferentes tipos ou tons de grafite, indo do mais claro, que é o 9H, até o mais escuro, que é o 9B. Observa-se que, quanto mais claro (série H) mais duro e quanto mais escuro (série B), mais macio. Já o grafite usado nos lápis de madeira só apresenta as seguintes quatro classificações: B, H, F e HB. Estas letras vêm dos seguintes termos em inglês:

B é *blackness* ou negritude; H é *hardness* ou dureza; F é *fine* ou ponta fina e HB é um tipo de grafite de dureza média, que está entre o H e o B. Considerando uma escala do mais rígido para o mais macio, os grafites apresentam a seguinte classificação:

9H - 8H - 7H - 6H - 5H - 4H - 3H - 2H - H - F - HB - B - 2B - 3B - 4B - 5B - 6B - 7B - 8B - 9B.

Quanto maior o número, mais acentuada é a característica, representada pela letra, ou seja: 9H é mais duro que o 3H, enquanto um 9B é mais macio que o 2B.
Uma dúvida que surge, especialmente entre estudantes é quanto a qual tipo de grafite usar. Embora a escolha seja pessoal, já que depende inclusive se a pessoa tem a mão mais "pesada" ou mais "leve", podem ser feitas as seguintes recomendações:

- Em projetos, estudos (inclusive artísticos), áreas escuras e grandes, funcionam bem grafites macios, entre os 9B a 4B.
- Desenhos à mão livre ou *croquis* são bem executados com os macios entre 3B a B.
- No traçado de linhas e escritas, costuma-se usar a dureza média: HB ou F.

De modo geral, utilizam-se os grafites mais duros (série H) para obter traçados claros e os mais suaves (série B) para obter sombras e preencher áreas mais escuras. Deve ser dito que, os mais duros são mais difíceis de serem apagados (usando a borracha tipo plástica), enquanto os mais suaves podem ser totalmente apagados, sem deixar sulcos no papel. Ainda, de forma geral, na prática, do desenho à mão e com instrumentos, usando o papel tipo Canson, trabalha-se normalmente na faixa entre o F, HB e B.

Desenhos da geometria descritiva usando programas de geometria dinâmica e outros

O termo geometria dinâmica é utilizado para definir programas interativos que possibilitam a criação e manipulação de figuras geométricas a partir de suas propriedades. Esses programas também são utilizados nas geometrias analítica e descritiva, bem como em pesquisas.
Na geometria dinâmica há diversos recursos disponíveis como, por exemplo, uso de cores nos desenhos, sistemas de coordenadas cartesianas e polares, calculadora interna, medição de ângulos, distâncias e áreas. Com programas de geometria dinâmica é possível clicar em um ponto do desenho construído e arrastá-lo pela tela, com o *mouse*, mudando sua configuração. É dessa possibilidade de movimentação que vem o termo geometria dinâmica.
A principal característica da geometria dinâmica é que as imagens podem ser arrastadas na tela do computador, utilizando o *mouse*, possibilitando a transformação de figuras geométricas em tempo real. Com isso, a tela fornece a impressão que o desenho se deforma com o processo de arrastar, enquanto mantém as relações especificadas como essenciais da construção original. Outra característica da geometria dinâmica é permitir rapidez na execução dos desenhos, pois figuras que demorariam muito tempo para serem construídas no papel, com régua e compasso, são criadas no computador em segundos.
Dentre os principais programas de geometria dinâmica os seguintes se destacam: Tabulae, Geogebra, Régua e Compasso, Cabri Géomètre e Cabri 3D. Embora não sejam de geometria dinâmica, os programas AutoCad e Word podem ser utilizados nos desenhos de geometria descritiva, especialmente quanto ao desenho de figuras geométricas.

O Tabulae é um software de Geometria Dinâmica plana que foi desenvolvido no Projeto "Enibam" do Instituto de Matemática da Universidade Federal do Rio de Janeiro - IM/UFRJ. Esse programa é gratuito.
Geogebra: "Geometria + Álgebra", é um programa austríaco gratuito que reúne Geometria, Álgebra e Cálculo. De forma geral, podem ser construídos pontos, segmentos de reta, polígonos, circunferências,

vetores, gráficos de funções, curvas cônicas (circunferências, elipses, parábolas e hipérboles), que podem ser dinamicamente modificados com um simples movimento do *mouse*. Uma vantagem do Geogebra é a de apresentar duas representações diferentes de um mesmo objeto: a representação geométrica e a algébrica. Esse programa pode ser utilizado em vários idiomas, inclusive português.
Régua e Compasso (CaR) é um programa de Geometria Dinâmica que pode ser baixado gratuitamente. Esse programa possibilita construções dinâmicas e interativas. Após algumas construções, os objetos geométricos podem ser deslocados na tela sem modificação das relações geométricas.
O Cabri-Géomètre II é um *software* educativo específico para o aprendizado da geometria. Foi desenvolvido por Jean-Marie Laborde e Franck Bellemain, no Institut D'Informatique et Mathématiques Appliquées de Grenoble, França. O Cabri possui muitos recursos na construção das figuras geométricas possibilitando movê-las e deformá-las, Permite criar e explorar figuras geométricas de forma interativa através da construção de pontos, retas, triângulos, polígonos, círculos e outros objetos.
Cabri 3D é um *software* de matemática dinâmica tridimensional. Ele foi desenvolvido pela empresa francesa Cabrilog, permitindo a construção em três dimensões e, ao mesmo tempo, tem os benefícios da geometria interativa. Ele oferece uma interface lúdica e intuitiva com ferramentas de visualização 3D, que muito facilitam o ensino/aprendizado da geometria.

Observações sobre a educação 100% digital, incluindo o ensino da geometria descritiva

A Suécia em dezembro de 2022 decidiu que voltaria a também utilizar material escolar impresso, em especial livros didáticos. Desde a década de 1990, o país informatizou os materiais didáticos e as aulas. Por que a Suécia, um dos países mais ricos e desenvolvidos do mundo tomou esta decisão?
Antes de dar mais detalhes sobre a decisão da Suécia, é importante citar que, estudos mostram que é perfeitamente possível e produtivo usar concomitantemente as duas estratégias de ensino: aulas na lousa, com materiais impressos, conjugadas com aulas remotas e materiais digitais. Recursos didáticos digitais, quando usados corretamente e no contexto de um projeto político pedagógico,ajudam muito, especialmente por combinarem imagem, texto e som.
A principal razão para a Suécia tomar a decisão foi o resultado do Pirls 2021 (*Progress in International Reading Literacy Study*), um exame internacional que mede habilidades de leitura de alunos do 4º ano do ensino fundamental (de 9 a 10 anos de idade), que mostrou que o desempenho das crianças suecas, ainda que esteja acima da média europeia, piorou entre 2016 e 2022. Autoridades e especialistas em Educação concluíram que há uma ligação direta entre essa queda e o uso intensivo de telas nas salas de aula. A Universidade de Harvard, nos Estados Unidos, já mostrou que exagerar nas telas pode levar a prejuízos na comunicação, problemas no sono e atrasos no desenvolvimento cognitivo. Estudos também mostram que, com a leitura digital, os alunos tendem a "passar os olhos" pelos textos mais rapidamente.
O governo da Suécia admite que a "digitalização da sociedade é necessária", mas reforça que, segundo órgãos de saúde, existe um custo cognitivo para quem passa muitas horas na frente da tela. No Brasil, há uma postura semelhante seguida pela Sociedade Brasileira de Pediatria (SBP), que recomenda o seguinte limite diário de contato com celulares, tablets e computadores: Dos 2 aos 5 anos de idade: até 1 hora por dia; dos 6 aos 10 anos: entre 1 e 2 horas por dia e dos 11 aos 18 anos: entre 2 e 3 horas por dia.
No que se refere ao ensino da geometria descritiva, como proposto neste livro, os autores recomendam que, dentro das possibilidades e disponibilidade das Escolas de Educação Básica, especialmente no Ensino Médio, sejam utilizados tanto o desenho em papel sobre mesas ou pranchetas, quanto o desenho em computador com programas de geometria dinâmica.

Introdução
Desenhando letras, números e linhas. Uso das escalas

Letras e números

A Norma ABNT NBR 16861: Execução de Caractere para Escrita em Desenho Técnico, fixa característica de escrita (letras, números e símbolos) usada em desenhos técnicos e documentos semelhantes. Aplica-se para escrita à mão livre e por instrumentos, inclusive por computador. A norma tem como objetivo a uniformidade, a legibilidade e a adequação à microfilmagem e a outros processos de reprodução. Cabe observar que a Norma Internacional ISO 3098, apresenta as características da escrita normalizada, com diversos tipos.

No Brasil, as letras usadas em desenhos técnicos são do tipo bastão, maiúsculas e minúsculas, podendo ser, tanto na vertical, quanto inclinadas a 75 graus. Os números e símbolos também seguem estas posições. Os caracteres devem ser claramente distinguíveis entre si, para evitar qualquer troca ou algum desvio mínimo da forma ideal. Para a microfilmagem e outros processos de reprodução é necessário que a distância entre caracteres corresponda, no mínimo a, duas vezes a largura da linha, conforme Figura 1 e Tabela 1. transcritos da NBR 16861.

No caso de larguras ou espessuras de linhas diferentes, a distância deve corresponder à da linha mais larga. Para facilitar a escrita, deve ser aplicada a mesma largura ou espessura de linha para letras maiúsculas e minúsculas. Os caracteres devem ser escritos de forma que as linhas se cruzem ou se toquem, aproximadamente, em ângulo reto. A altura h, que corresponde à altura das letras maiúsculas, possui razão dois (2), correspondente à razão dos formatos de papel para desenho técnico. Ou seja, o tamanho da letra e ou número está diretamente relacionado ao tamanho da folha. Formatos maiores, letras maiores e vice versa.

Condições específicas: a altura h das letras maiúsculas deve ser tomada como base para o dimensionamento (ver Figuras 1 (a)(b)(c) e Tabela 1). As alturas h e c não devem ser menores do que 2,5 mm. Na aplicação simultânea de letras maiúsculas e minúsculas, a altura h não deve ser menor que 3,5 mm.

Características	Relação	Dimensões (mm)						
Altura das letras maiúsculas = h	(10/10) h	2,5	3,5	5	7	10	14	20
Altura das letras minúsculas = c	(7/10) h	-	2,5	3,5	5	7	10	14
Distância mínima entre caracteres = a *	(2/10) h	0,5	0,7	1	1,4	2	2,8	4
Distância mínima entre linhas de base = b	(14/10) h	3,5	5	7	10	14	20	28
Distância mínima entre palavras = e	(6/10) h	1,5	2,1	3	4,2	6	8,4	12
Largura da linha = d	(1/10) h	0,25	0,35	0,5	0,7	1	1,4	2

* Quando necessário, a distância entre caracteres pode ser alterada.

Tabela 1: proporções e dimensões de símbolos gráficos
(*Fonte*: NBR 16861)

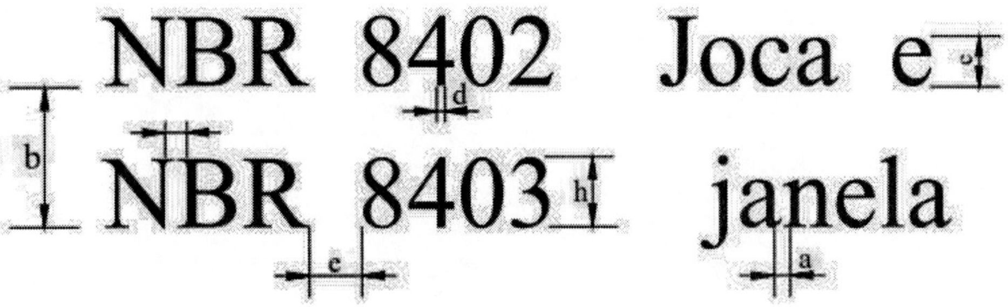

Figura 1 (a): características gerais da escrita

Figura 1 (b): características gerais da escrita vertical

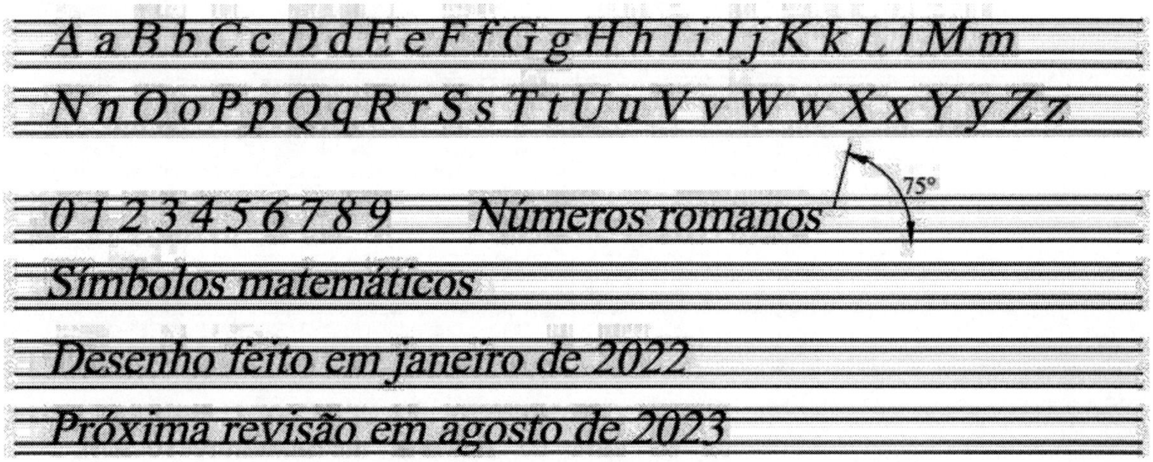

Figura 1 (c): características da escrita inclinada

Espessuras e tipos de linhas utilizadas em geometria descritiva

Estas linhas seguem a norma NBR 16861: Aplicação de Linhas em Desenho. Tipos de Linhas. Larguras de Linhas, sendo adiante citadas os principais tipos de linhas utilizadas em desenhos de geometria descritiva. A largura ou espessura das linhas corresponde ao escalonamento, conforme os formatos de papel A4 e A3. Ou seja, desenhos menores, têm letras de menor espessura e altura.
Deve ser ressaltado que, em um mesmo desenho, segundo a NBR 16861, só existem duas espessuras de linhas: larga (ou grossa) e estreita (ou fina), sendo que a relação entre as larguras de linhas largas e estreitas não deve ser inferior a dois (2). Por exemplo, se em um desenho se utilizar a espessura 1,00 mm como linha larga ou grossa, as linhas estreitas ou finas não devem ser menor do 0,50 mm (1,00 mm/0,5 mm = 2)
Principalmente na prática do desenho com instrumentos manuais (régua, esquadros e compasso), as espessuras mais utilizadas são: 0,50 mm e 0,70 mm.
Em geral, em desenhos de geometria descritiva, usam-se os seguintes tipos de linhas:

————————— Linha contínua: usada para perímetros de figuras, desenhos tridimensionais, tanto de superfícies, quanto dos planos de projeções (π, π' e π''). Em alguns casos, este tipo de linha também é usado como linha auxiliar ou de construção, por exemplo, em desenhos de perspectivas cônicas.

- - - - - - - - - - - - Linha tracejada: usada para representar linhas projetantes, bem como arestas não visíveis, tanto em vistas ortográficas, quanto em imagens tridimensionais.

—·—·—·—·—·— Linha traço e ponto: usada para representar eixos de simetria e linhas de centro.

—··—··—··—··— Linha traço e dois pontos: usada para representar planos, que não os três de projeções (π, π' e π'').

Desenhando em escala

Especialmente em desenhos de perspectivas, bem como em vistas ortográficas, nem sempre será possível representar os objetos em suas verdadeiras grandezas. Portanto, para permitir a execução dos desenhos, os objetos e peças grandes precisam ser representados com suas dimensões reduzidas, enquanto os objetos, ou detalhes, pequenos necessitarão de uma representação ampliada. Por exemplo, o desenho de uma planta de uma casa é feito com uma escala de redução (por exemplo, 1:50), já o desenho de um alfinete, devido aos detalhes mínimos, será feito com uma escala de ampliação (por exemplo, 5:1).
As escalas são utilizadas para ampliar ou reduzir o objeto projetado (ou ainda mantendo as dimensões, como na escala 1:1), de acordo com a precisão desejada e disponibilidade de área de papel para execução de um desenho. Existem dois tipos básicos de escalas: a gráfica e a numérica, sendo a primeira mais utilizada em desenhos cartográficos ou de mapas, enquanto os desenhos técnicos projetivos usam escalas numéricas de redução e ampliação.

Escala gráfica

A escala gráfica é representada sob a forma de um segmento de reta, normalmente subdividido em seções e ao longo do qual são registradas as distâncias reais correspondentes às dimensões do segmento.
A escala gráfica simples é uma reta dividida em unidades na razão da escala. Gradua-se a reta, a partir do ponto zero, com uma unidade básica maior para a esquerda, e para a direita marca-se a mesma unidade básica maior tantas vezes quantas forem suficientes. A unidade da esquerda chama-se talão ou extensão e acha-se subdividida em unidades menores. Vejamos o exemplo abaixo, muito comum em mapas.

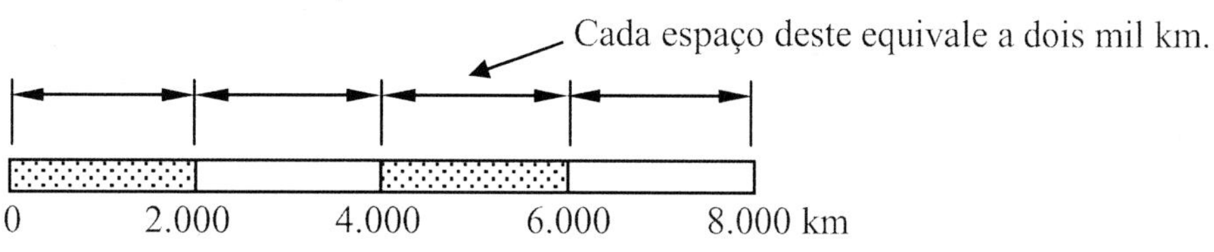

Escalas numéricas: natural ou 1:1, de redução e ampliação. O escalímetro

A escala numérica compreende três tipos: A) a natural ou 1:1, onde as medidas do desenho e do objeto representado são iguais, ou seja, uma unidade do desenho corresponde a uma unidade do objeto; B) a escala de redução, onde as medidas do desenho são menores que as do objeto representado. Exemplos: 1:20, 1:25, 1:50, 1:75, 1:100 e 1:125 e C) a escala de ampliação, onde as medidas do desenho são maiores que a do objeto representado. Exemplos: 2:1 e 5:1. A escala numérica é uma razão de semelhança entre as medidas do desenho e as medidas reais do objeto.

Quando se diz que um desenho está na escala de ampliação de 2:1 (dois para um), significa que duas unidades do desenho correspondem a uma unidade do objeto. Ao usar uma escala de redução de 1:50 (um para cinquenta), significa que uma unidade do desenho corresponde a cinquenta (50) unidades do objeto.

Vamos supor que uma planta de uma casa seja feita na escala 1:25 (ou um para vinte e cinco). Esta escala numérica significa que a unidade de comprimento, no desenho, vale vinte e cinco vezes essa mesma unidade no terreno.

Na prática, existem os instrumentos chamados escalímetros, normalmente no formato prismático triangular, que já tem as réguas graduadas com diversas escalas. Nestes escalímetros são impressas seis escalas, duas em cada face do prisma. Observa-se que, numa mesma face ou escala, por exemplo, 1:50, tanto se pode usar como escala de ampliação, quanto de redução, bastando trabalhar (pensar) com potências de 10. Esta escala de 1:50, também pode ser 1:500, 1:5 ou 1:0,5. Como 1:0,5 = 2, a escala 1:0,5, em verdade, é de ampliação 2:1, onde a medida do desenho está indicada com o dobro do valor real.

Normalmente estes escalímetros vêm com as seguintes réguas: 1:20, 1:25, 1:50, 1:75, 1:100 e 1:125, embora existam outras réguas, com outras escalas, utilizadas em situações especiais.

Na figura a seguir vê-se na parte superior, o início da escala 1:200, onde a primeira marcação equivale a 1 metro. Na parte inferior vê-se o mesmo 1 metro, porém na escala 1:100, ou seja, o mesmo 1 metro representado por uma distância duas vezes maior, pois 1:100 é duas vezes maior do que 1:200.

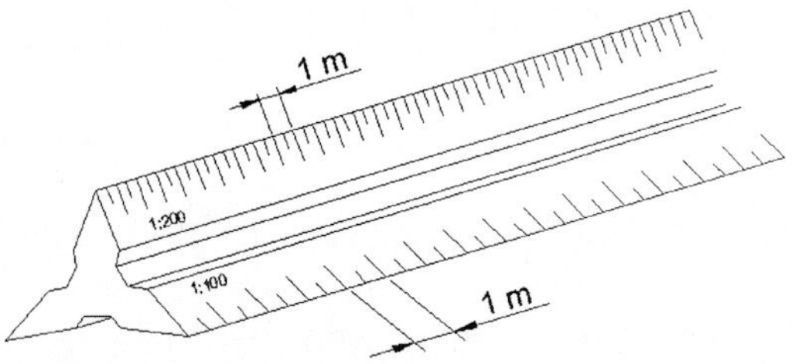

Este é o formato dos escalímetros, normalmente vendidos no comércio de artigos de desenho técnico e usado por desenhistas e outros profissionais da área.

Quando se observa na régua uma escala de 1:200, em verdade isto significa que, aquele pequenino espaço equivale a um metro na realidade, pois está reduzido em 200 vezes. Agora vamos entender isto melhor.

1 metro é igual a 1.000 milímetros. Se dividirmos 1.000 mm por 200, achamos 5 mm (1.000 mm/200 = 5 mm). Agora se pegarmos um outro escalímetro (ou até uma régua de plástico graduada em centímetros) e colocarmos próximo a este 1 metro na escala de 1:200, veremos que tem 5 mm ou 0,5 centímetro.

Outro exemplo. Se observarmos a régua 1:100, veremos que o primeiro número equivalente a 1 metro, tem exatamente 1 centímetro (é só conferir com uma régua de plástico). Como assim? É simples. 1:100 significa 1 metro dividido por 100, ou seja, 1.000 mm/100, que é igual a 10 mm ou 1 cm.

Esta mesma régua 1:100, pode ser usada como 1:10, sendo que neste caso, a primeira marcação não será equivalente a 1 metro, mas sim 10 vezes menos, ou seja, 100 mm ou 10 cm. 1 metro é 10 vezes maior do que 10 cm.

A figura a seguir mostra na parte superior o início da escala 1:50, onde o número 1 equivale a 1 metro. É importante entender isto. 1:50, significa 1 metro dividido por 50 ou 1.000 mm dividido por 50, que é igual a 20 mm ou 2 cm. De novo, se pegarmos um outro escalímetro (ou até uma régua de plástico graduada em centímetros) e colocarmos próximo a este 1 metro na escala de 1:50, veremos que tem 20 mm ou 2 centímetros.

Esta mesma régua 1:50, pode ser usada como 1:5, sendo que neste caso, a primeira marcação não será equivalente a 1 metro, mas sim 10 vezes menos, ou seja, 100 mm ou 10 cm. 1 metro é 10 vezes maior do que 10 cm. Ou seja, dependendo da escala, o mesmo espaço na régua pode ser equivalente a 1 metro ou a 10 cm, ou seja, 10 vezes menos.

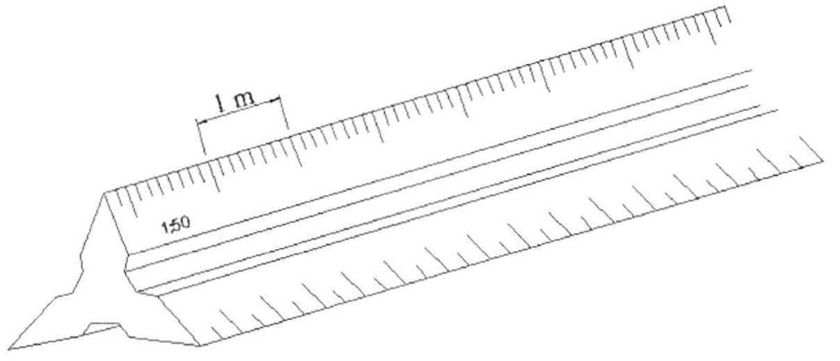

Detalhes da escala 1:50.

Exercício Resolvido 1: Como se define, qual escala utilizar? Como escolher entre 1:1, 1:2, 1:5, 1:25, 1:200, 1:500 ou qualquer outra escala? Primeiro depende da dimensão que se quer representar! Por exemplo, vamos supor que se tenha que desenhar uma peça mecânica, como a mostrada a seguir, com dimensões em milímetros. Qual escala se deve utilizar?

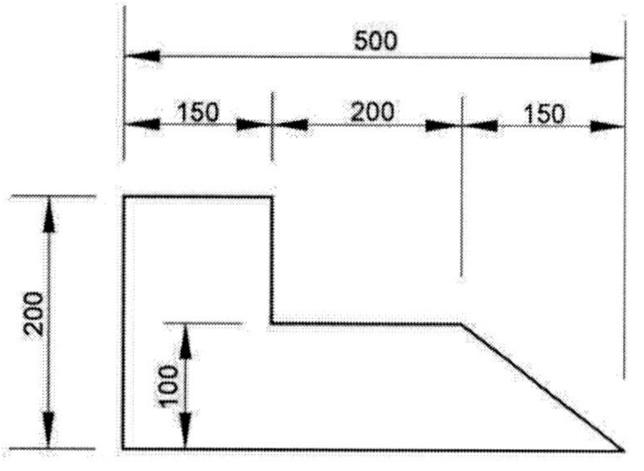

Como 500 mm ou meio metro, não dá para ser desenhado, por exemplo, num formato A4 ou num A3 e até num A2. Num A1 dá, mas vai ficar um desenho grande e feio, sem necessidade. Como a figura é simples, se reduzirmos cinco vezes, ainda assim ficará grande, pois os 500 mm, ocuparão 100 mm ou 10 cm no papel (500 mm / 5 = 100 mm = 10 cm). Porém, se dividirmos por 10, ou seja, se representarmos 10 vezes menor, teremos 500 mm / 10 = 50 mm ou 5 cm no papel. Ou seja, podemos usar a escala de 1:10. Que será na régua 1:100, onde a primeira divisão será igual a 1 cm ou 10 mm, pois 1.000 mm/100 = 10 mm ou 1 cm.

Exercício resolvido 2: Quer se desenhar um ginásio de uma escola, no formato retangular externo com 25 metros de largura por 75 metros de comprimento. Qual escala usar? Vamos à análise, considerando o desenho feito em papel e com instrumentos, já que em tela do computador a análise é outra, muito mais simples e prática.
Como é uma construção civil, que terá muitos detalhes internos, não podemos fazer o desenho muito pequeno, ou seja, no mínimo devemos usar um formato A3, que tem 297 mm x 420 mm (conforme tabela 1.1). Agora vamos imaginar o formato A3, onde ficará este retângulo.

A dimensão A deve ser no mínimo de 5 cm, para o desenho ficar bem posicionado. Consultando um escalímetro, descobre-se que uma boa escala é a 1:250, isso devido à medida de 25 metros.

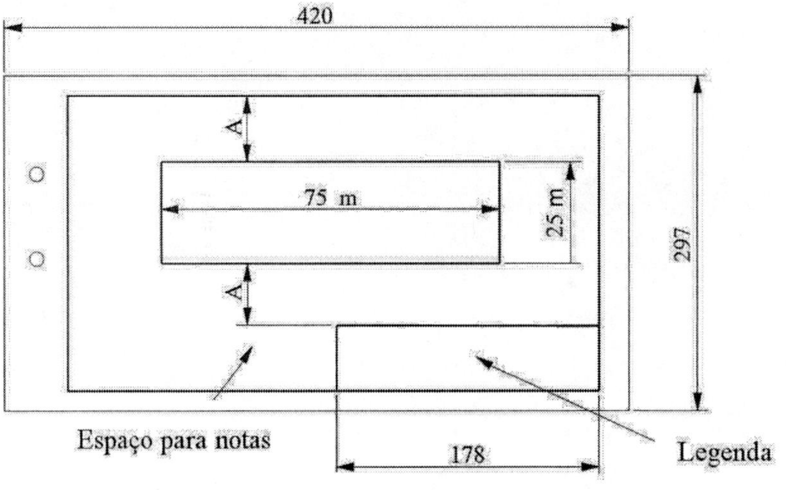

Em resumo, deve-se ter a folha, onde será feito o desenho, disponível na mão, e o escalímetro e, então, por observação descobre-se qual régua é a mais indicada. Na sequência, se analisa se será de ampliação ou redução, trabalhando-se com potência de 10. E quanto às escalas de ampliação, quando são usadas? Vamos a um exemplo.

Imagine um alfinete de roupa, que tem medida de comprimento de 20 mm e uma cabeça muito pequena e com um detalhe em curva. Como ele será fabricado em uma máquina que terá um molde com as mesmas dimensões, e como este molde também terá que ser fabricado, o desenho tem que ser feito de tal forma que sejam vistos todos os mínimos detalhes, isto só é possível usando uma ampliação, que pode ser 10:1.

Em Desenhos Técnicos Projetivos de peças mecânicas é comum o uso da escala de ampliação de 2:1 (ou 1:0,5), bem como a de redução 1:2.

Na prática, cada área profissional e cada tipo de desenho, usam escalas consagradas e que dão uma boa proporcionalidade ao desenho. A tabela 2.2 dá uma ideia de vários tipos de desenhos e as escalas usuais.

O uso da escala na prática da geometria descritiva, tanto para desenhos com instrumentos clássicos, quanto no computador

A norma NBR 8196: Desenho Técnico: emprego de escalas, recomenda as seguintes escalas:

De redução: 1:2, 1:5, 1:10, 1:20, 1:50, 1:100, 1:200, 1:500, 1:1.000, 1:2.000, 1:5.000 e 1:10.000. De ampliação: 2:1, 5:1, 10:1, 20:1 e 50:1.

Em geral, a prática da geometria descritiva utiliza a escala natural ou 1:1, embora algumas vezes, por exemplo em perspectivas e vistas ortográficas, costuma-se usar escalas de redução 1:2 e até 1:5.

Apenas como ilustração, a tabela 2 mostra as escalas, tradicionalmente, utilizadas na prática dos Desenhos Técnicos Projetivos, pelas diversas áreas e especialidades.

Tipo de Desenho	Escala utilizada
Planta de situação	Em áreas urbanas: 1:500 e 1:1.000 Em áreas rurais: 1:1.000, 1:5.000 e até 1:10.000 e 1:50.000
Planta de implantação	1:200, 1:250, 1:500 ou 1:1.000
Planta	1:25 e 1:50
Cortes longitudinais e transversais	1:25 e 1:50
Desenho de fachadas	1:25 e 1:50
Desenho de detalhes arquitetônicos	1:10, 1:20, 1:25
Desenho de ferros (vergalhões)	Sem escala
Plantas de tubulação	1:20, 1:50, 1:100
Isométricos de tubulação	Sem escala (porém proporcional)
Desenhos mecânicos de conjunto	1:2, 1:5, 1:10
Detalhes de peças mecânicas	1:1,1:2, 1:5, 2:1, 5:1, 10:1

Tabela 2: principais escalas usadas em Desenhos Técnicos Projetivos

Embora os escalímetros indiquem escalas numéricas de redução, também podem ser usadas como escalas de ampliação. Por exemplo, na escala 1:50 (de redução) as distâncias marcadas na régua são o dobro daquelas da escala 1:100, ou seja a régua 1:50 pode ser usada como escala de ampliação 2:1 (dois para um).
Tanto no AutoCad, quanto em outros programas de desenho técnico projetivo, existem comandos que permitem que o desenho seja feito em uma determinada escala, de forma a se ter um bom campo de visão na digitação e, posteriormente, se ajuste para uma determinada escala. O mesmo ocorre para a impressão, ou seja, pode-se imprimir em uma escala diferente da qual se originou o desenho. Obviamente, quando se desenha de forma analógica, ou seja, usando régua e compasso, não é possível a mudança de escala.

Capítulo 1

A geometria descritiva e os sistemas projetivos. As perspectivas

1.1 A geometria descritiva ou geometria mongeana

Ou método de Monge, é um ramo da geometria que tem como objetivo representar objetos do espaço tridimensional ou R^3 no espaço ou plano bidimensional R^2. Esse método foi desenvolvido pelo filósofo e matemático francês Gaspard Monge (1746-1818) e teve grande impacto no desenvolvimento tecnológico industrial, sendo considerada como a base conceitual do desenho técnico projetivo.
Mesmo os mais modernos programas de representação gráfica, inclusive com imagens tridimensionais que se movimentam, usam os conceitos básicos da geometria descritiva criados por Monge há mais de 220 anos, que também é apontado como grande teórico da geometria analítica, bem como considerado o pai da geometria diferencial de curvas e superfícies do espaço.

1.1.1 O conceito de projeção

A geometria descritiva usa um sistema de projeção cilíndrica e ortogonal, ou seja, como pertencentes a um cilindro e fazendo 90^0 com o plano de projeção. As primeiras ideias de projeção de uma figura sobre um plano, muito provavelmente se originou da observação da projeção da sombra de uma árvore no chão, devido à luz do sol. As primeiras projeções eram cônicas, exatamente como o olho humano vê as coisas. Isso pode ser confirmado quando se está em um grande corredor ou quando se olha um longo trilho de uma ferrovia. A sensação que se tem é que as linhas se encontram, quando não verdade são paralelas, ou seja, distância constante. Na sequência pensou-se na projeção cilíndrica oblíqua, ou seja, inclinada em relação ao plano de projeção e posteriormente na projeção cilíndrica ortogonal ou o método mongeano. As figuras a seguir ilustram esses detalhes.

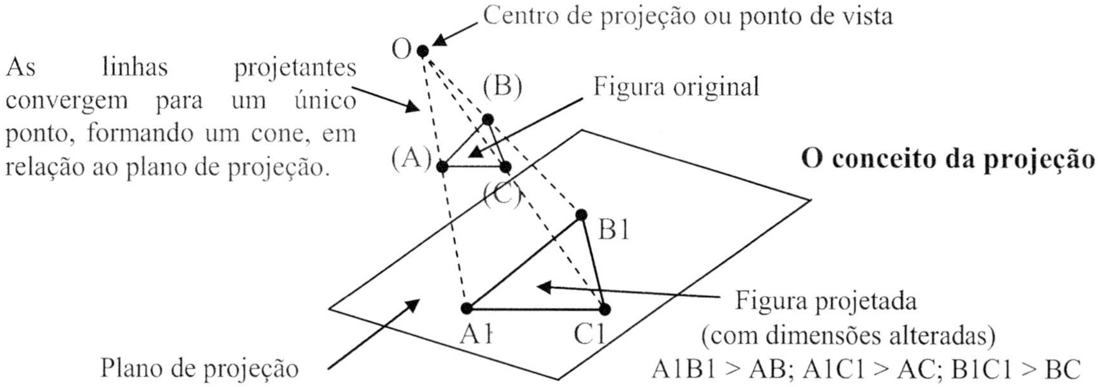

O conceito da projeção cônica

Projeções cônicas são muito utilizadas na área da Arquitetura, especialmente nas perspectivas cônicas.

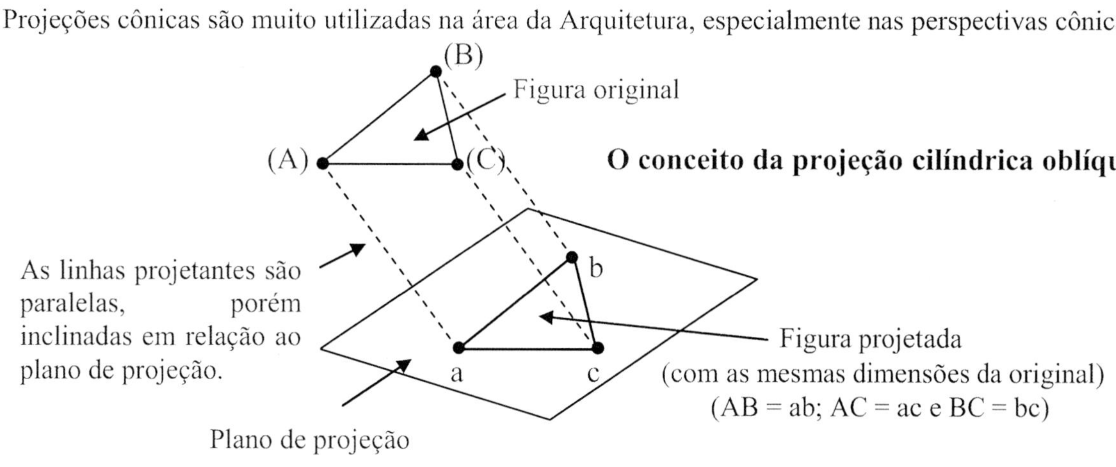

O conceito da projeção cilíndrica oblíqua

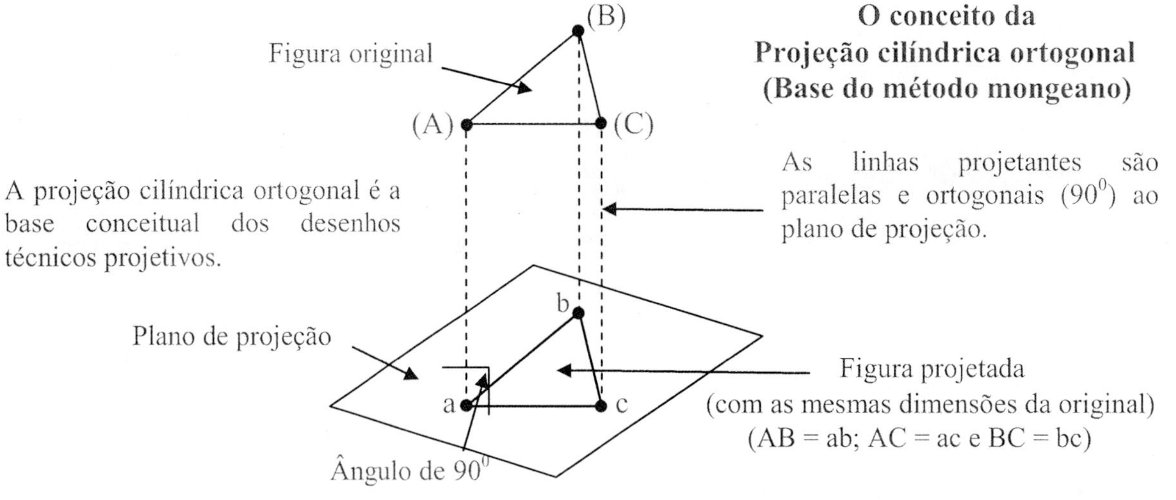

O conceito da Projeção cilíndrica ortogonal (Base do método mongeano)

O termo cilíndrica vem do conceito de que é como se as linhas projetantes estivessem sobre a superfície de um cilindro. Com o método mongeano e os conceitos das coordenadas cartesianas e dos diedros de projeções, a geometria descritiva muito se desenvolveu, permitindo a representação gráfica bidimensional de peças e objetos através das normas e procedimentos do desenho técnico projetivo.

1.2 O método de Monge e a representação gráfica pelo Desenho Técnico Projetivo

De acordo com registros históricos, o primeiro uso do desenho técnico consta no álbum de desenho da livraria do Vaticano, onde no ano de 1490, aos 47 anos de idade, o italiano Giuliano de Sangalo (1443-1516), escultor, arquiteto e engenheiro militar, já usava' planta e elevação, ou seja, já representava objetos considerando a vista de cima ou superior e a vista de frente ou frontal, exatamente como são feitos os desenhos técnicos projetivos atuais.

Em 1795 Gaspard Monge (1746-1818), aos 49 anos de idade, criou um método baseado na dupla projeção ortogonal de um objeto tridimensional. Estas duas projeções, posteriormente, chamadas de vista de cima ou superior ou planta e a vista de frente ou frontal ou anterior, representadas em dois planos ortogonais ou perpendiculares, passaram a ser representadas em um único plano, através de um rebatimento, gerando o que se chama em geometria descritiva de épura, sendo a base conceitual do desenho técnico projetivo.
Originalmente, Monge projetou uma reta inclinada sobre um plano horizontal. Posteriormente foi feita a projeção dessa mesma reta, também sobre um plano vertical, perpendicular ao plano horizontal original. Estudos subsequentes, fizeram a projeção da mesma reta em um terceiro plano (de perfil), perpendicular aos outros dois: horizontal e vertical. A partir das projeções nos três planos, foi possível a representação gráfica de uma figura plana ou de um sólido, por três vistas ou projeções ortogonais. Sem se conseguir precisar datas, a grande evolução das projeções idealizadas por Monge, foi quando se concebeu as seis projeções cilíndricas ortogonais de um sólido, considerando-o como no interior de um hexaedro ou cubo.
O desenho técnico projetivo, tal qual é representado hoje, século XXI (2001 a 2100), foi uma evolução da geometria descritiva, devido à rápida necessidade dos problemas de Engenharia, principalmente em função da 1ª Revolução Industrial que ocorreu entre 1780 e 1860.
Três grandes áreas utilizam desenhos técnicos projetivos: Arquitetura, Desenho Industrial (*Design*) e Engenharia, em construções, fabricações e montagens. Essas áreas geram produtos que ou são construídos ou fabricados e ou montados. Edificações ou prédios, bem como navios, devido suas dimensões, são construídos, a partir de diversas partes ou peças, fabricadas uma a uma. Fabricar significa produzir em uma fábrica, pressupondo-se um local fechado, com várias máquinas e equipamentos. Automóveis são montados, a partir de centenas de peças, produzidas em diversas fábricas diferentes. Um automóvel tem entre 70 mil e 90 mil peças diferentes, sendo que cada uma, para ser fabricada, tem que ter, pelo menos, um desenho técnico projetivo.

Representação espacial da concepção original de Gaspard Monge, sobre a projeção cilíndrica ortogonal em dois planos

Esta foi a ideia inicial de Gaspard Monge, com projeções em dois planos ortogonais, no espaço. Observa-se que, em verdade, são feitas projeções de arestas ou retas, sendo que uma reta pode ser entendida como a união de dois pontos (A) e (B).

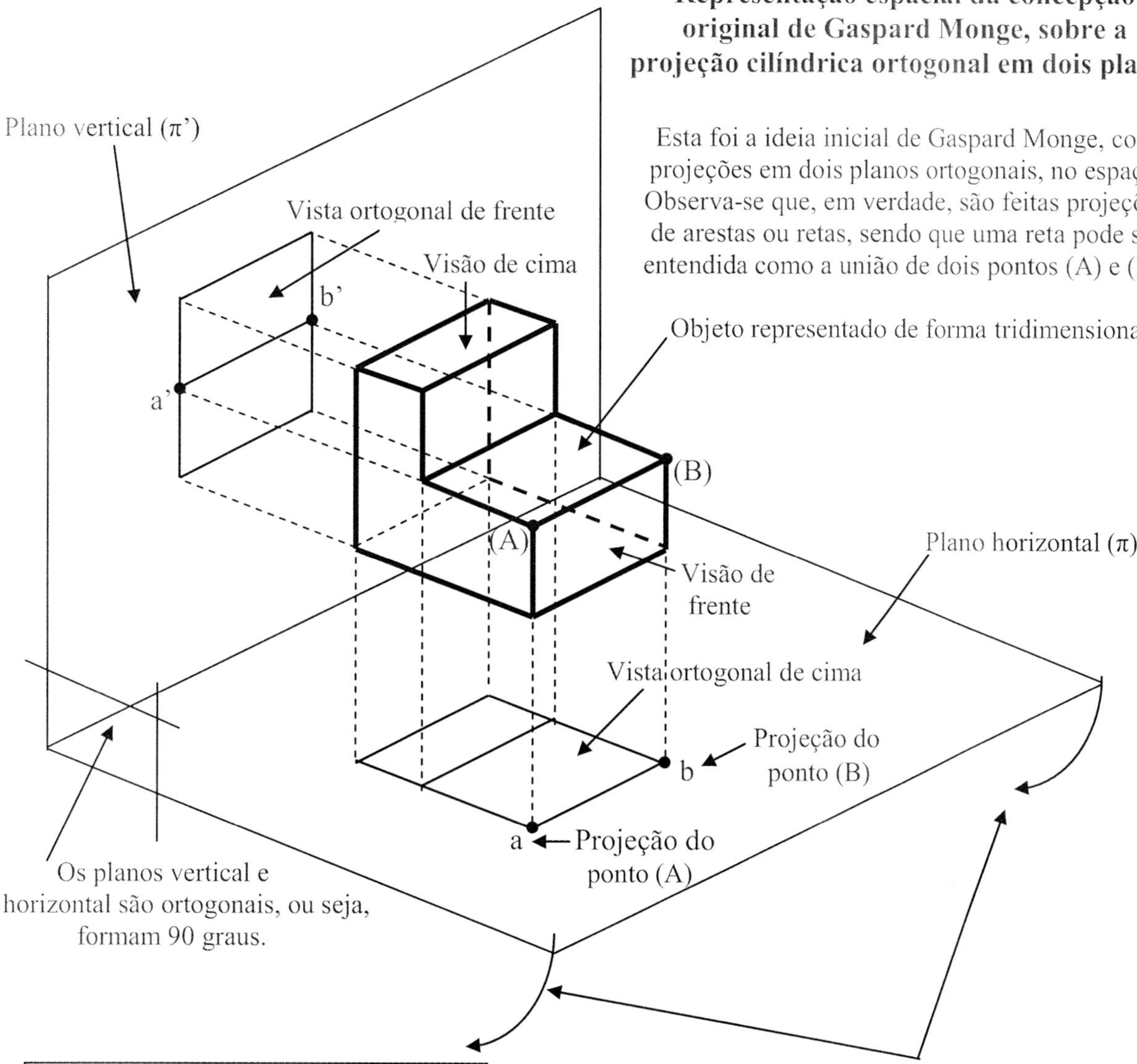

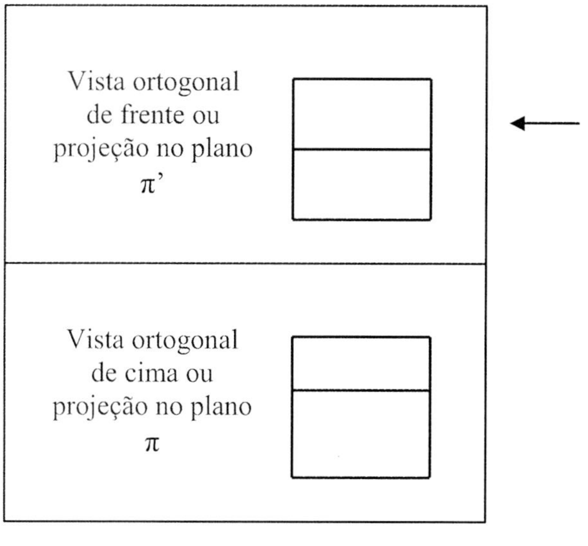

Rebatendo o plano horizontal para baixo, obtém-se uma planificação, chamada épura. Ou seja, Monge criou um método que permitiu representar um objeto tridimensional em duas projeções ortogonais. Este é o conceito básico do desenho técnico projetivo.

Posteriormente criou-se o terceiro plano ou plano de perfil (π''), permitindo a representação em três vistas e, no processo evolutivo do desenho projetivo chegou-se à concepção de imaginar o objeto no interior de um hexaedro ou cubo, permitindo a representação em até seis vistas,

1.3 Perspectivas: cavaleira, isométrica e cônica

A palavra perspectiva vem do latim *perspicere* e significa "ver através de". Embora desde a Grécia antiga artistas já desenhassem expressando a ideia de volume e profundidade, foi a partir da conceituação da perspectiva cônica, em 1413, que outros tipos de perspectivas foram sendo desenvolvidas..
Do ponto de vista da aplicação no desenho técnico projetivo, existem dois tipos de perspectivas: a cônica e a cilíndrica axonométrica* com as seguintes classificações:

(* Axonometria: *axon* = eixo e *metreo* = medida)

- Perspectivas
  - Cônica
    - Com 1 ponto de fuga
    - Com 2 pontos de fuga
    - Com 3 pontos de fuga
  - Cilíndrica Axonométrica
    - Oblíqua
      - Militar
      - Cavaleira
    - Ortogonal
      - Isométrica
      - Dimétrica ou bimétrica
      - Anisométrica ou trimétrica

Para os objetivos deste livro, como base conceitual do desenho técnico projetivo, serão mostrados apenas os seguintes tipos de perspectivas: cônica, cavaleira, Isométrica, dimétrica e anisométrica ou trimétrica.

1.3.1 A perspectiva cavaleira

Utiliza a projeção cilíndrica oblíqua, causando uma deformação no objeto representado, sendo que uma das faces (a de frente) é paralela ao plano de projeção, ou seja, representada em verdadeira grandeza.

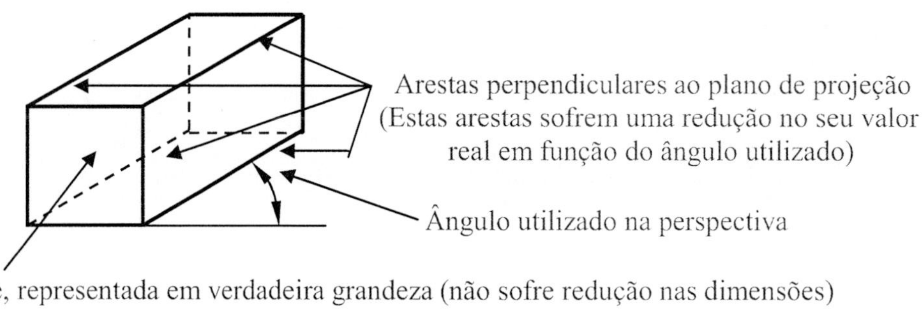

Em princípio, pode ser utilizado qualquer valor de ângulo, mas na prática são utilizados 30^0, 45^0 e 60^0. Para cada valor de ângulo é calculado um fator K de redução das arestas paralelas ao plano de projeção. K é a relação entre a aresta reduzida e a aresta real:

$$K = \frac{\text{Aresta reduzida}}{\text{Aresta real}}$$

Na prática temos os seguintes valores:

- K = 2 / 3 para ângulo de 30^0
- K = 1 / 2 para ângulo de 45^0
- K = 1 / 3 para ângulo de 60^0

O objeto também pode ser desenhado com a noção de profundidade da direita para a esquerda.

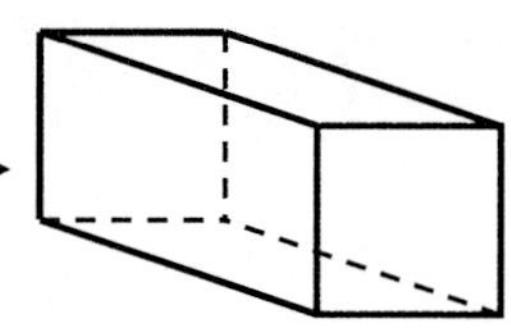

Quanto maior o ângulo utilizado "menores" ficam as arestas perpendiculares ao plano de projeção. A figura a seguir mostra o mesmo prisma, ou seja, com as mesmas dimensões, porém com ângulos diferentes. Observa-se o efeito espacial, que torna o desenho harmonioso e equilibrado. Tem-se a impressão que o objeto está se "escondendo", à medida que o ângulo aumenta.

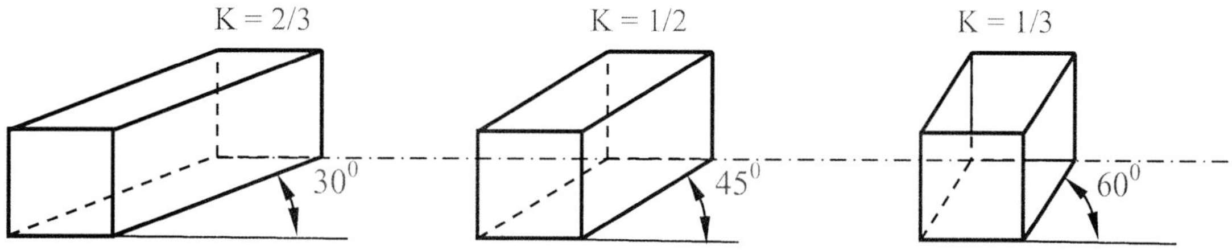

A seguir veja-se como ficaria o mesmo prisma, fazendo a perspectiva cavaleira a 60^0, mas sem reduzir a dimensão das arestas perpendiculares ao plano de projeção.

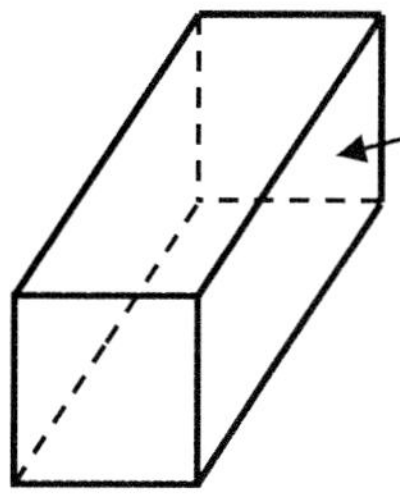

Observa-se que o objeto fica muito "falso" ou não equilibrado, pois ficou "espichado".

Esta imagem tem um melhor aspecto visual para o ângulo de 60^0.

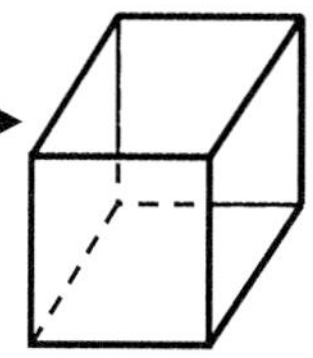

Exemplos de cilindros em perspectiva cavaleira (circunferência nas três faces)

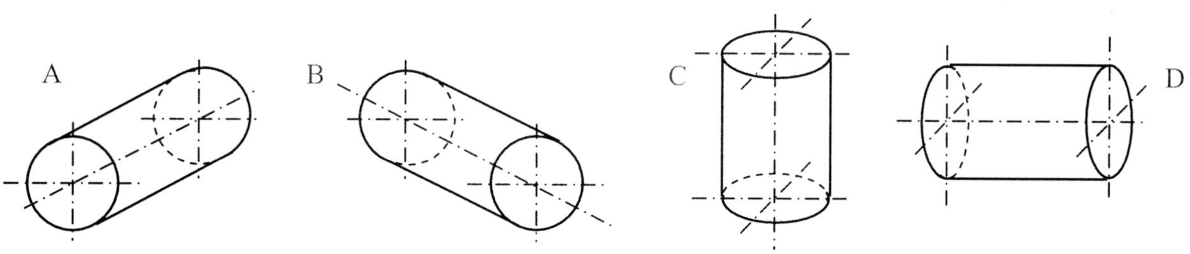

Nas posições A e B, a circunferência aparece em verdadeira grandeza, sem deformação.

Nas posições C e D, a circunferência aparece como uma elipse. Existem métodos geométricos específicos para o seu traçado, como conceituado a seguir.

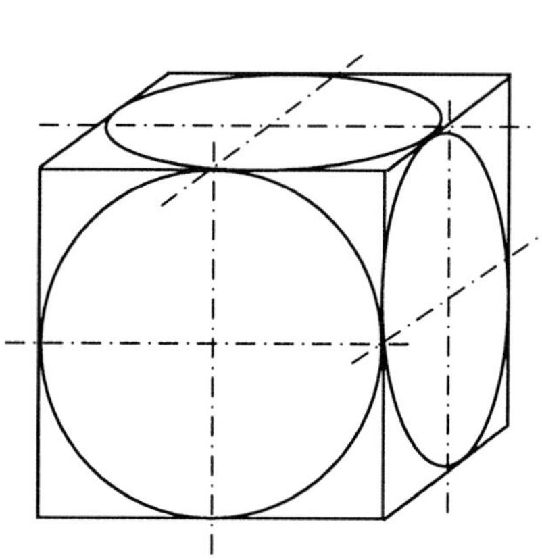

Este é o conceito da construção de circunferências em perspectiva cavaleira, segundo o plano considerado.

1.3.1.1 Exemplos de perspectivas cavaleiras a 45^0

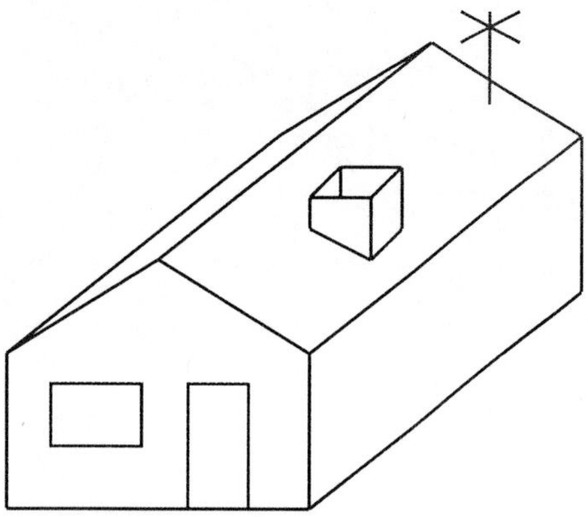

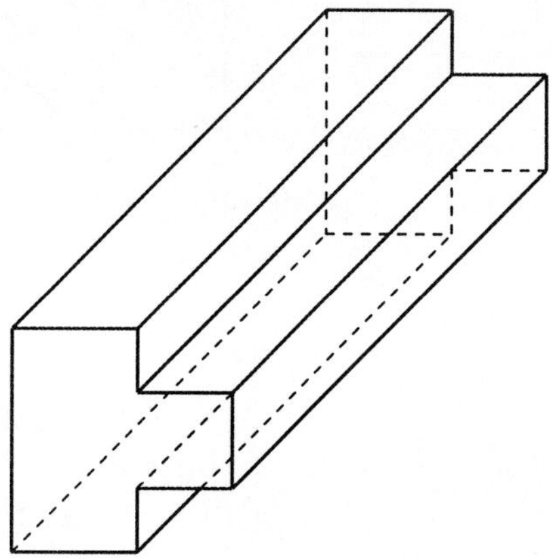

1.3.2 A perspectiva isométrica

Utiliza a projeção cilíndrica ortogonal, onde as projeções dos três eixos x, y, z, formam entre si ângulos de 120^0. As três faces aparecem de forma inclinada, mostrando alguns detalhes que não são bem visíveis na cavaleira. Teoricamente as três dimensões da Isométrica deveriam sofrer uma redução igual de 0,8, mas na prática não se faz.

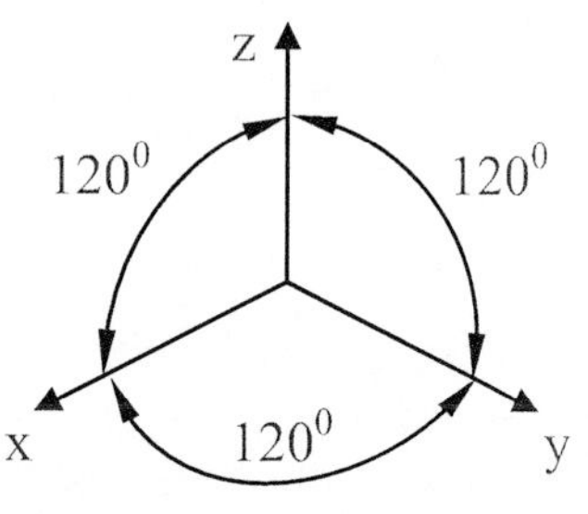

Na prática são traçados ângulos de 30^0 desta maneira

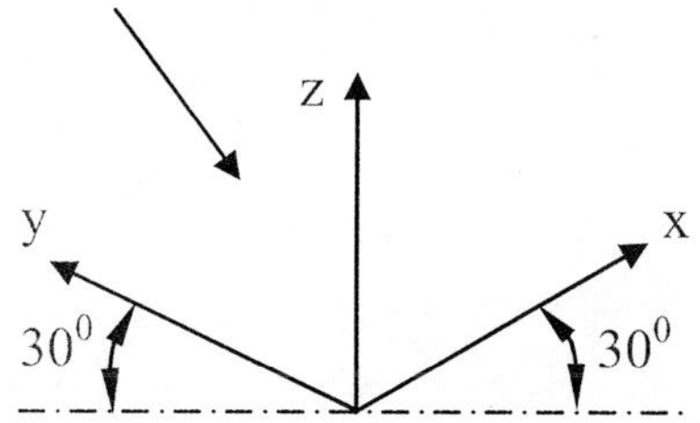

Exemplos de poliedros em perspectiva isométrica

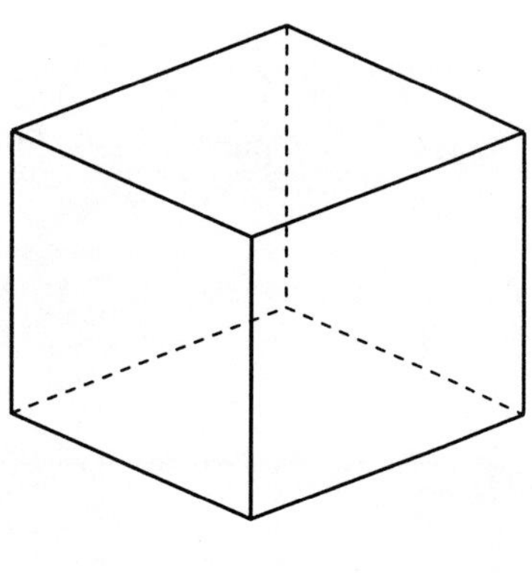

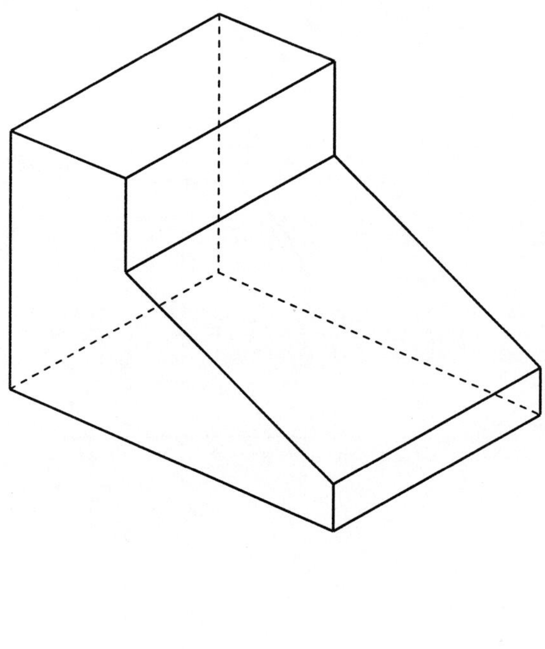

1.3.2.1 Desenho da perspectiva isométrica de circunferências nas três faces (exemplos de cilindros isométricos)

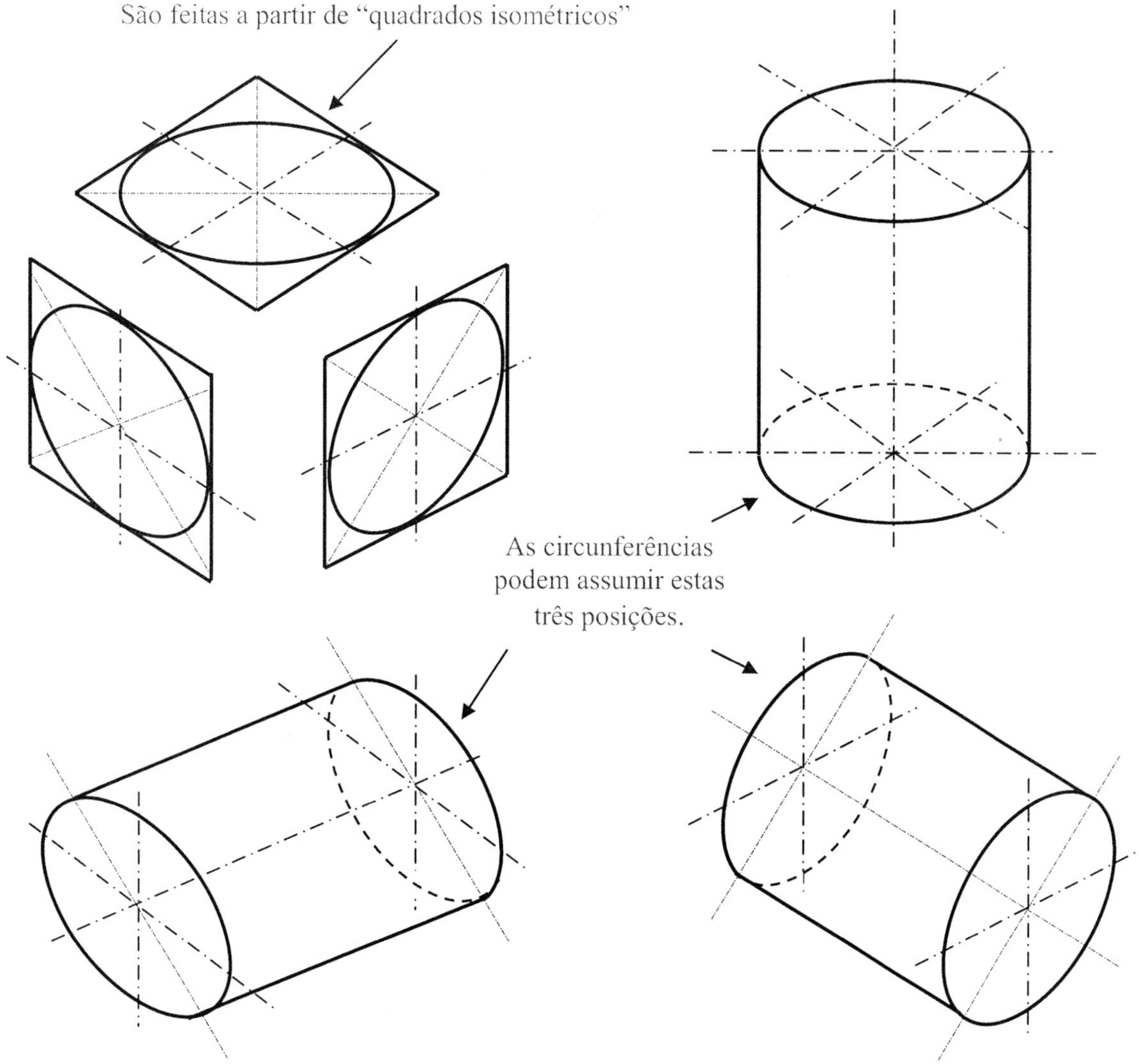

Processo para desenho de uma circunferência em perspectiva isométrica (gerando uma elipse)

1^0 **Passo**: divido o quadrado isométrico A, B, C, D em 4 partes iguais (mediatrizes) determinando os pontos 1, 2, 3 e 4.

2^0 **Passo**: pelo ponto C traço retas C1 e C2 . Pelo ponto A traço retas A3 e A4. Ficam determinados os centros 5 e 6.

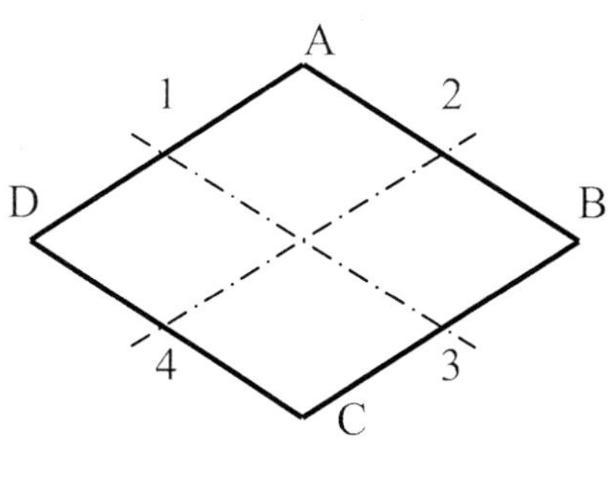

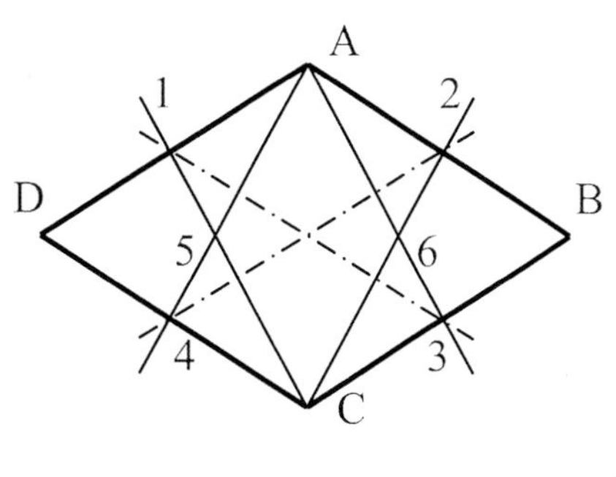

3º Passo: com centro em C e raio C1 = C2, traço arco C12.

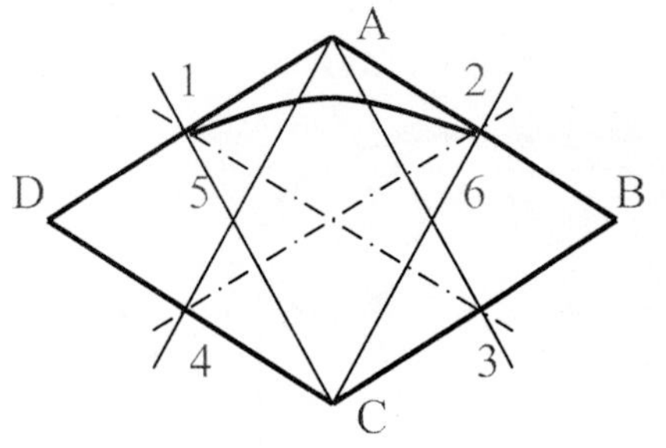

4º Passo: com centro em A e raio A3 = A4, traço arco A34.

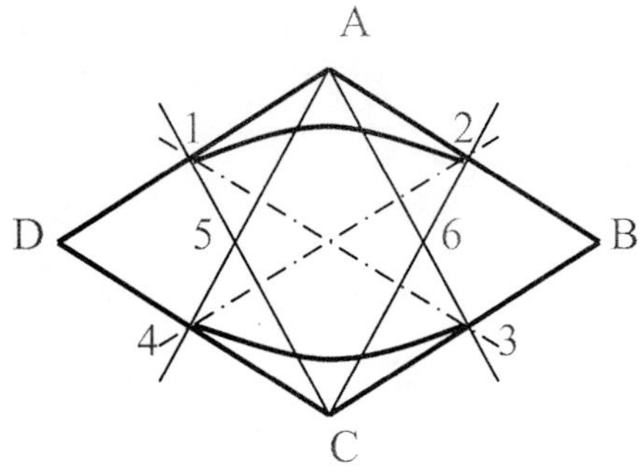

5º Passo: com centro em 6 e raio 62 = 63, traço arco 623.

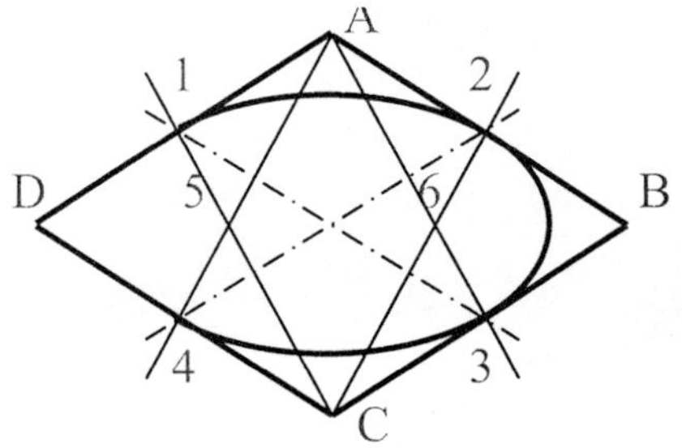

6º Passo: com centro em 5 e raio 51 = 54, traço arco 514, fechando a elipse.

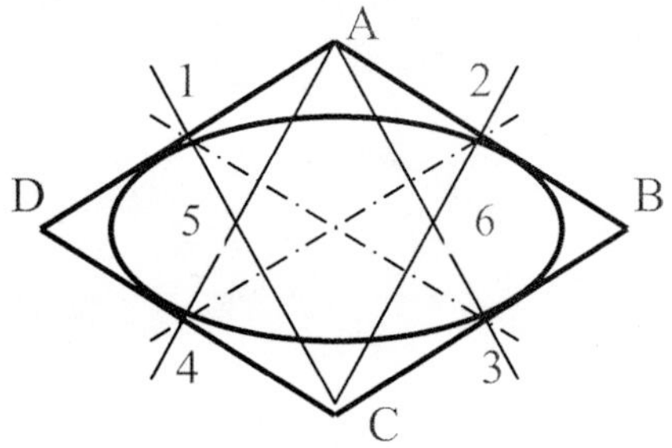

As circunferências nas outras posições (à direita ou à esquerda) seguem os mesmos passos.

Exemplos de peças em perspectiva isométrica, com arcos de circunferências

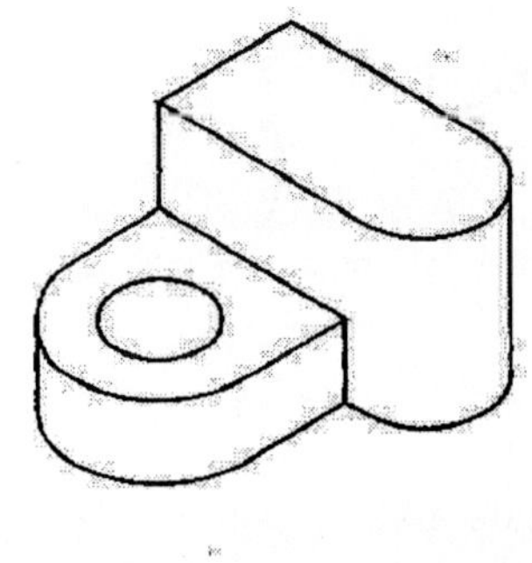

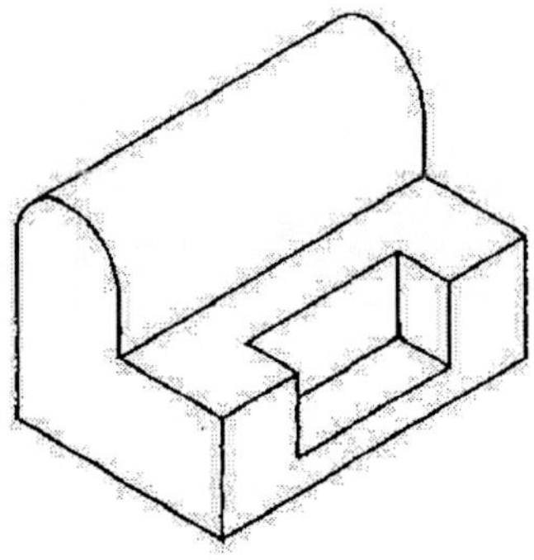

Observa-se que, nesses dois exemplos, existem arcos de circunferências, desenhados em perspectiva isométrica, considerando-se as três faces do chamado "cubo isométrico".

1.3.2.2 Passo a passo para o desenho de peças em perspectiva isométrica

Peça pronta

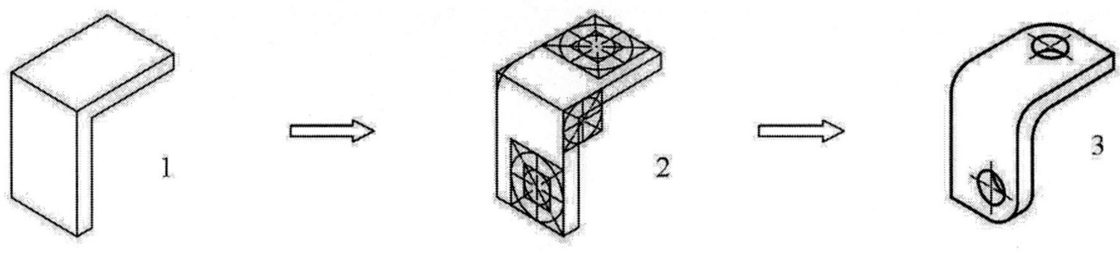

Passo a passo do desenho da perspectiva isométrica de uma peça mais complexa. Observa-se que existem detalhes, nas três faces do "cubo isométrico".

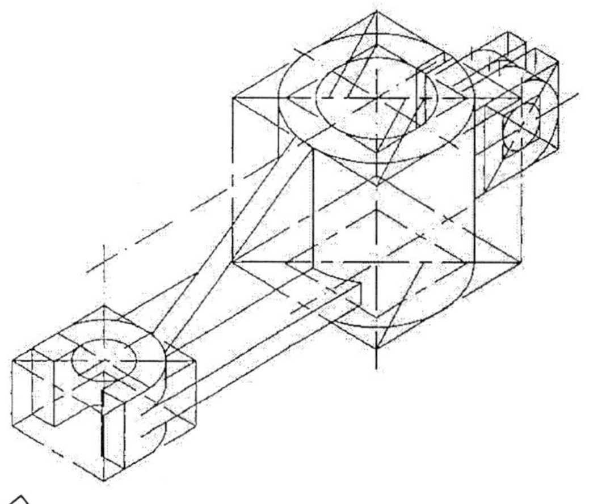

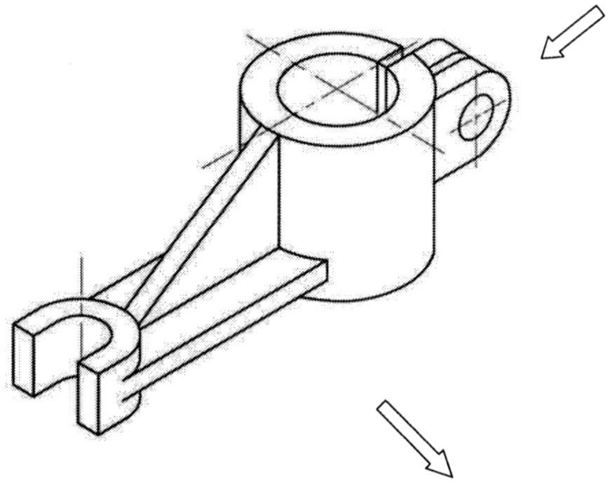

Embora trabalhosa, a execução da perspectiva isométrica, em muito facilita a compreensão de uma peça que deve ser fabricada.
Com a perspectiva e as vistas ortográficas, a peça é fabricada sem dificuldades e com precisão.

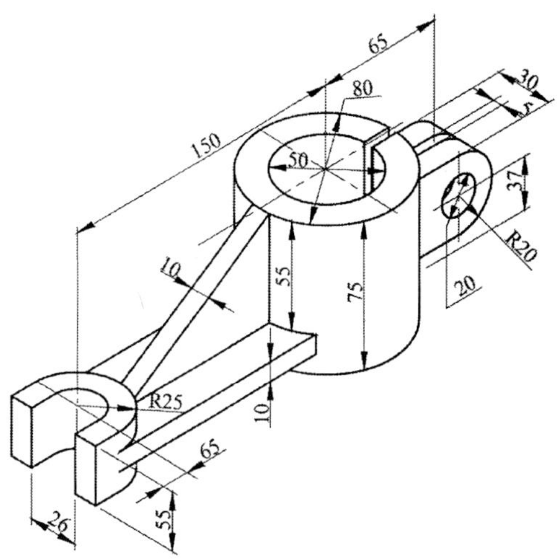

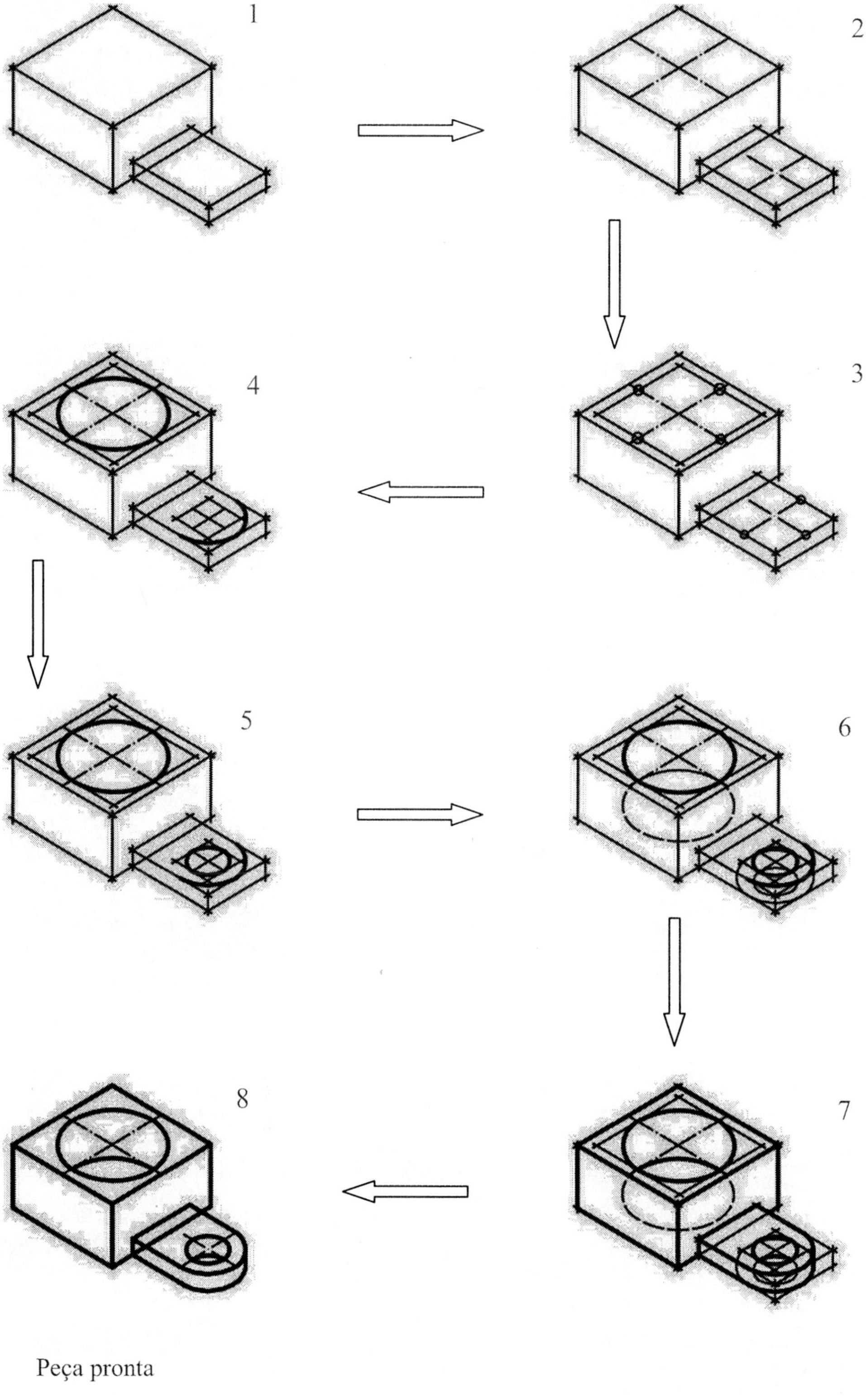

Peça pronta

1.4 A perspectiva cônica

Foi a partir de análises visuais, na busca de soluções geométricas para a construção das cúpulas de catedrais, que os arquitetos italiano Brunelleschi (1377-1446) e León Battista Alberti (1404-1472), criaram o conceito básico da perspectiva cônica.

O conceito original da perspectiva cônica

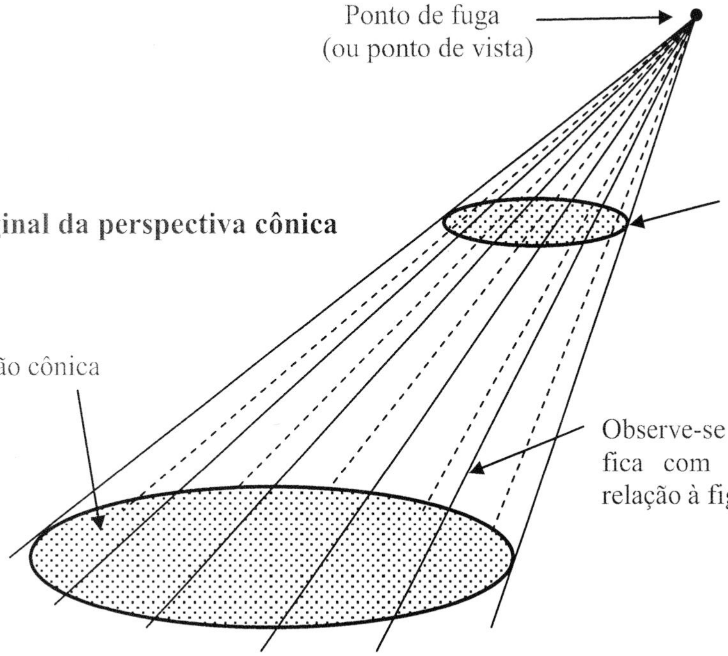

A perspectiva cônica procura desenhar objetos da mesma forma que o olho humano enxerga, ou seja, de forma cônica. Uma simples experiência, que qualquer um pode fazer, e que comprava a visão humana como cônica é quando estamos dentro de um extenso corredor, pois apesar das paredes serem paralelas, tem-se a impressão que elas se encontram lá ao fundo, num ponto chamado ponto de fuga. A mesma sensação se tem ao parar no meio dos trilhos de uma ferrovia, tem-se a impressão que os trilhos se encontram lá longe. A figura anterior mostra o conceito da perspectiva cônica aplicada a uma elipse.
Na prática, são os profissionais de Arquitetura que mais a utilizam. Programas de computação gráfica já permitem esta visualização, inclusive com movimentação da imagem. Já há muitos anos é normal a pessoa ir visitar um escritório de vendas de um novo lançamento imobiliário e mesmo sem nada construído, é possível ver-se em tela ou com óculos de realidade virtual, todo um apartamento decorado e visitando cômodo por cômodo, como se a pessoa estive andando fisicamente em um imóvel já pronto.

1.4.1 Exemplos de perspectivas cônicas

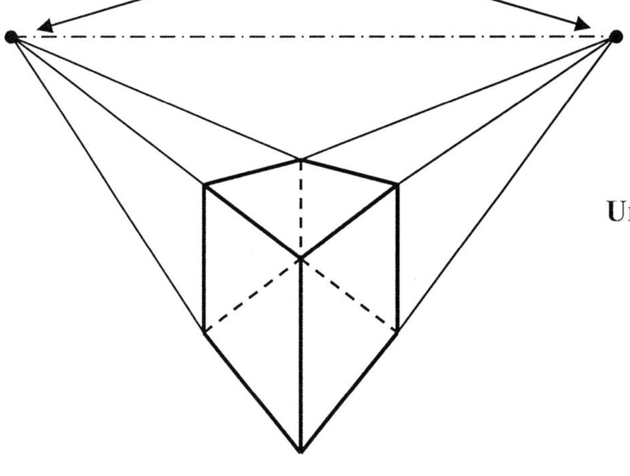

Um hexaedro em perspectiva cônica (com dois pontos de fuga)

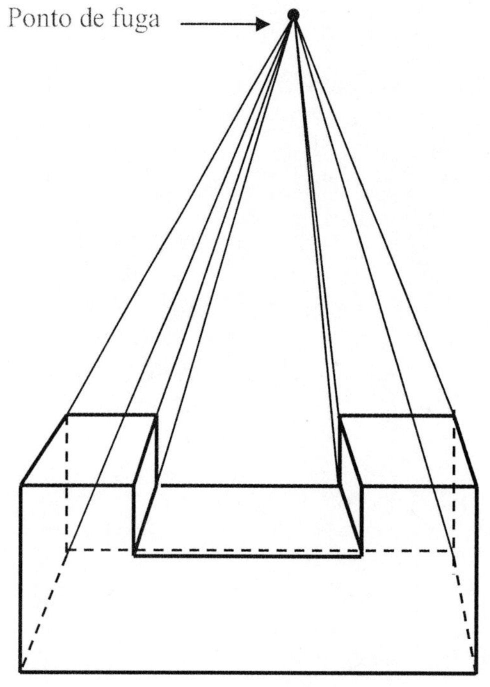

Observa-se que a perspectiva cônica produz uma imagem que dá uma nítida ideia de volume e profundidade, conferindo beleza a linhas geométricas.

Um objeto poliédrico em perspectiva cônica (com um ponto de fuga)

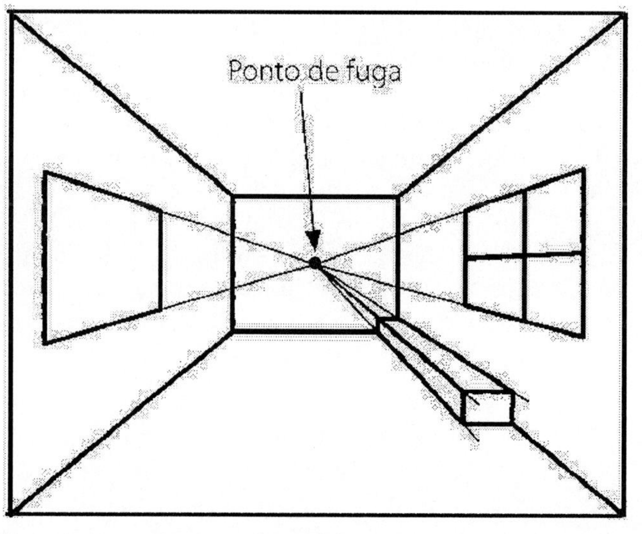

Exemplo de perspectiva cônica em Arquitetura

1.5 Perspectiva dimétrica ou bimétrica

Na dimetria ou bimetria, dois eixos possuem ângulos diferentes, e o terceiro permanece na vertical . Embora teoricamente estes ângulos possam ter valores variáveis, na prática usam-se 7° e 42°, onde as dimensões dos eixos a 7° e vertical mantêm as medidas reais, ou seja escala 1:1. Já as dimensões do eixo a 42° são reduzidas entre 1/2 e 2/3, dependendo da sua dimensão e detalhes específicos, tais como furos e rasgos. O objetivo destas reduções é não causar deformações visuais que deixem a perspectiva com um aspecto não muito agradável.

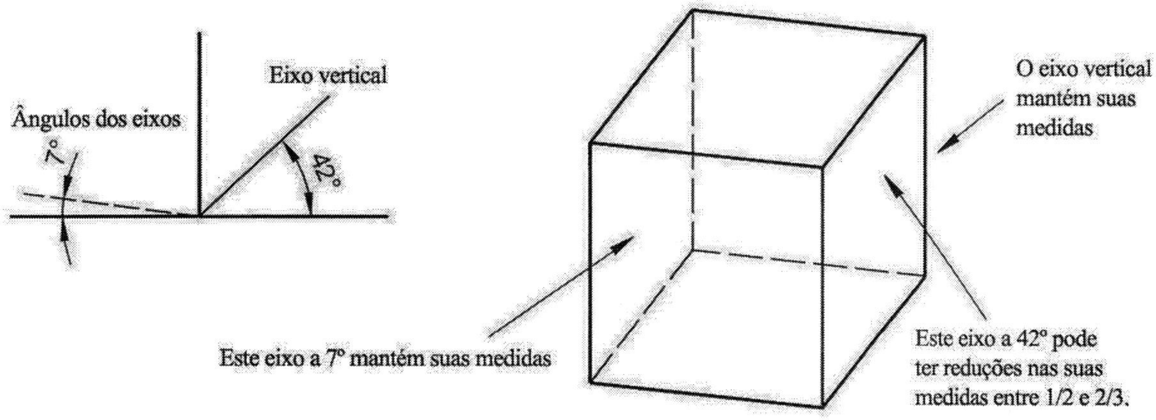

Perspectiva dimétrica de um cubo

A seguir é mostrada a perspectiva dimétrica de uma peça com particularidades dimensionais, na face inclinada, bem como os quatro furos nas bordas

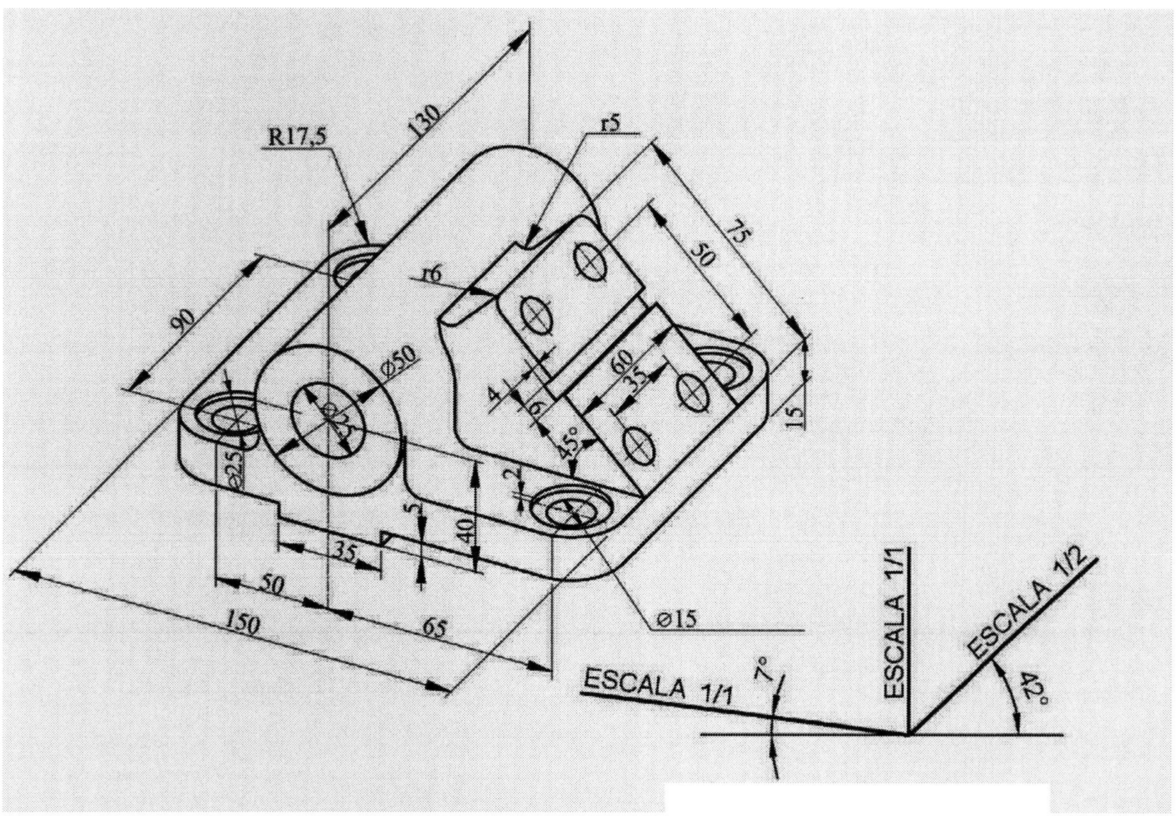

1.6 Perspectiva trimétrica ou anisométrica

Neste tipo de perspectiva o objeto é representado com inclinações diferentes em relação a cada eixo e as medidas das unidades dos três eixos possuem diferentes escalas ou valores entre si, ou seja, os três eixos sofrem redução. Esta característica torna a perspectiva trimétrica mais trabalhosa que as demais perspectivas e, portanto, não é muito utilizada (as reduções exigem alguns cálculos trigonométricos). Considerando-se ângulos de 15° e 30° tem-se reduções de 0,5 e 0,9, conforme mostrado no desenho a seguir de um cubo em perspectiva trimétrica, sem considerar inclinação da 3ª face.

Deve ser ressaltado que, com o desenvolvimento de programas gráficos para desenho em 3D, ficou fácil e rápido desenhar objetos em perspectivas, inclusive girando-se em diferentes ângulos, até chegar-se à posição que mostre o objeto da forma mais clara (e bonita).

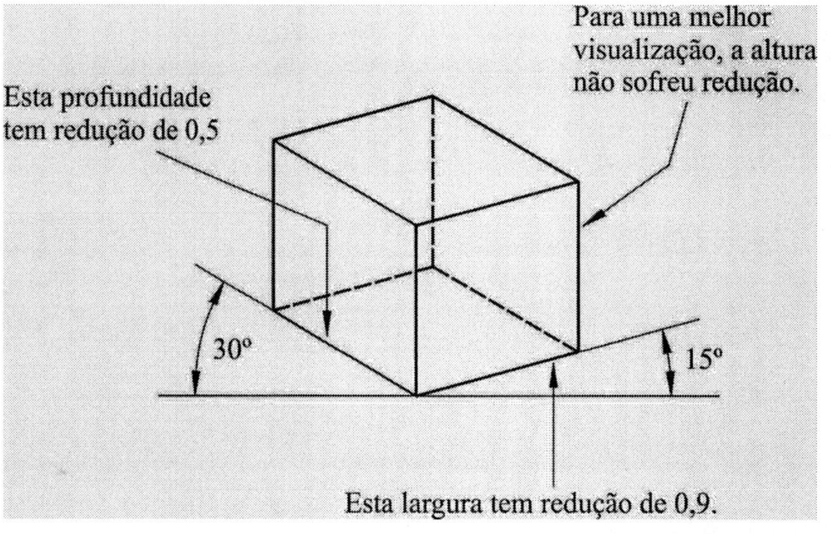

As figuras a seguir mostram a mesma peça representada em três tipos diferentes de perspectivas, notando-se que a trimétrica, neste, caso, apresenta a melhor aparência, ou seja, fica representada da melhor forma.

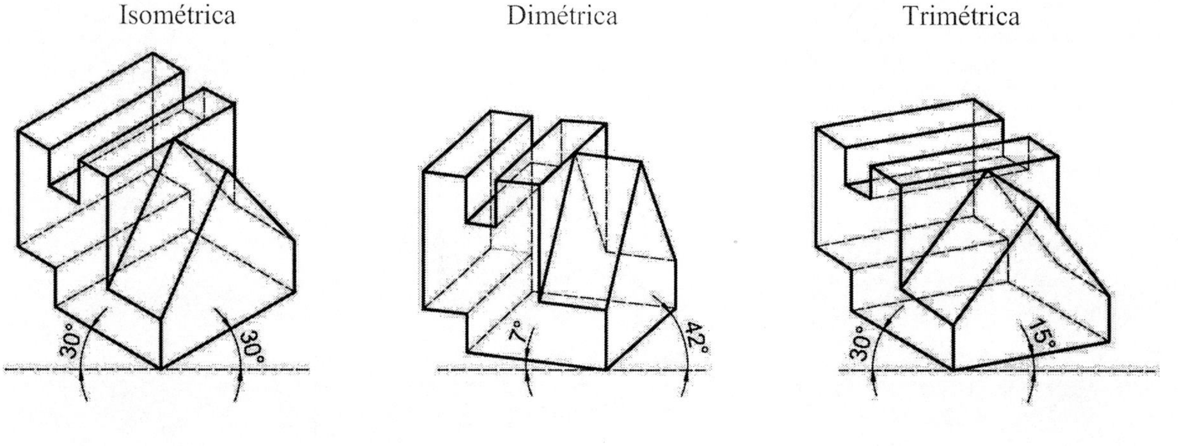

Representação de uma mesma peça em três perspectivas diferentes: isométrica, dimétrica e trimétrica, em que esta última possui a melhor aparência.

1.7 Comparação entre tipos de perspectivas, considerando o mesmo cubo

Os desenhos a seguir mostram um cubo, com as mesmas dimensões, representado nas diferentes perspectivas estudadas. A altura da perspectiva trimétrica foi desenhada com o mesmo valor das demais, mas teoricamente deve ser calculado o seu fator de redução.
Deve ser ressaltado que, uma rápida análise visual mostra que, para o cubo citado, das cinco perspectivas mostradas, duas sobressaem como a de melhor aspecto visual e boa compreensão do objeto: a dimétrica e a trimétrica. Em princípio, cada objeto, possui a sua melhor perspectiva. O parágrafo 5.7, a seguir, apresenta um bom exemplo, de qual perspectiva deve ser utilizada.

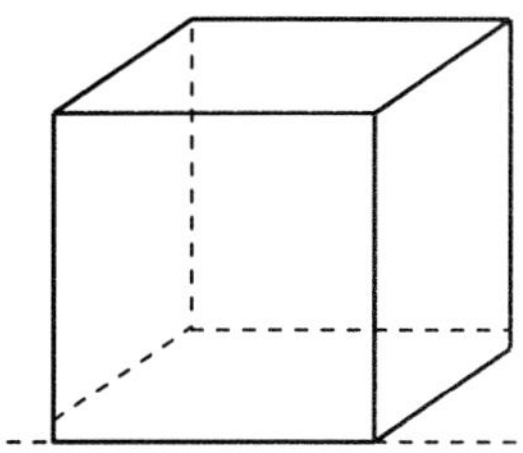
Cavaleira a 45º

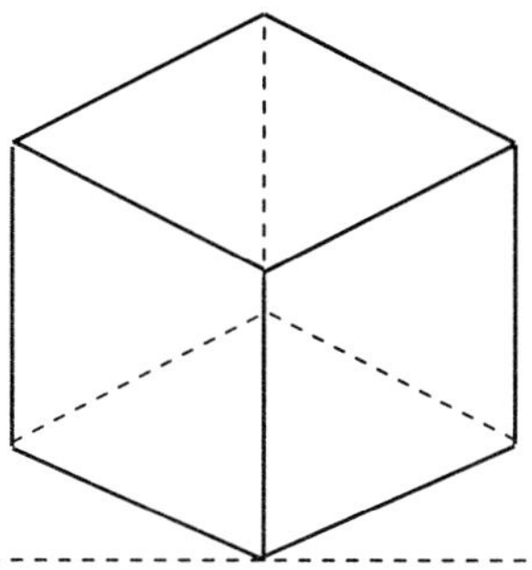
Isométrica (ângulos de 30º)

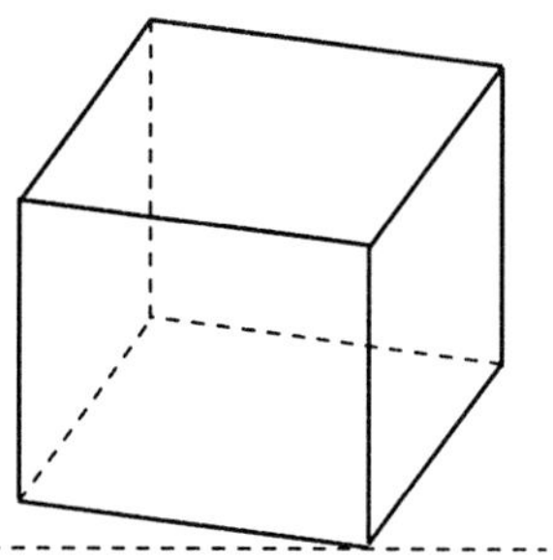
Dimétrica com ângulos de 7º e 42º

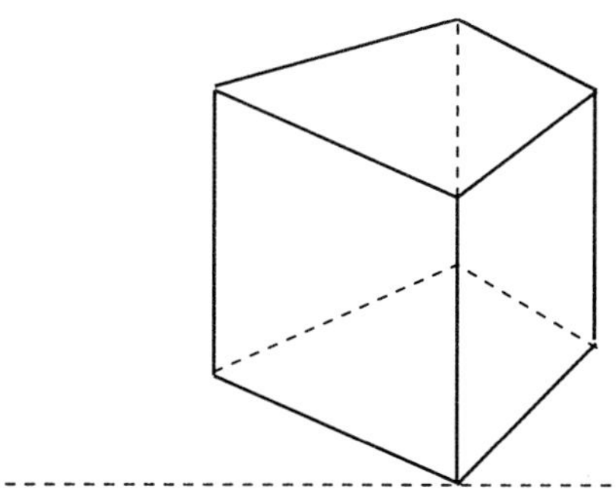
Cônica com 1 ponto de fuga

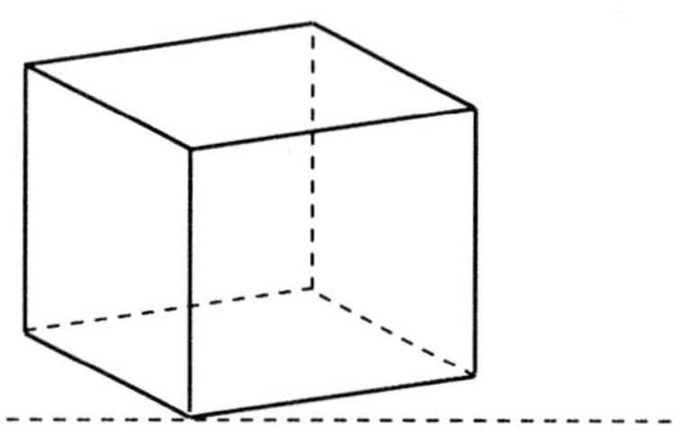
Trimétrica com ângulos de 15º e 30º

1.8 Escolha da perspectiva que apresenta a melhor visão tridimensional

Os exemplos a seguir mostram uma determinada peça mecânica, desenhada em três opções de perspectiva, de forma a que se escolha aquela que apresenta a melhor visão tridimensional.

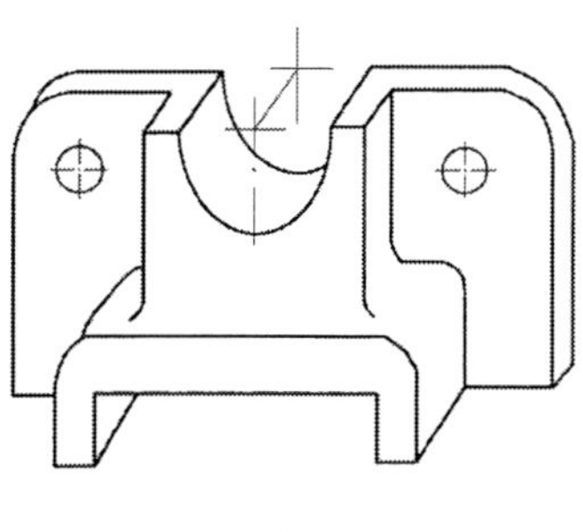
Cavaleira a 45º

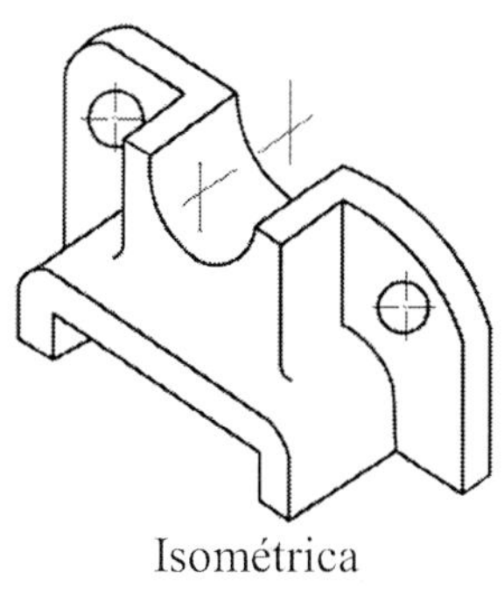
Isométrica

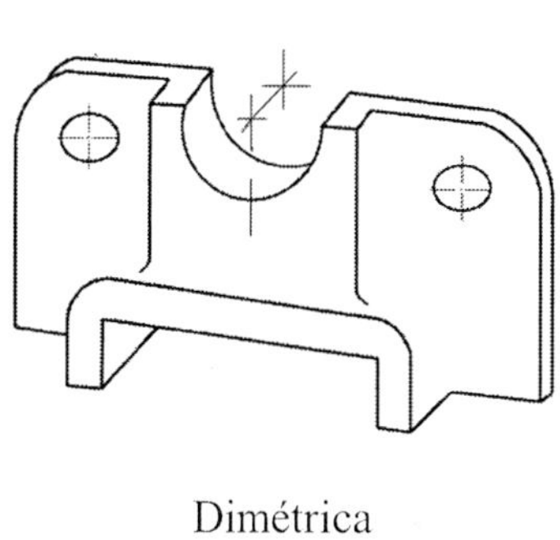
Dimétrica

Nesse caso, a que apresenta a melhor visão é a da perspectiva dimétrica.

1.9 Exemplos de Desenhos Técnicos Projetivos expressos em perspectivas

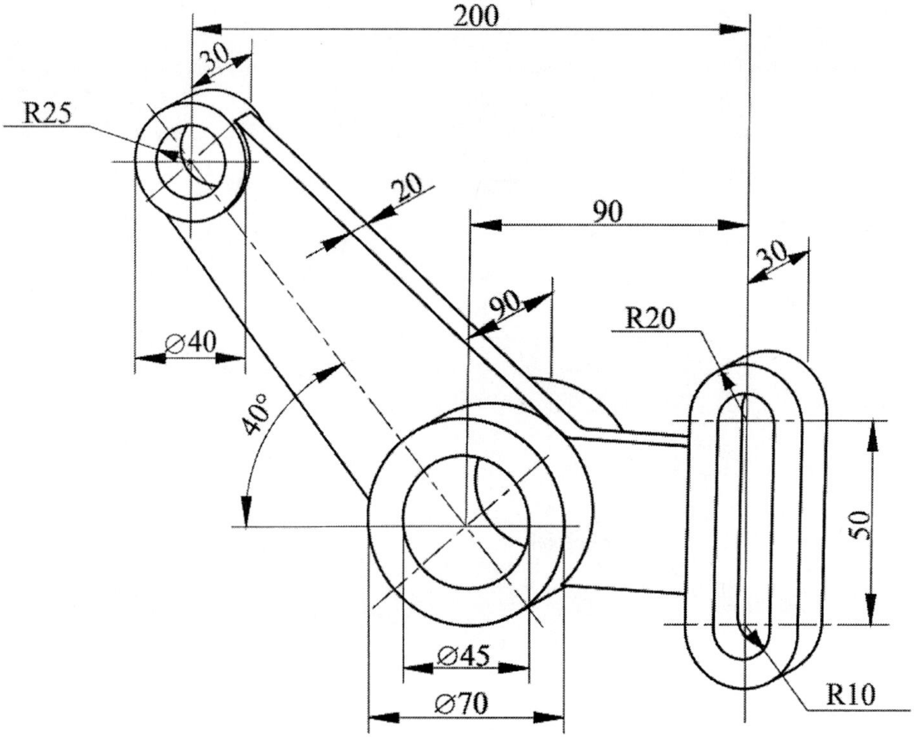

Esse tipo de peça é muito comum em máquinas, em sistemas de transmissão de movimento.

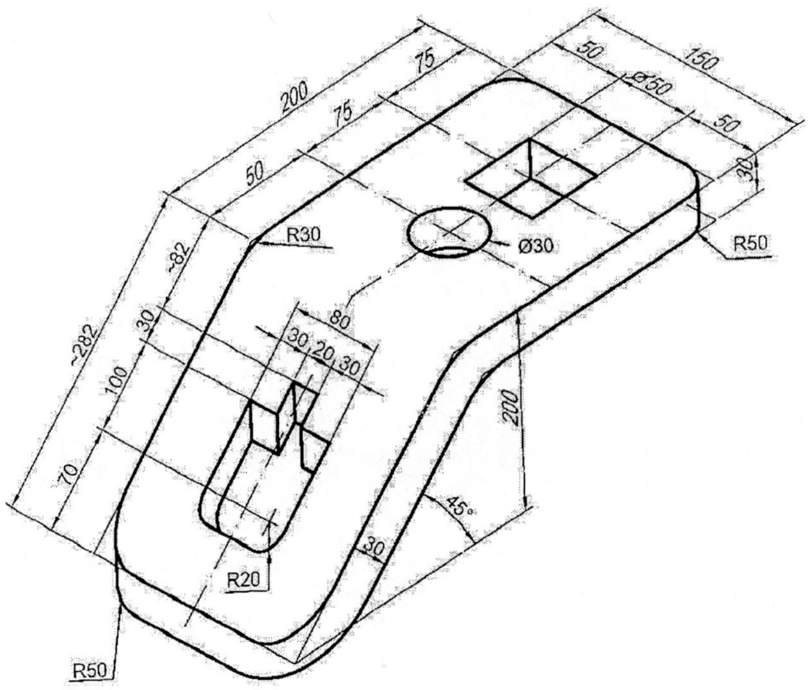

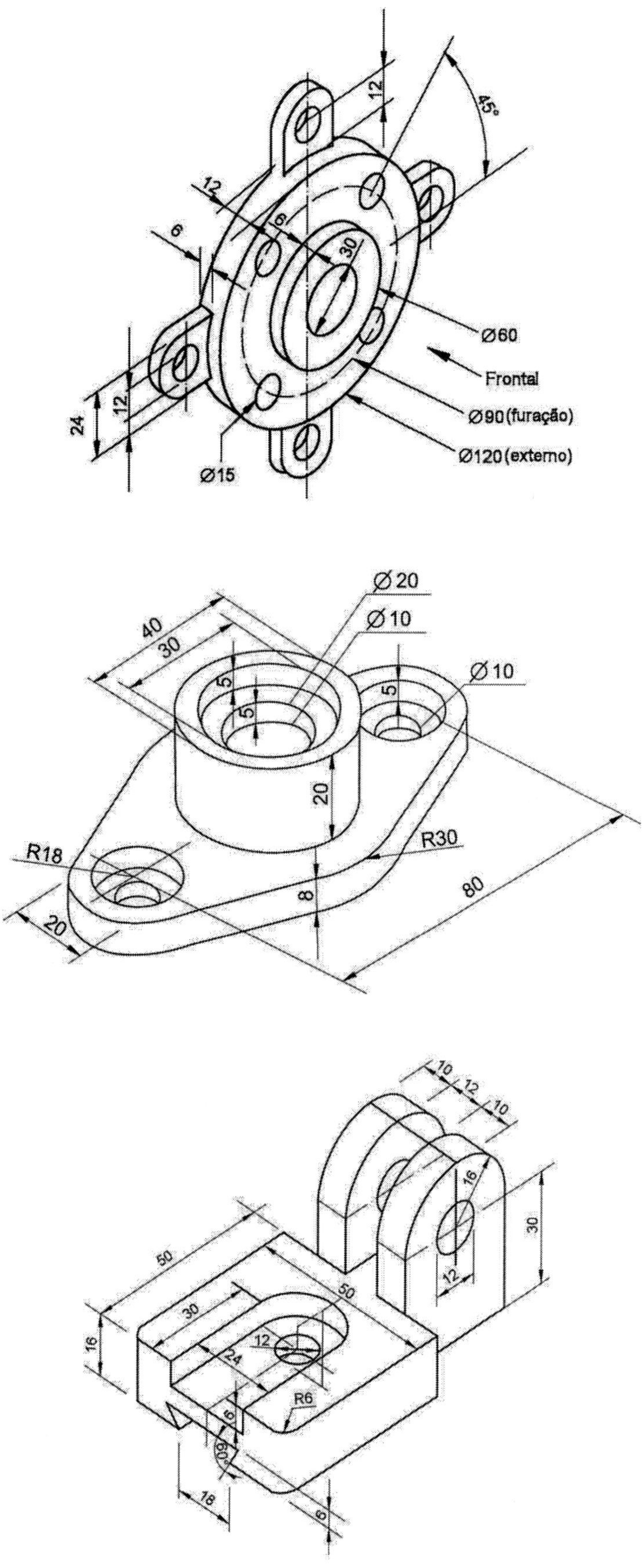

Exemplos de peças em perspectiva isométrica, com arcos e circunferências

1.10 Exercícios propostos (veja respostas no Apêndice A)

1.10.1) Dada a figura a seguir, mostrar sua projeção cilíndrica ortogonal nos planos mostrados, sabendo que a figura é perpendicular ao plano π e paralela ao plano π'. Os vértices ABCD estão afastados 2 cm do plano π' e 1 cm do plano π.

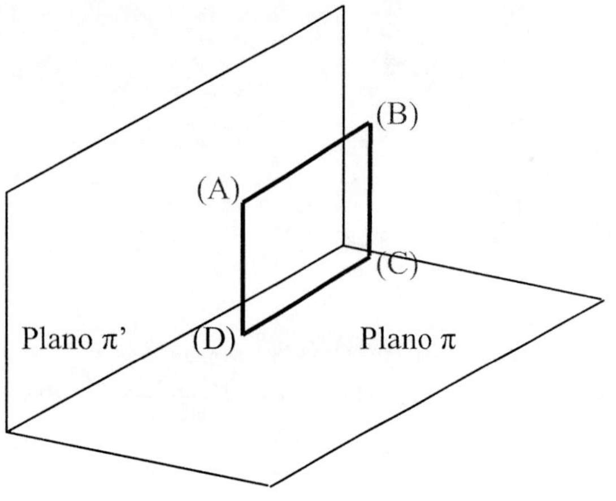

1.10.2) Dado a superfície a seguir, mostrada em perspectiva cavaleira a 45°, representar sua perspectiva isométrica.

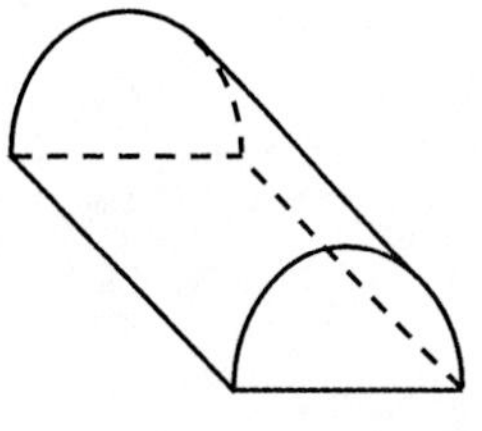

1.10.3) Dada a figura a seguir, representar uma perspectiva cônica, considerando o ponto de fuga indicado.

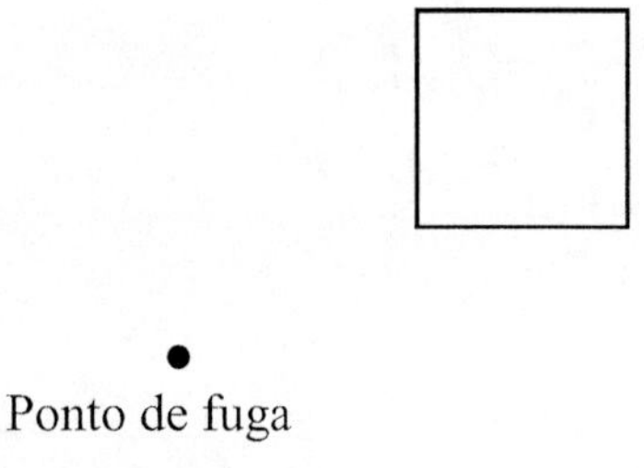

Capítulo 2

As coordenadas descritivas, os diedros de projeções e a épura. O estudo do ponto: uma reta é definida por dois pontos

2.1 As coordenadas descritivas e os diedros de projeções

A geometria descritiva considera o espaço tridimensional R^3 sendo composto de dois planos ortogonais, formando os quatro diedros, nominados no sentido anti-horário ou da direita para a esquerda. O termo "edro" significa plano e a palavra diedro dois planos, não necessariamente ortogonais. O plano horizontal é denominado como π (pi) e o plano vertical como π' (pi linha). A interseção destes dois planos determina a Linha de Terra (L.T.), que em épura tem uma representação característica.

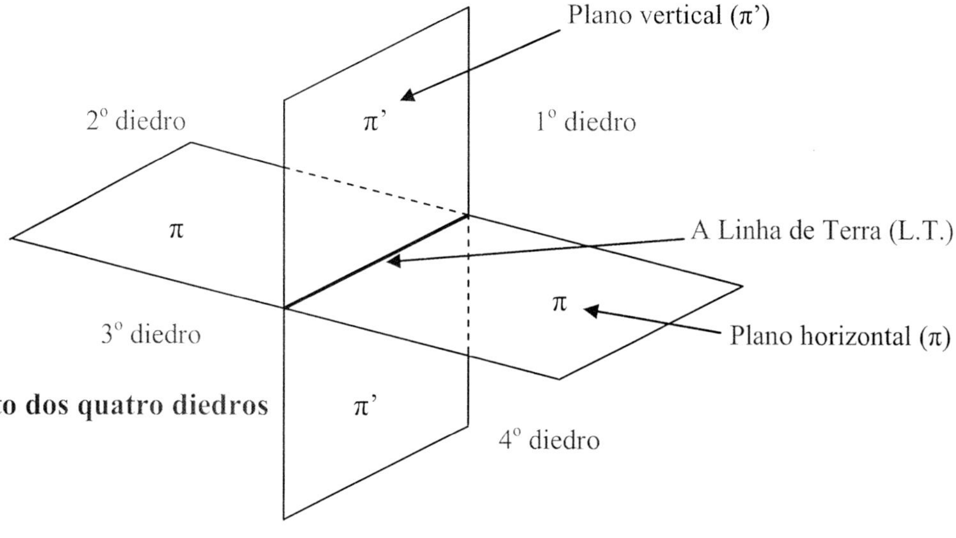

O conceito dos quatro diedros

A localização de um ponto, em cada diedro, é feita através das coordenadas descritivas chamadas: abscissa, afastamento e cota. A abscissa é marcada sobre a Linha de Terra, a partir de uma origem aleatória. O afastamento é a distância entre o ponto e o plano vertical π'. A cota é a distância entre o ponto e o plano horizontal π. A seguir são mostradas as representações gráficas das três coordenadas descritivas.

O conceito de abscissa (no 1° diedro)

Esta distância é o conceito de abscissa, marcada a partir de uma origem O, sobre a Linha de Terra (L.T.).

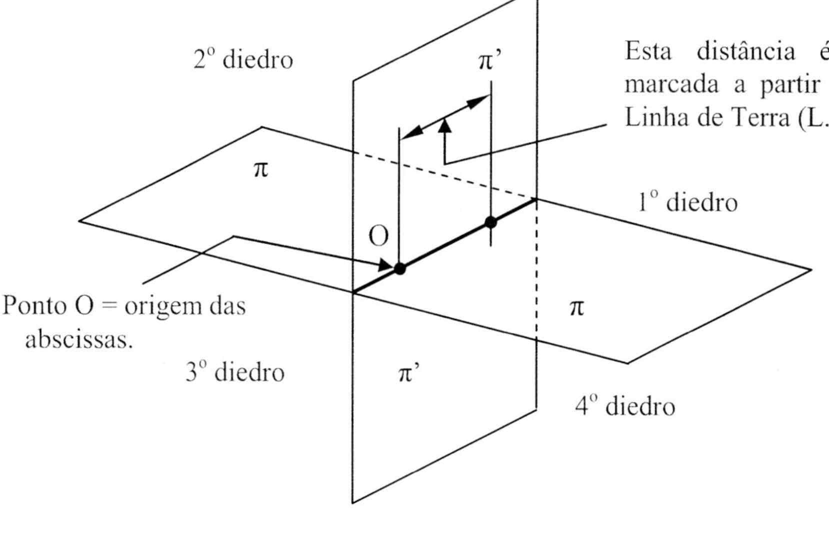

O conceito de afastamento (no 1° diedro)

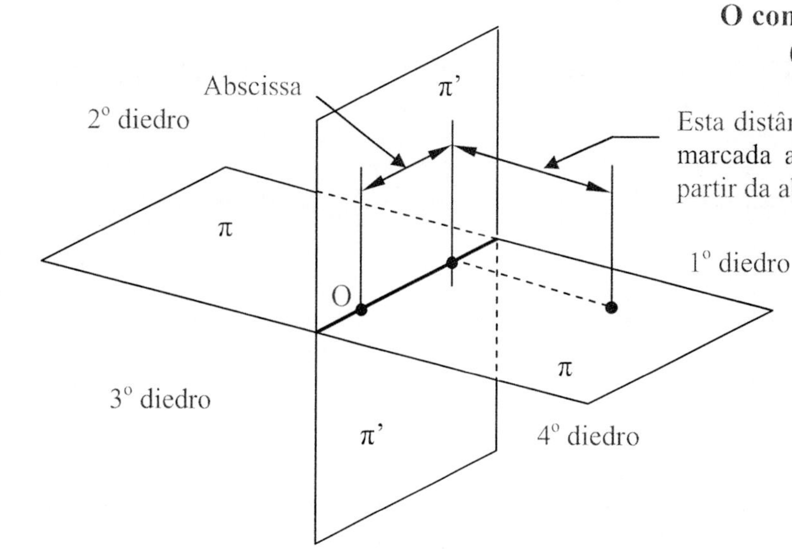

Esta distância é o conceito de afastamento, marcada a partir do plano vertical π' e a partir da abscissa do ponto.

O conceito de cota (no 1° diedro)

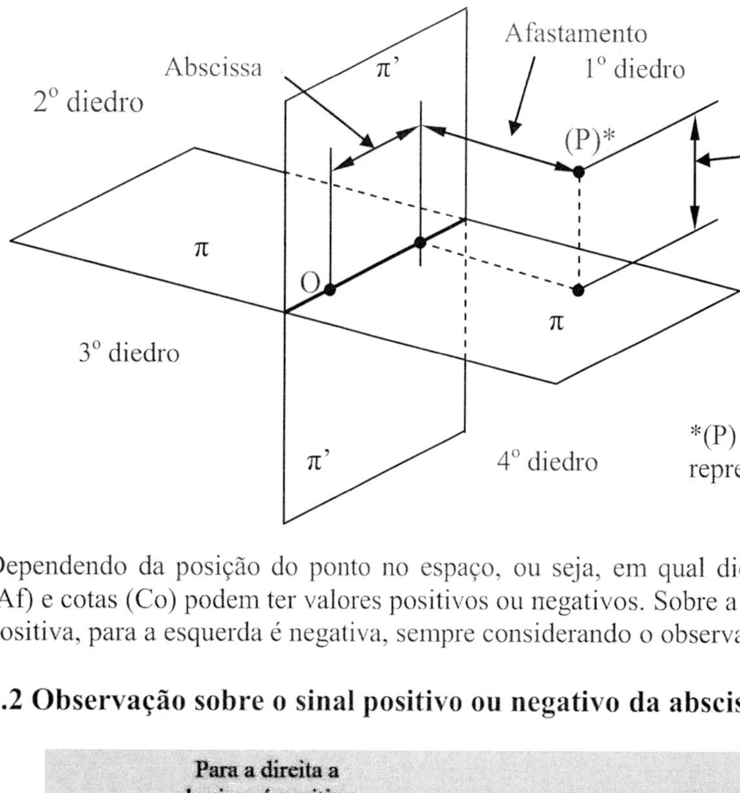

Esta distância é o conceito de cota, marcada a partir do plano horizontal π e a partir do afastamento do ponto.

*(P) Significa o ponto P no espaço, representado entre parênteses.

Dependendo da posição do ponto no espaço, ou seja, em qual diedro esteja, abscissas (Ab), afastamentos (Af) e cotas (Co) podem ter valores positivos ou negativos. Sobre a Linha de Terra, para a direita a abscissa é positiva, para a esquerda é negativa, sempre considerando o observador de frente para o 1° diedro.

2.2 Observação sobre o sinal positivo ou negativo da abscissa

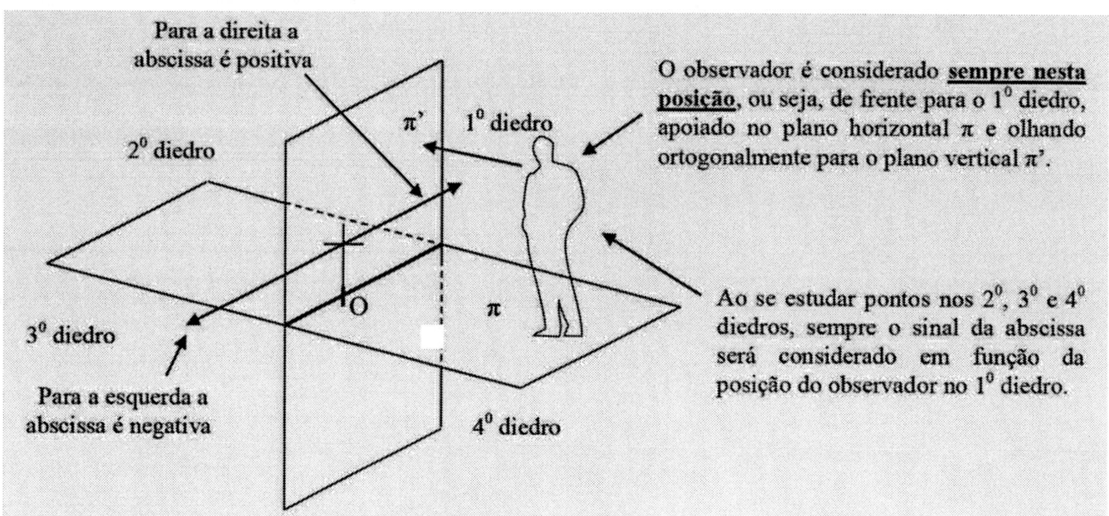

A seguir é mostrado "o sinal da cruz" que facilita a compreensão do sinal das coordenadas descritivas: afastamento e cota, em cada diedro.

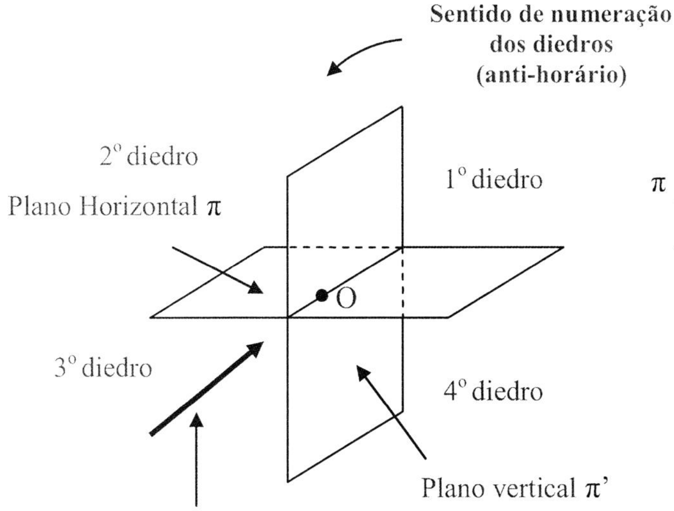

O "sinal da cruz" considera os quatro diedros sendo vistos desta posição.

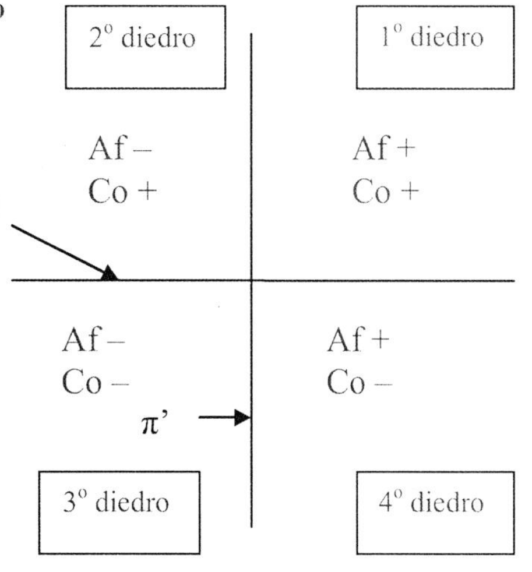

"O sinal da cruz", mostrando os sinais dos afastamentos e cotas em cada diedro.

A localização de um ponto no espaço é dada pelas suas três coordenadas cartesianas, na seguinte ordem: (abscissa; afastamento; cota). Um ponto (A) (+2; - 4; +4)*, tem abscissa = +2; afastamento = -4; cota = +4, ou seja, este ponto está no 2º diedro. * Os valores 2, 3 e 4 são unidades de medidas, sendo que na prática acadêmica da geometria descritiva, normalmente são usados valores em centímetros.
Observe que os valores das coordenadas são separados por ponto e vírgula. (A projeção de um ponto, nos planos π e π' recebem as letras conforme indicadas no exercício 2.1). A figura a seguir mostra a visão espacial do ponto (A)(+2; -4; +4).

Caso o observador estivesse no 2º diedro ele veria esta abscissa +2* à esquerda da origem, ou seja, como valor negativo. (**O observador sempre é considerado no 1º diedro**).

Visão espacial do ponto (A)(+2*; - 4; +4), no 2º diedro, enfocando como se considera o sinal positivo ou negativo da abscissa.

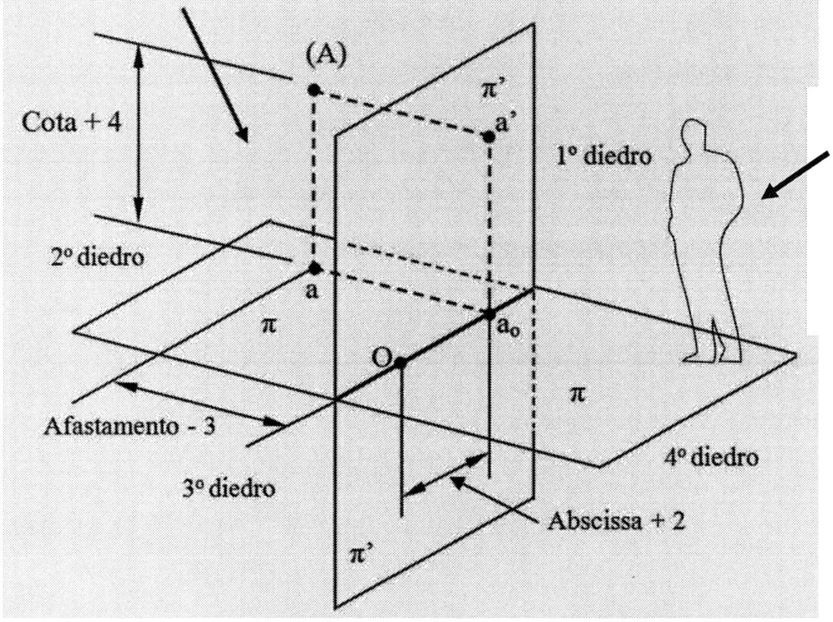

Observador sempre no 1º diedro e nesta posição.

Em pé, apoiado no plano horizontal e olhando o plano vertical de frente.

2.1 Exercício resolvido sobre projeção de pontos no espaço: Fazer a representação gráfica espacial dos seguintes pontos: (A)(+2; +3; +4), (B)(-2; - 3; +4), (C)(+2; - 3; - 4) e (D) (- 2; +3; - 4).

Visão espacial do ponto (A) no 1° diedro
(A) (+2; +3; +4)

Visão espacial do ponto (B) no 2° diedro*
(B) (-2; - 3; +4)

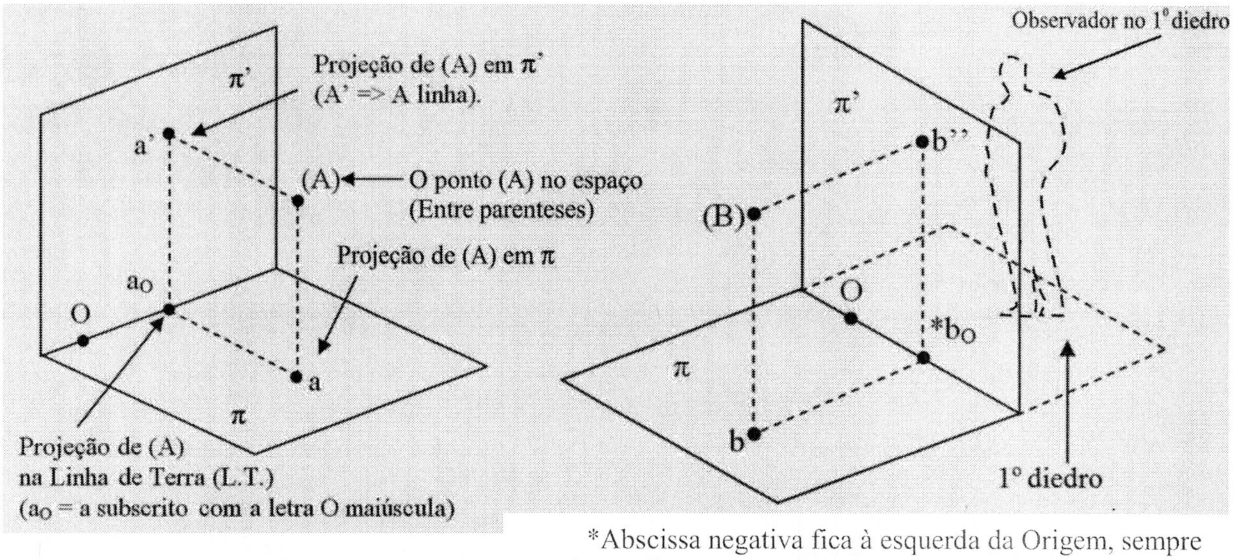

*Abscissa negativa fica à esquerda da Origem, sempre considerando o observador posicionado de frente para o 1° diedro.

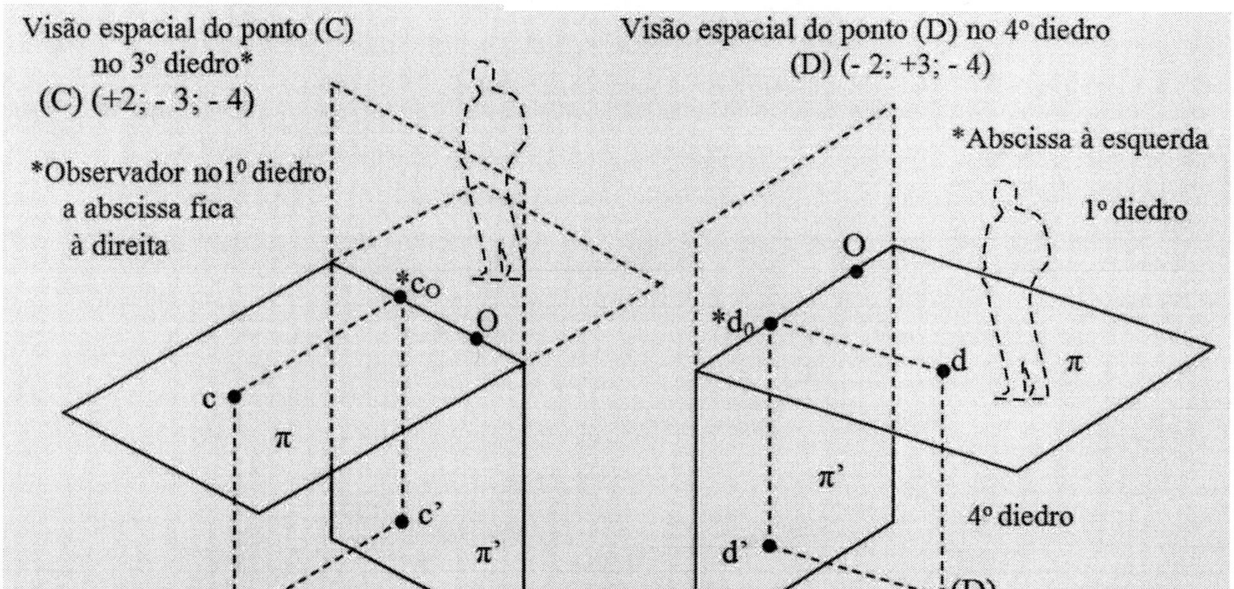

* Os 2° e 3° diedros foram desenhados para a frente, de forma a se ter uma melhor visualização.

2.3 A épura ou planificação dos diedros (rebatimento de π sobre π')

A épura é um rebatimento ou rotação de 90° do plano horizontal π no sentido horário, coincidindo com o plano vertical π', ou seja, passa-se do espaço R^3 ou tridimensional, para o espaço R^2 ou bidimensional. A épura é uma planificação, sendo uma forma menos trabalhosa de representar pontos e objetos no papel (X,Y), sem precisar fazer a visão espacial (X,Y,Z). Também é através da épura que são feitos os cálculos analíticos e matemáticos de retas, figuras planas e poliedros, como serão vistos adiante. Esta foi a grande contribuição de Gaspard Monge (1746-1818), sendo a essência da geometria descritiva. As figuras a seguir mostram como é feita a rotação e como ficam os planos π e π' em cada um dos quatro diedros.

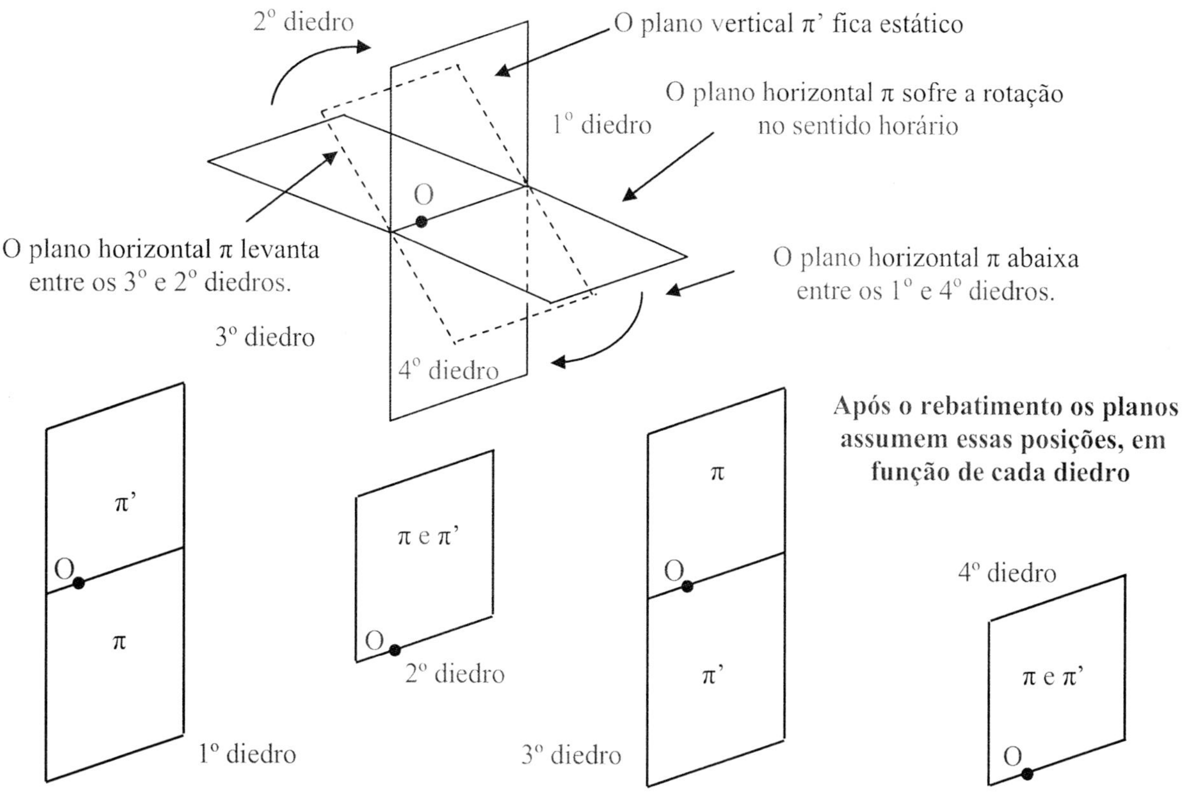

A rotação do plano horizontal π, no sentido horário, originando a épura

Em épura, no 1º diedro, as cotas são representadas acima e os afastamentos abaixo da Linha de Terra (L.T.).

Épura do 1º diedro

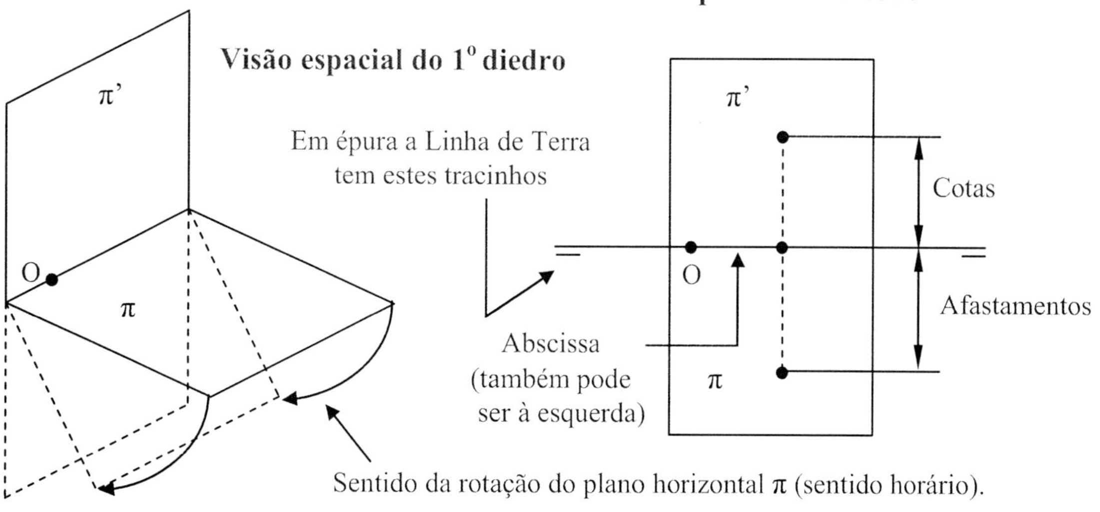

Em épura, no 2º diedro, as cotas e os afastamentos são representados acima da Linha de Terra (L.T.).

Visão espacial do 2º diedro

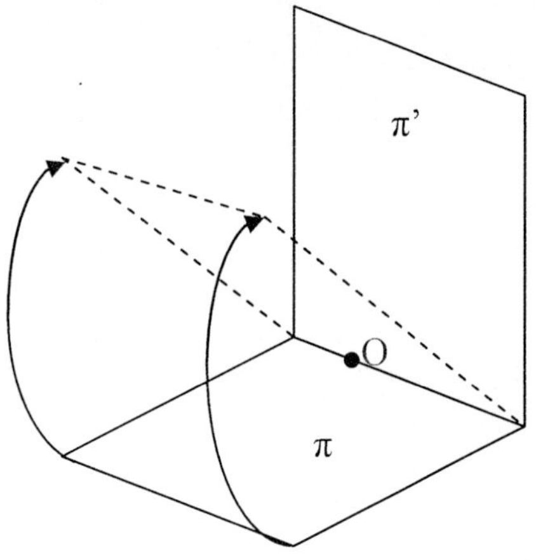

Sentido da rotação do plano horizontal π (sentido horário)

Épura do 2º diedro

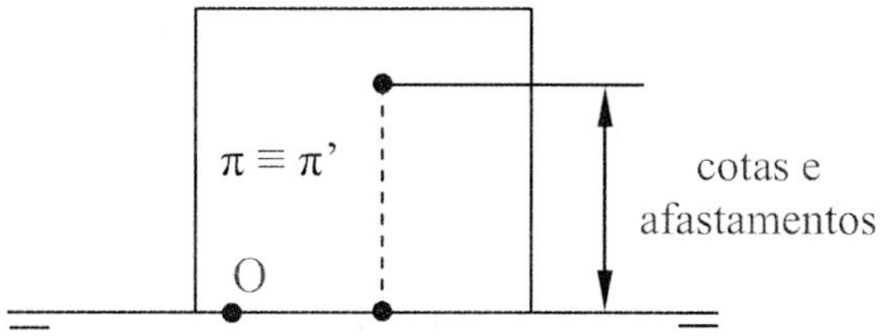

Os planos π e π' coincidem na parte de cima da Linha de Terra (LT).

Em épura, no 3º diedro, as cotas são representadas abaixo e os afastamentos acima da Linha de Terra (L.T.).

Visão espacial do 3º diedro

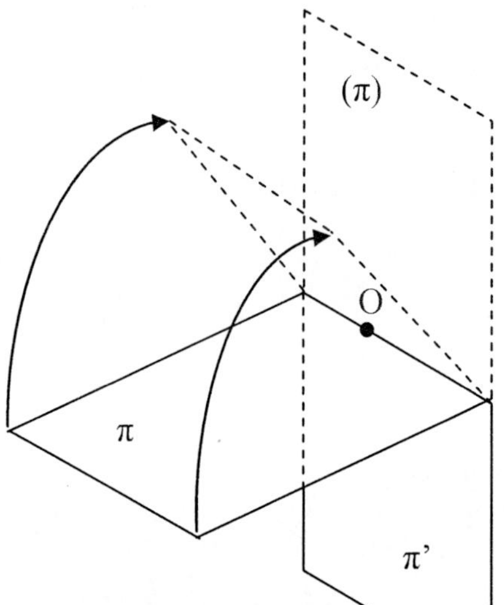

Sentido da rotação do plano horizontal π (sentido horário)

Épura do 3º diedro

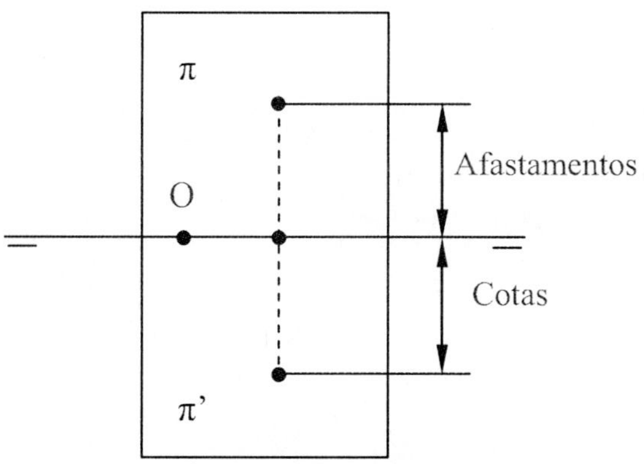

Afastamentos e cotas ficam invertidos no 3º diedro, em relação ao 1º diedro.

Em épura, no 4º diedro, as cotas e os afastamentos são representados abaixo da Linha de Terra (L.T.).

Visão espacial do 4º diedro

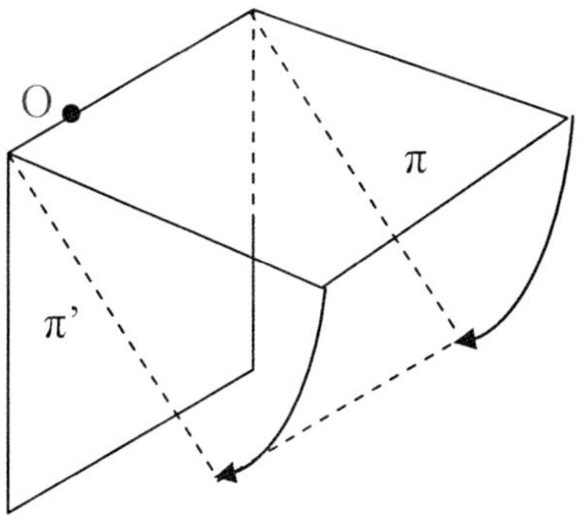

Sentido de rotação do plano horizontal π (sentido horário)

Épura do 4º diedro

Afastamentos e cotas ficam invertidos no 4º diedro, em relação ao 2º diedro.

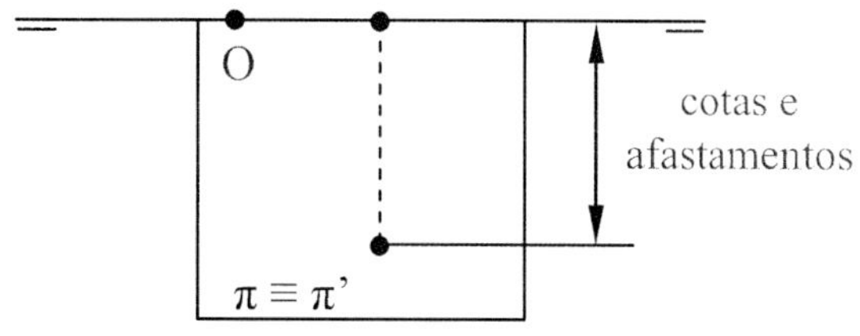

Os planos π e π' coincidem na parte de baixo da Linha de Terra (L.T.).

Exercício resolvido sobre visão espacial e épura (nos quatro diedros):

Fazer a visão espacial e em épura dos seguintes pontos: (A) (+2; +3; +4), (B) (-2; - 3; +4), (C) (+2; -3; -4) e (D) (-2; +3; -4).

Épura do ponto A (no 1º diedro)

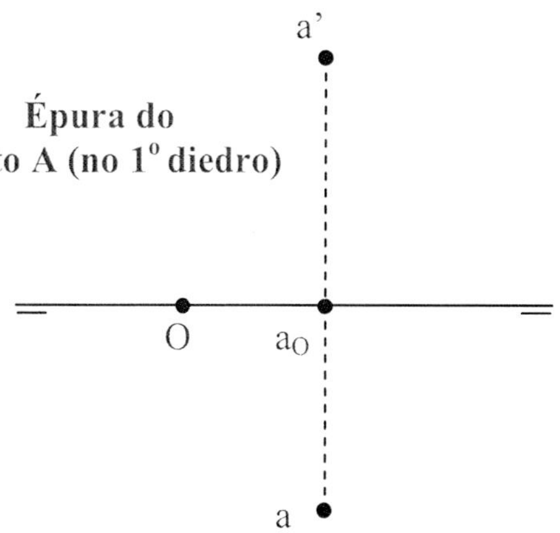

Visão espacial

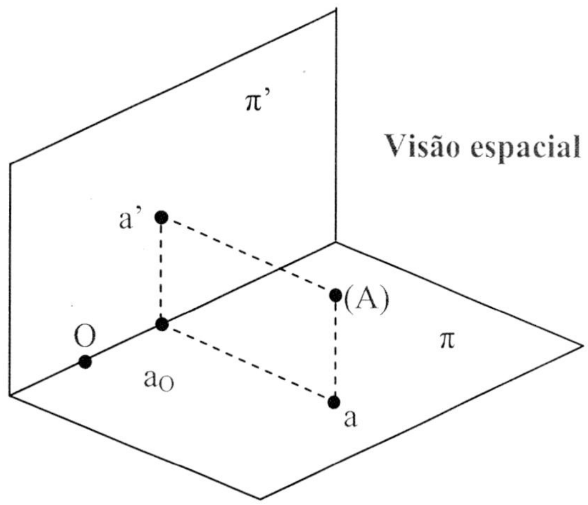

Épura do ponto B (no 2º diedro)

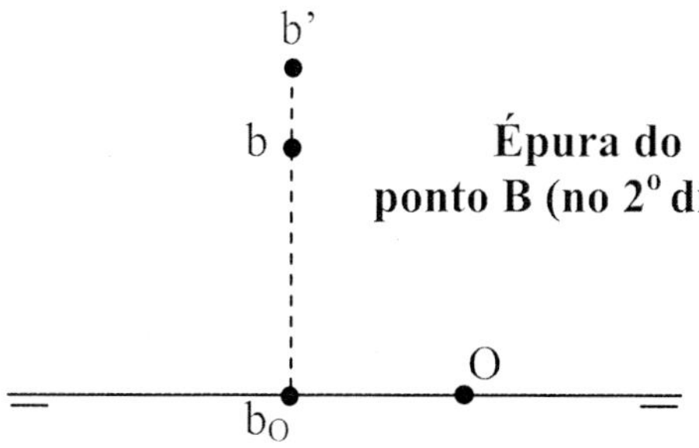

Visão espacial

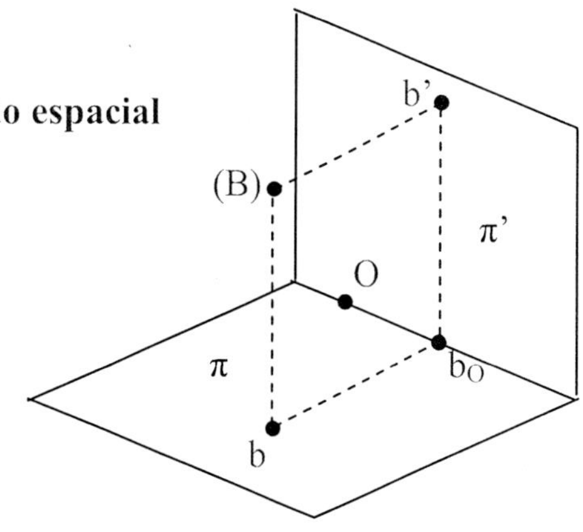

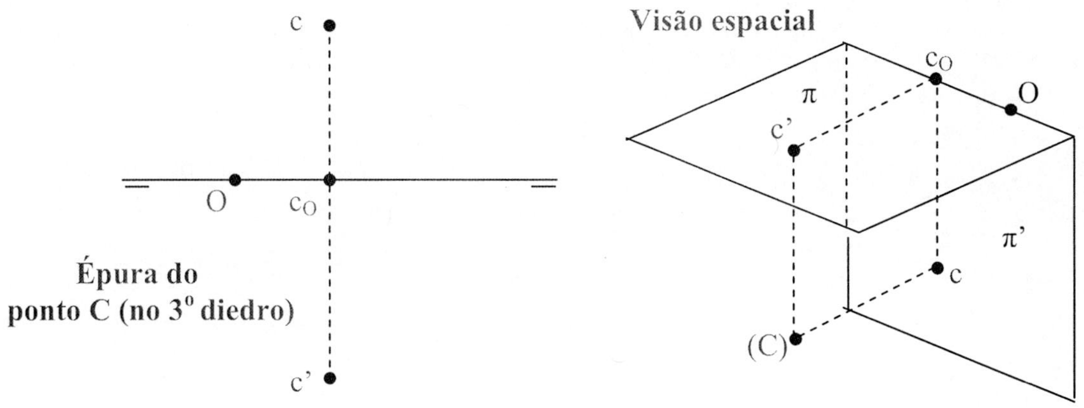

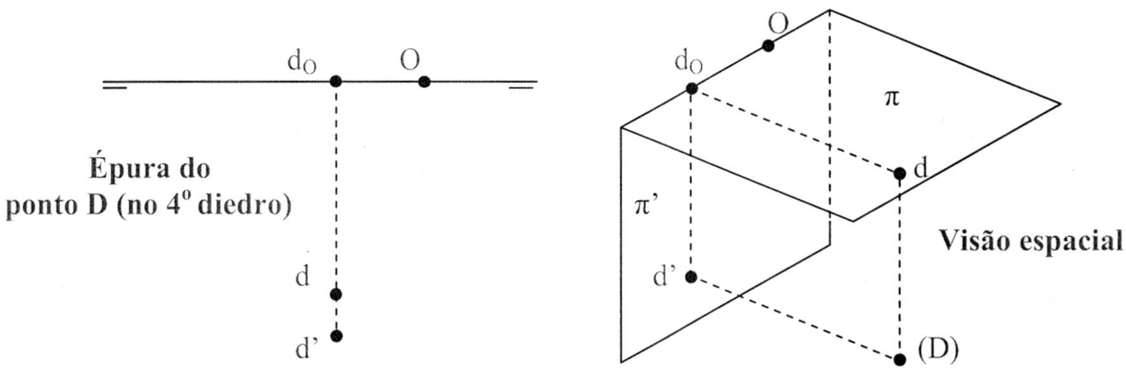

Resumo da posição dos planos π e π', na épura de cada diedro

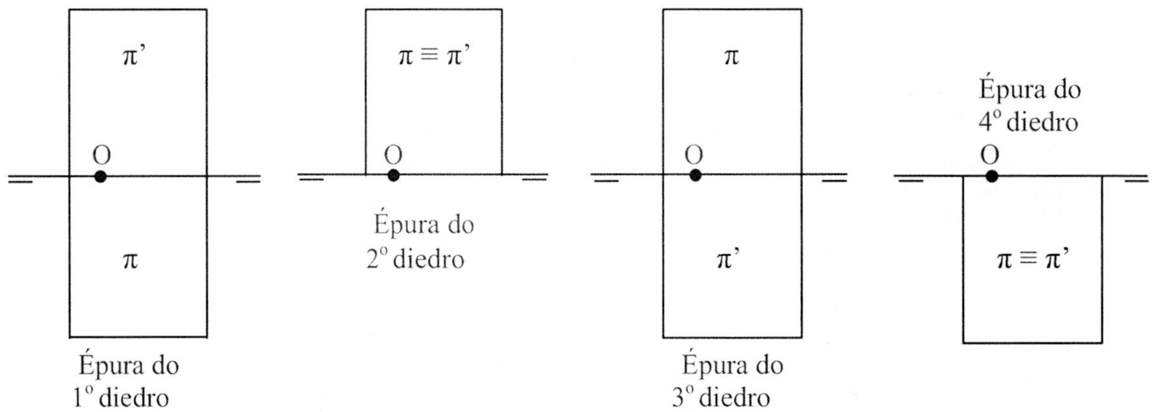

2.4 O terceiro plano de projeção ou plano de perfil π'' (pi duas linhas). O 1º triedro.

Com a evolução da complexidade das peças a serem desenhadas, apenas duas projeções não davam boa compreensão aos desenhos e, então, foi concebido o terceiro plano de projeção, obtendo-se então três projeções ou vistas. Teoricamente este plano de perfil divide o espaço R^3 em quatro triedros, mas na prática, tanto da Engenharia, quanto da Arquitetura e do Desenho Industrial, os desenhos técnicos são conduzidos apenas nos 1º e 3º triedros, embora sejam ditos como nos 1º e 3º diedros.

O terceiro plano de projeção, o plano de perfil ou π'' (pi duas linhas). Nesta região os planos π, π' e π'' formam o 1º triedro (bem como o 3º triedro).

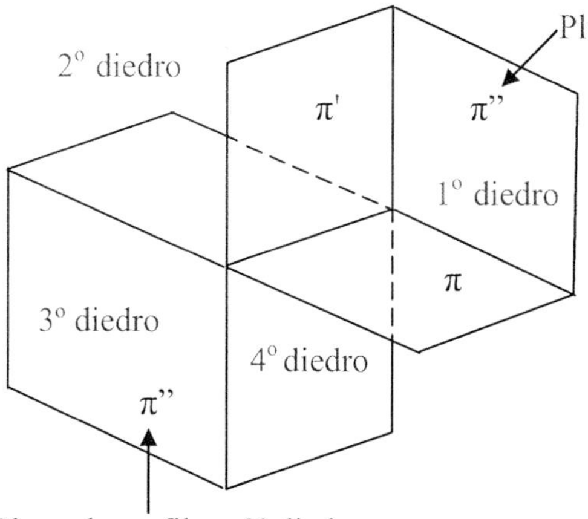

O conceito das projeções no plano de perfil só se aplica aos 1° e 3° diedros e especialmente em problemas de geometria descritiva.
Quando se utilizam as projeções cilíndricas ortogonais, para os Desenhos Técnicos Projetivos, sejam no 1° ou 3° diedros, usa-se o conceito de imaginar o objeto a ser representado, dentro de um cubo ou hexaedro básico, possibilitando a projeção em seis planos, surgindo as chamadas vistas ortogonais.

Na Europa e no Brasil usam-se o conceito do 1° diedro, enquanto nos EUA trabalha-se no 3° diedro. Em verdade, na prática do desenho técnico projetivo usa-se o termo diedro, ao invés de triedro, ou seja, os desenhos seguem a planificação do 1° ou 3° diedro. Em desenho técnico projetivo o conceito das seis vistas ortográficas utilizadas no Brasil e Europa é baseado na planificação do 1° diedro. Nos EUA eles utilizam o conceito do 3° diedro.
Quando se faz a épura do 1° triedro, além da rotação para baixo do plano horizontal ou π, faz-se a rotação do plano de perfil ou π'' no sentido anti-horário, como mostrado a seguir.

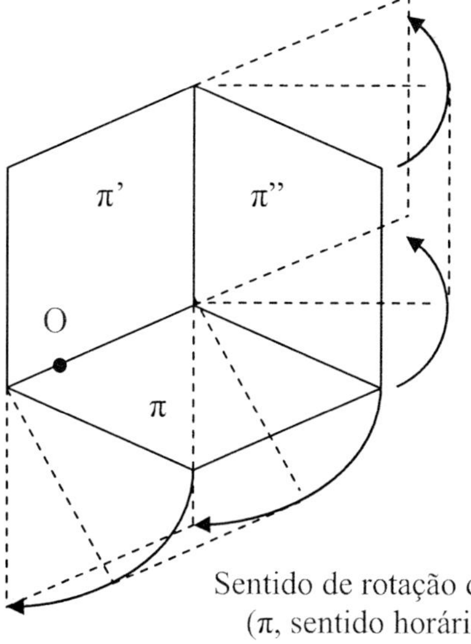

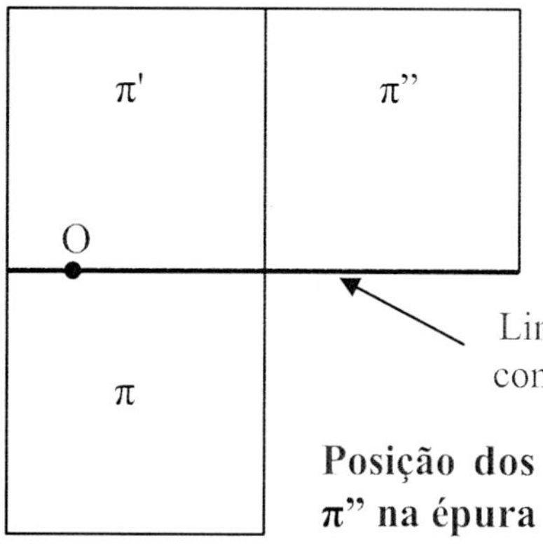

Posição dos planos π, π' e π'' na épura do 1° triedro

Sentido de rotação dos planos π e π'' no 1° triedro.
(π, sentido horário e π'', sentido anti-horário).

* Esta expresão: "Linha de Terra complementar" foi criada pelo professor José Abrantes.

2.4.1 Exercícios resolvidos sobre projeções de pontos (e retas)

2.4.1.1) Representar o ponto P, localizado no 1° triedro, tanto na visão espacial quanto em Épura, sabendo que: (P)(+2; +3; +4).

Visão espacial do ponto P, no 1° triedro **Épura do ponto P, no 1° triedro**

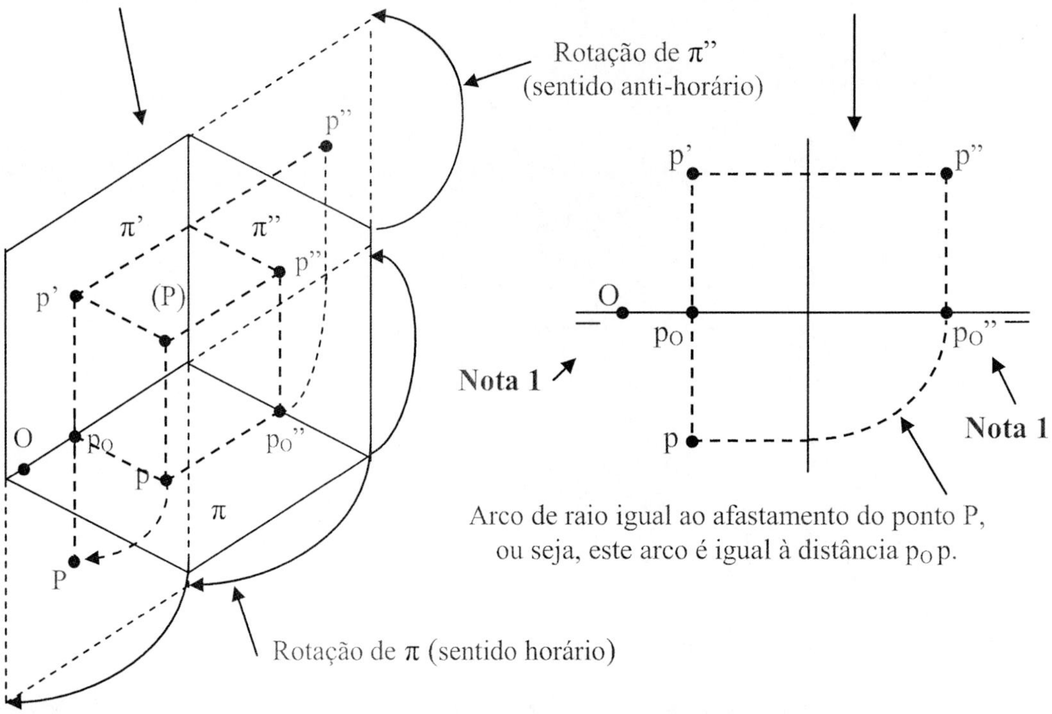

Nota 1: a denominação p_O'' significa que é a projeção do ponto P sobre a linha de interseção entre o plano horizontal ou π e o plano de perfil ou π'', que configura uma "linha de terra complementar", mostrando-se como um prolongamento da Linha de Terra (L.T.) normal. A denominação o'' e a Linha de Terra complementar, foram idealizadas e publicadas pelo professor José Abrantes, em 2002.

Na prática, os modernos programas de computação gráfica (como o AutoCad) utilizam o conceito das coordenadas cartesianas, onde normalmente uma reta é traçada a partir das coordenadas de dois pontos e depois são unidos.

2.4.1.2) Representar os seguintes dois pontos, no 1° triedro, tanto na visão espacial quanto em épura: (A)(+1;+2;+2) e (B)(+2;+3;+4).

Visão espacial (dos pontos AB) **Épura (dos pontos AB)**

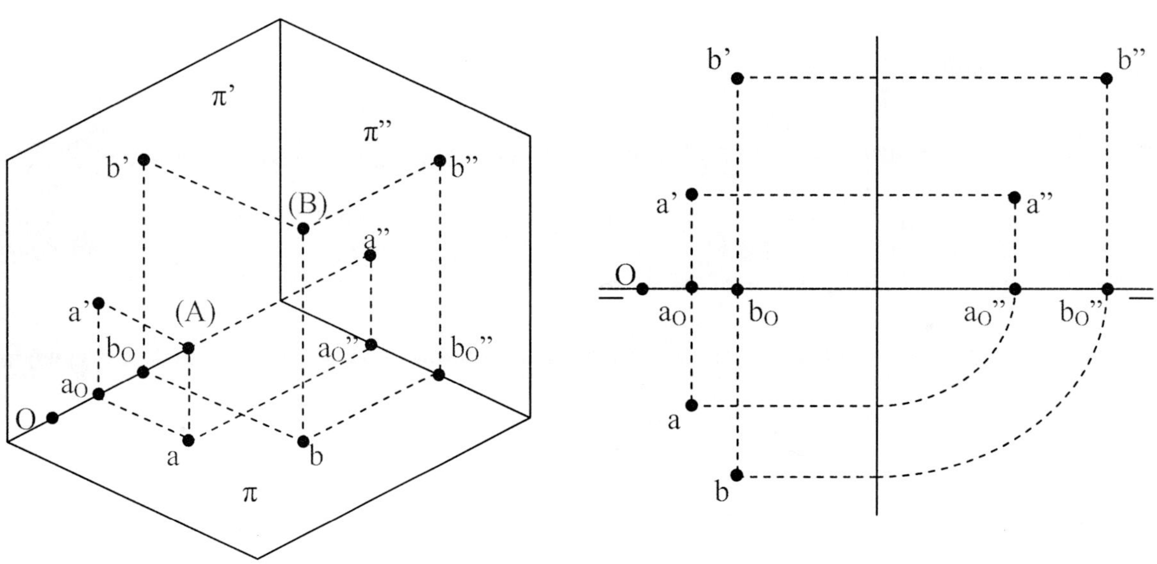

Ao unir os 2 pontos tem-se uma reta, pois dois pontos definem uma reta. Desta forma a visão espacial e a épura ficam da seguinte forma:

Visão espacial (da reta AB)

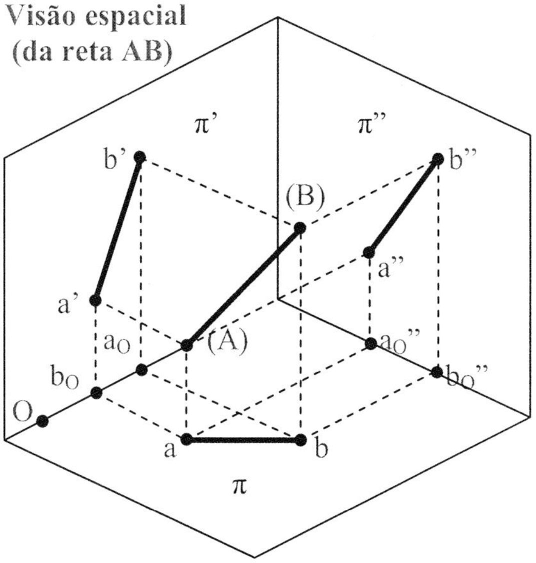

Épura (da reta AB)

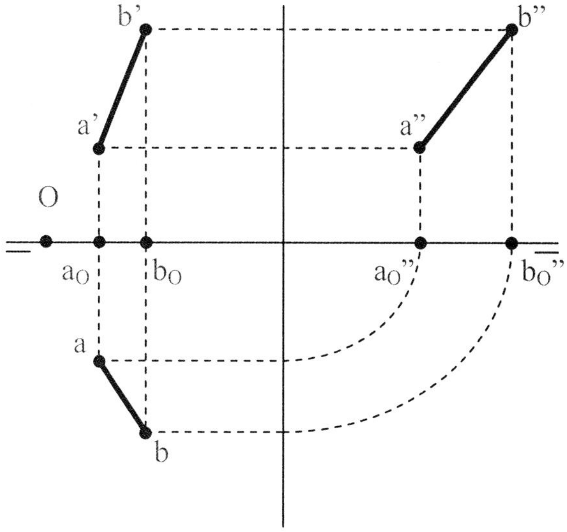

Como será visto no capítulo 3, esta reta é do tipo genérica ou qualquer, sendo inclinada em relação aos três planos: π, π' e π''.

2.4.1.3) Representar os seguintes três pontos, no 1º triedro, tanto na visão espacial quanto em épura: (A)(+1;+2;+2), (B)(+2;+3;+4) e (C)(+2;+3;+2).

Visão espacial (dos pontos A, B, e C)

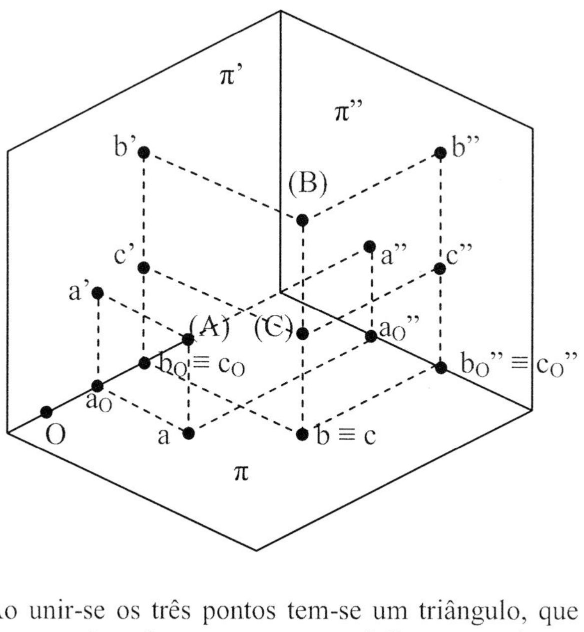

Épura (dos pontos A, B, e C)

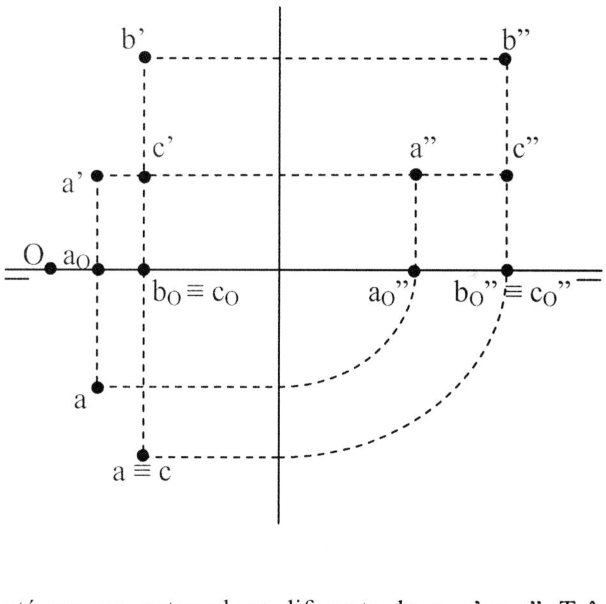

Ao unir-se os três pontos tem-se um triângulo, que está em um outro plano diferente de π, π' e π''. Três pontos, não sobre a mesma reta, definem um plano. O sinal ≡ significa coincidente. *Observa-se que a reta (A)(C) é paralela ao plano π e (B)(C) é paralela ao π'. Isto significa que a projeção ac representa a verdadeira grandeza de (A)(C), assim como b'c' representa a verdadeira grandeza de (B)(C).

Visão espacial (do triângulo A, B, C)

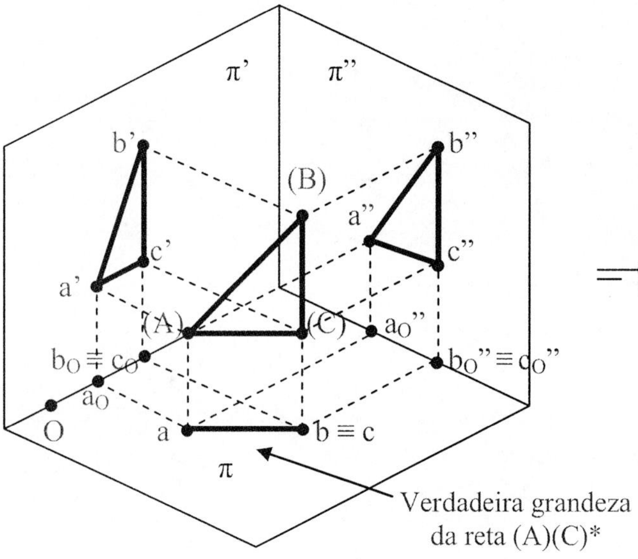

Épura (do triângulo A, B, C)

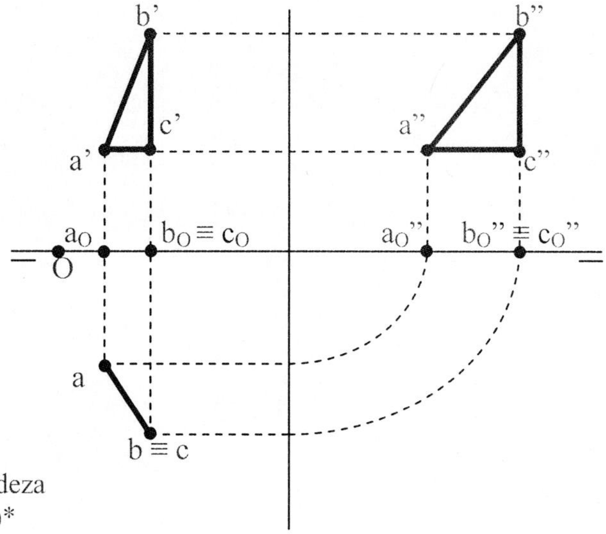

2.4.1.4) Representar os seguintes quatro pontos, no 1° triedro, tanto na visão espacial quanto em épura: (A)(+1;+2;+2), (B)(+2;+2;+2), (C)(+2;+2;+4) e (D)(+2;+3;+2). Faça as representações já unindo os pontos, dois a dois, obtendo as respectivas retas.

Visão espacial (do tetraedro)

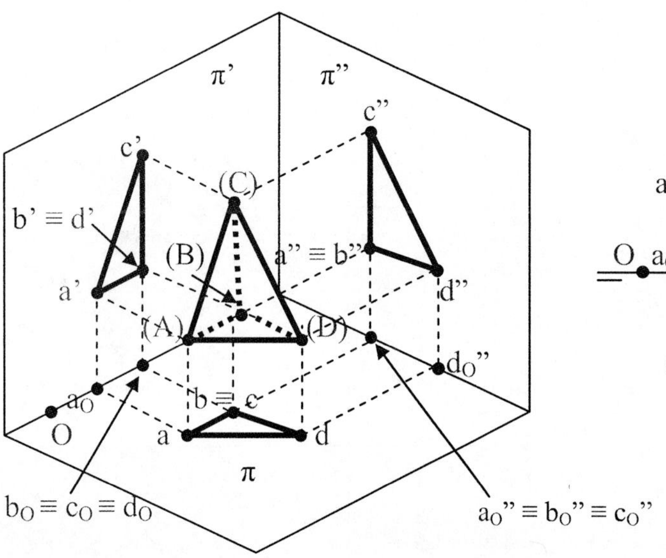

Épura (do tetraedro)

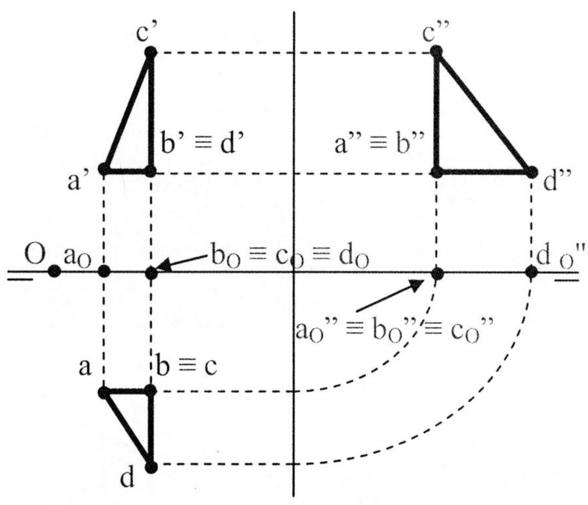

Observa-se que ao unir os 4 pontos, 2 a 2, são obtidas 6 retas ou arestas (AB, AC, AD, BC, BD e CD), formando um poliedro ou sólido de 4 faces ou tetraedro. Neste caso trata-se de um tetraedro irregular, pois não são 4 triângulos equiláteros.

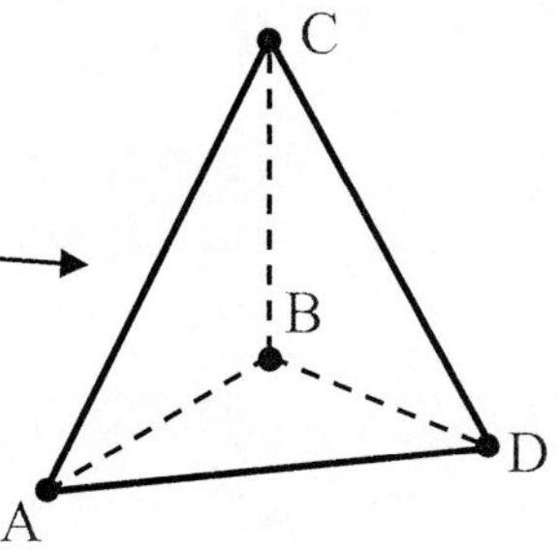

Por 4 pontos obteve-se um tetraedro ou um poliedro com 4 faces. Por 4 pontos também se pode ter uma pirâmide de base triangular. Ainda por 4 pontos situados no mesmo plano é possível obter-se os quadriláteros convexos (quadrado, retângulo, trapézio e paralelogramo) bem como vários côncavos ou irregulares.

2.4.1.5) Representar os seguintes cinco pontos, no 1° triedro, tanto na visão espacial quanto em épura: (A)(+1;+2;+2), (E)(+1;+4;+2), (F)(+3;+2;+2), (G)(+3;+4;+2) e (I)(+2;+3;+4). Faça as representações já unindo os pontos, dois a dois, obtendo as respectivas retas e planos.

Visão espacial (da pirâmide)

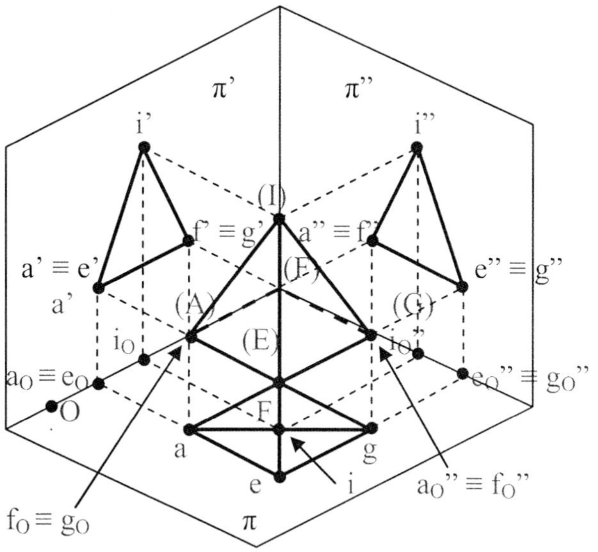

Épura (da pirâmide)

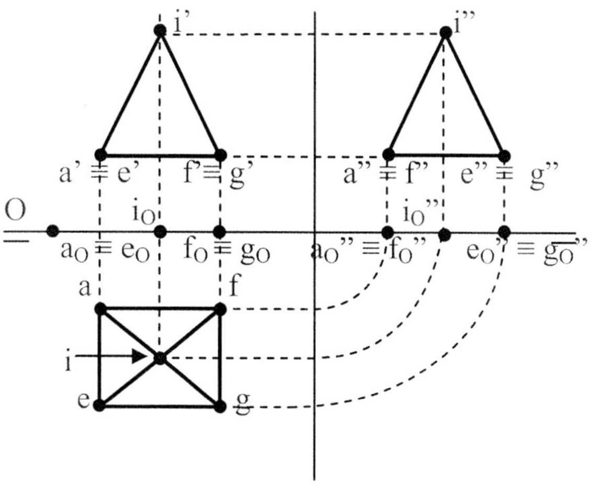

Por 5 pontos, em planos diferentes, obteve-se uma pirâmide de base quadrada. Por 5 pontos, no mesmo plano, também se pode ter um pentágono regular ou irregular.

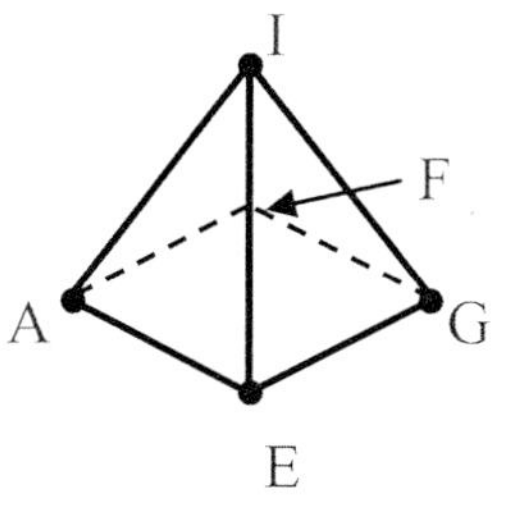

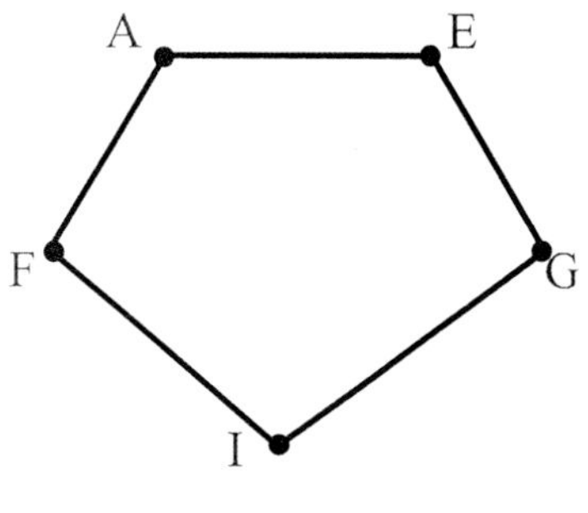

2.4.1.6) Representar os seguintes oito pontos, no 1° triedro, tanto na visão espacial quanto em épura: (A)(+1;+2;+2), (B)(+1;+4;+2), (J)(+3;+4;+2), (K)(+3;+2;+2), (L)(+1;+2;+4), (M)(+3;+2;+4); (N)(+3;+4;+4) e (Q)(+1;+4;+4). Faça as representações já unindo os pontos, dois a dois, obtendo as respectivas retas e planos.

Observa-se que ao unir os 8 pontos, 2 a 2, obtém-se um sólido de 6 faces, 12 retas ou arestas, formando um hexaedro ou cubo.

Visão espacial

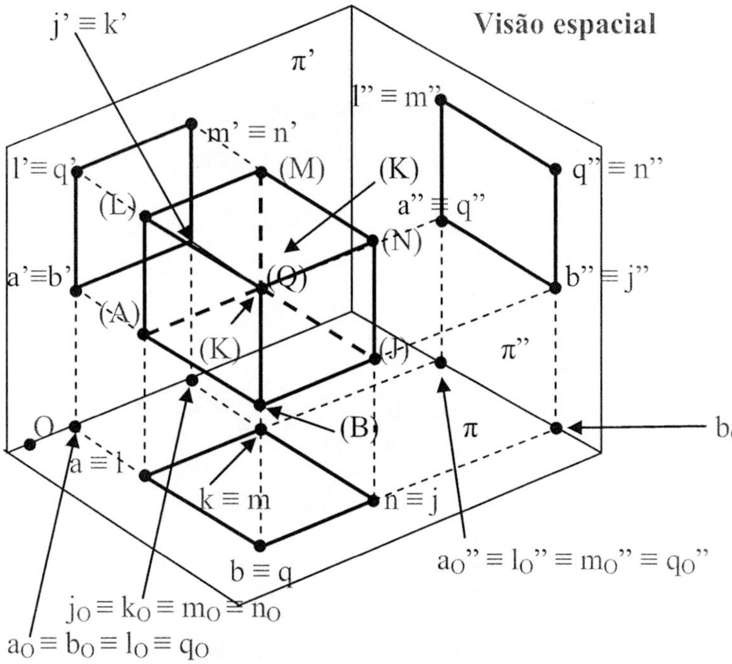

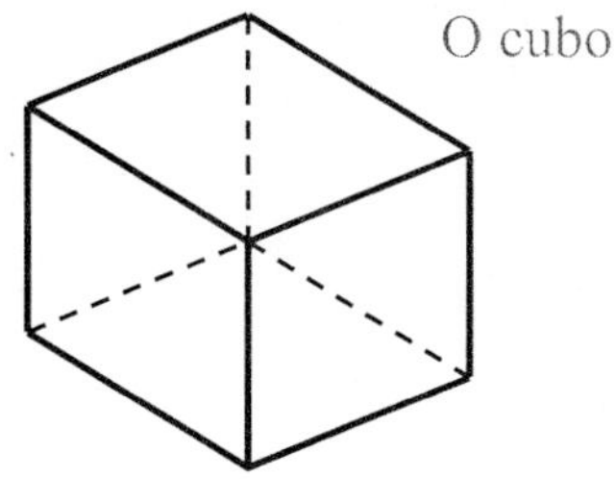

Épura

- X ($a_O \equiv b_O \equiv l_O \equiv q_O$);
- Y($j_O \equiv k_O \equiv m_O \equiv n_O$);
- Z($a_O'' \equiv l_O'' \equiv m_O'' \equiv q_O''$);
- W($b_O'' \equiv j_O'' \equiv n_O'' \equiv q_O''$).

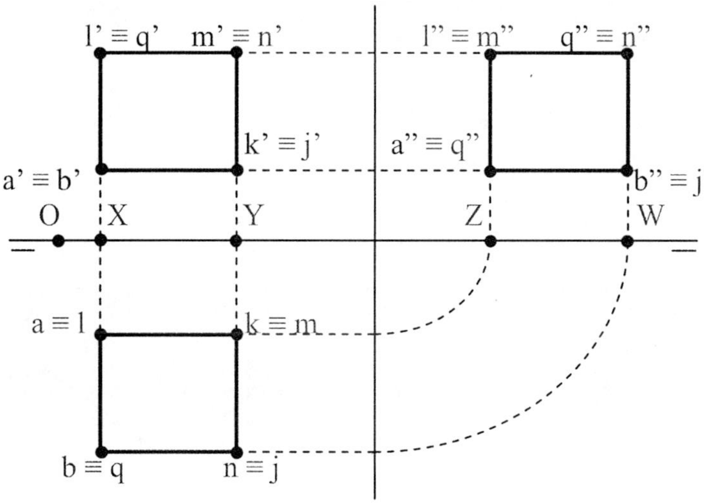

Deve ser observado que, para se representar os oito pontos, obtendo-se o cubo ou o hexaedro, tanto na visão espacial, quanto na épura, faz-se necessário a localização de dezenas de projeções de pontos nos três planos e no espaço, o que "congestiona" o desenho e até "atrapalha" o entendimento. Por este motivo foram usadas as notações X, Y, Z e W.

Observação: por 6 pontos, em planos diferentes, pode-se obter um octaedro ou um poliedro com 8 faces e 12 retas ou arestas.

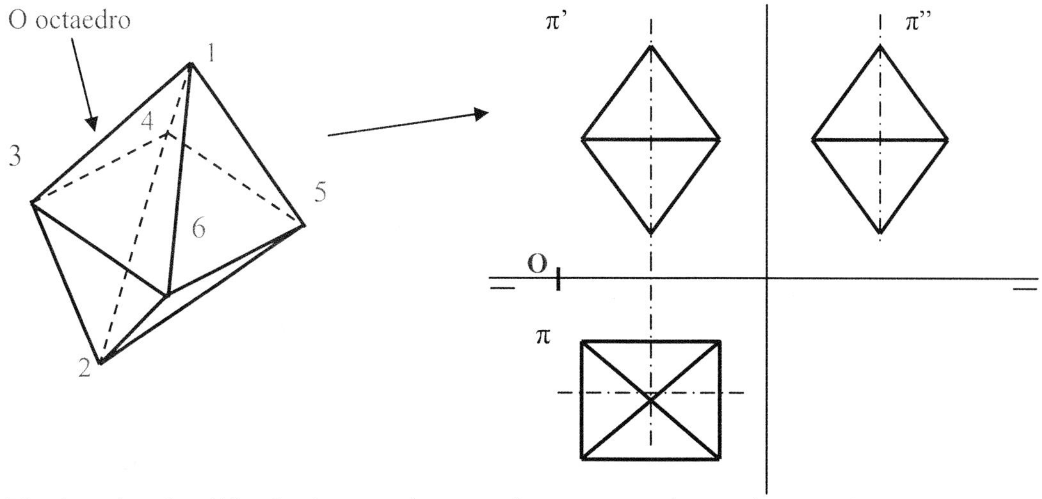

No desenho simplificado do octaedro, não foram mostradas as dezenas de projeções dos pontos e nota-se mais clareza.

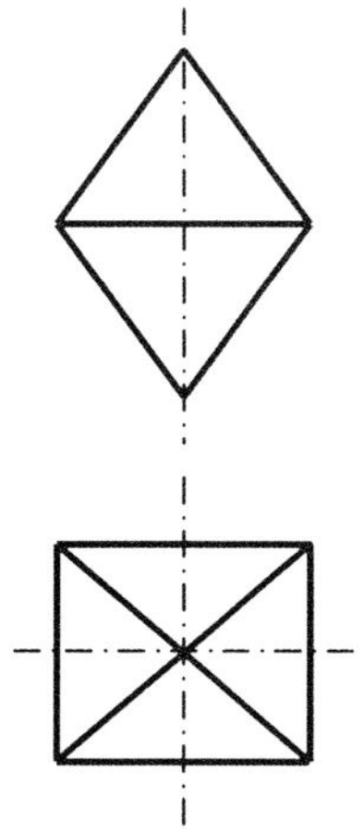

Qualquer pessoa, em qualquer lugar do mundo, que entenda desenho técnico projetivo, olha para estas três vistas (projeções) e logo percebe que se trata de um octaedro. Ou seja, na prática, não são nominados pontos, retas e planos, apenas são feitas as vistas ou projeções, obviamente com as dimensões (a cotagem).

Este é o grande objetivo deste livro: apresentar a geometria descritiva como base conceitual do Desenho Técnico Projetivo.

Neste desenho, à esquerda, estão representadas as seguintes vistas: de frente (projeção em π'), vista superior ou planta (projeção em π) e vista lateral esquerda ou de perfil (projeção em π'').

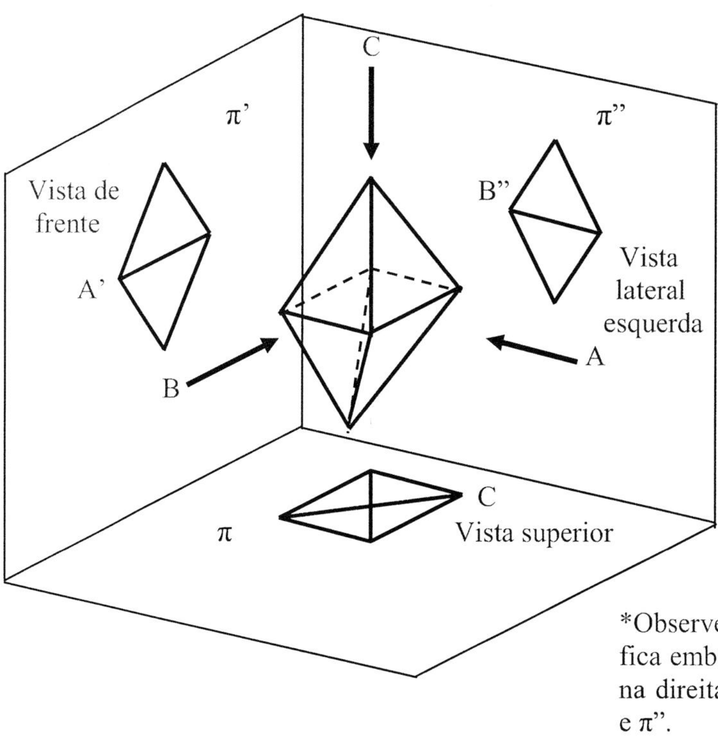

Visão tridimensional

*Observe que, em épura a vista superior fica embaixo e a vista lateral esquerda fica na direita, devido às rotações dos planos π e π''.

2.4.1.7) Estudar os pontos a seguir, fazendo sua representação espacial e a épura. O que acontece quando os dois pontos são unidos, configurando uma reta? (A)(-1; +3; -5) e (B)(+2,5; +4; +2,5).

O ponto B está no 1º diedro e o A no 4º diedro. Como todas as coordenadas descritivas têm valores diferentes, AB é uma reta genérica ou qualquer.

Visão espacial

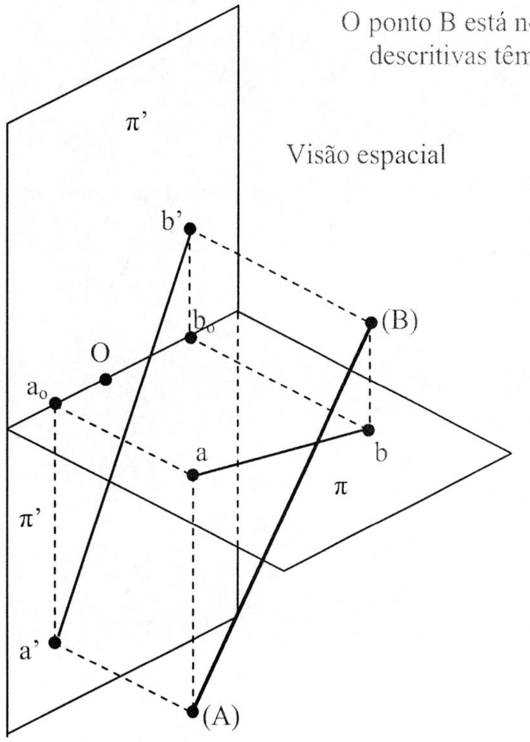

Épura

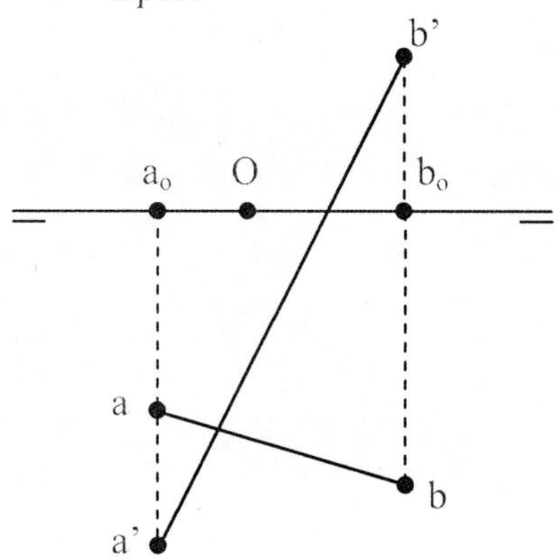

2.5 Exercícios propostos (veja respostas no Apêndice A)

2.5.1) Considere os pontos (A)(+2;+5;+3) e (B)(-2;-5;-3), considere os 4 diedros e: a) Faça suas representações espaciais; b) Una os pontos e interprete o que acontece; c) Faça a épura dos pontos.

2.5.2) Considere os pontos (A)(+5;+5;+5), (B)(+2;+5;+2) e (C)(+2;+2;+2), faça suas representações espaciais e épuras. Una os pontos e interprete o que ocorre.

Capítulo 3

Estudo das retas. Classificações, traços e posições no espaço

Retas podem ser definidas e localizadas a partir das coordenadas cartesianas de dois pontos. Em geometria descritiva as retas são nominadas e estudadas segundo suas posições em relação aos planos π, π' e π''. Na prática as retas são provenientes da interseção de dois planos, ou melhor, de duas faces de uma peça ou objeto, formando as arestas. Quando são feitos os desenhos técnicos projetivos, as retas são simplesmente projetadas e desenhadas, sem receberem as classificações aqui estudadas. O estudo dos nomes das retas objetiva desenvolver a percepção espacial das projeções cilíndricas ortogonais ou vistas de um objeto ou peça, usadas no Desenho Técnico Projetivo, até porque mudando-se a posição do objeto, muda-se o "nome" da reta.

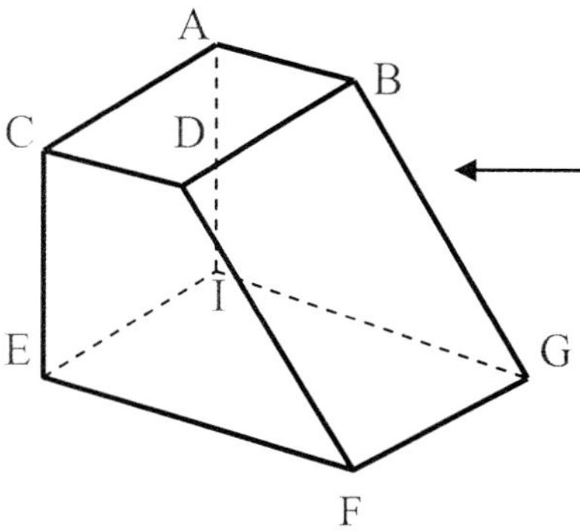

Todas estas doze arestas: AB, CD, CE, EF, FG, BG, DF, AC, BD, AI, EI, IG, são retas provenientes das interseções dos seis planos: ABCD, CDEF, DBFG, ABIG, ACEI, EIFG.
Observa-se que nesta simples peça, formada por oito pontos existem planos e retas: paralelos, perpendiculares e inclinados.

Uma reta pode ser paralela, perpendicular ou inclinada, em relação a um ou dois e até três planos. Para simplificação da definição serão utilizados os seguintes símbolos:

 Para simbolizar retas paralelas aos planos

 Para simbolizar retas perpendiculares aos planos

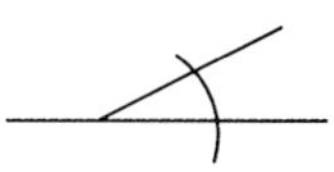 Para simbolizar retas inclinadas aos planos

Exercício resolvido: Dados os pontos P e J, analisar a posição da reta PJ, em relação aos planos π, π' e π''. (P)(+2; +3;+2), (J)(+2; +3; +4). (Trata-se de uma reta vertical).
Uma primeira análise mostra que os pontos P e J têm as mesmas abscissas e os mesmos afastamentos e estão no 1º triedro. Vamos à análise espacial.

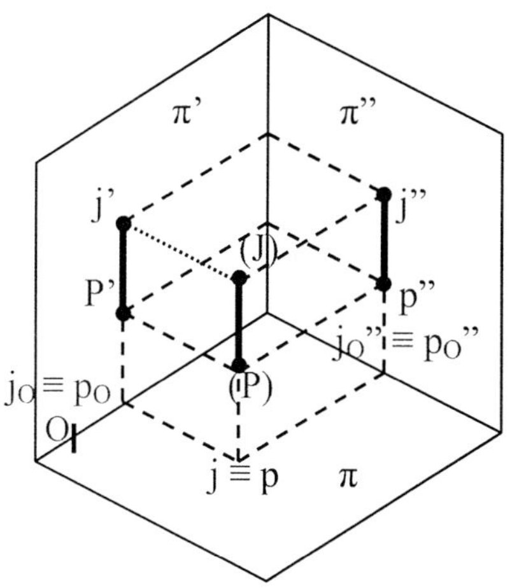

A visão espacial mostra que a reta PJ é:

Perpendicular a π ou 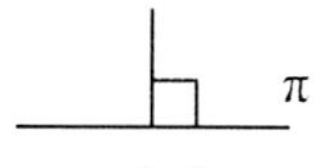 π

Paralela a π' ou  π'

Paralela a π'' ou  π''

3.1 Classificação e estudo das retas (na visão espacial e em épura)

Em função de suas posições em relação aos planos de projeções, existem sete (7) tipos de retas como a seguir descritas:

Fronto horizontal	Paralela a π ou	π
	Paralela a π' ou	π'
	Perpendicular a π'' ou	π''
Horizontal ou de nível	Paralela a π ou	π
	Inclinada a π' ou	π'
	Inclinada a π'' ou	π''
Frontal ou de frente	Inclinada a π ou	π
	Paralela a π' ou	π'
	Inclinada a π'' ou	π''
Vertical	Perpendicular a π ou	π
	Paralela a π' ou	π'
	Paralela a π'' ou	π''
De topo ou de ponta	Paralela a π ou	π
	Perpendicular a π' ou	π'
	Paralela a π'' ou	π''
De perfil	Inclinada a π ou	π
	Inclinada a π' ou	π'
	Paralela a π'' ou	π''
Reta genérica ou qualquer	Inclinada a π ou	π
	Inclinada a π' ou	π'
	Inclinada a π'' ou	π''

A seguir serão mostradas as visões espaciais e épuras de cada uma das sete retas no 1° triedro, sempre mostrando-se um objeto ou peça onde a mesma aparece.

Reta fronto horizontal (paralela a π e π' e perpendicular a π'')

Considere-se uma reta definida pelos pontos (A)(+1; + 3; +4) e (B)(+3; +3; +4). Observa-se que nesta reta os afastamentos e as cotas dos pontos A e B são iguais, pois a reta é paralela aos planos π e π' variando apenas as abscissas.

Visão espacial

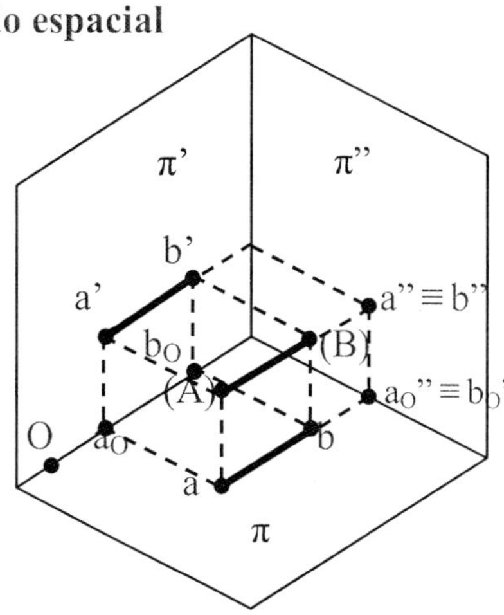

Épura

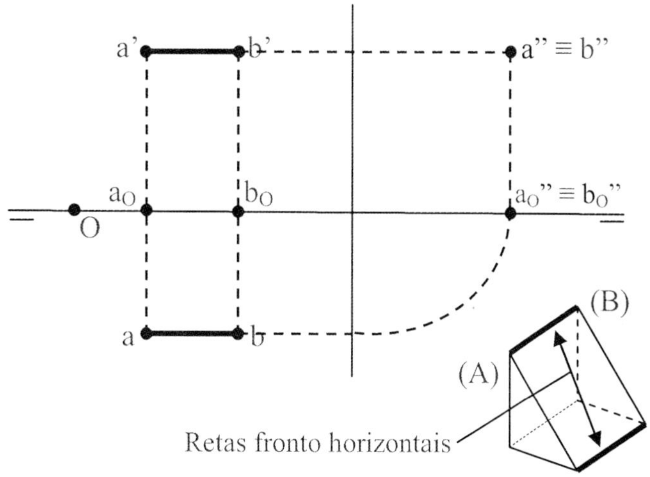

Reta horizontal ou de nível (paralela a π e inclinada a π' e π'')

Considere-se uma reta definida pelos pontos (C)(+1;+2;+2) e (D)(+3;+4;+2). Observa-se que nesta reta as cotas são iguais, pois a reta é paralela ao plano π.

Visão espacial

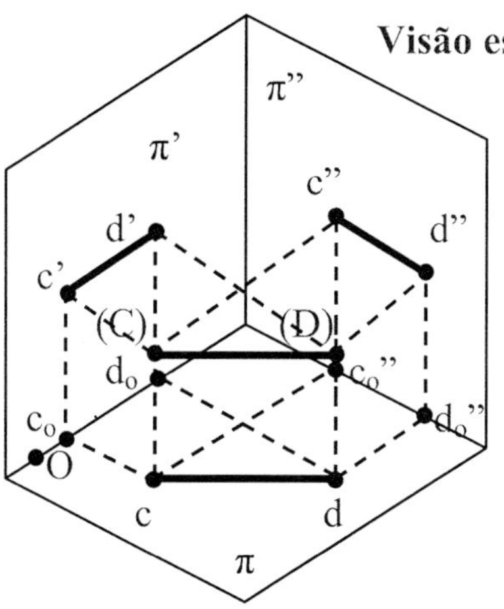

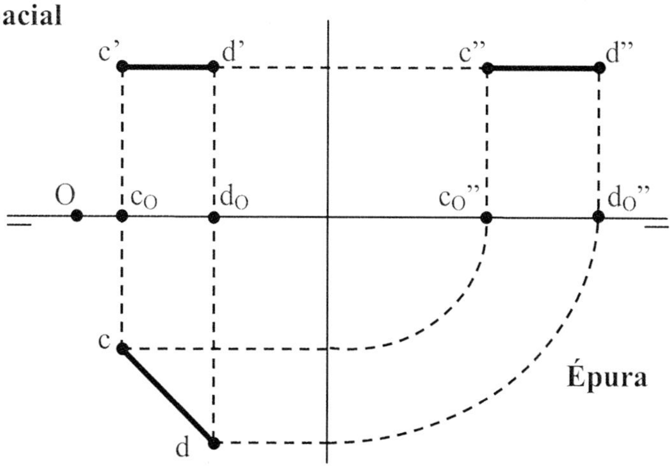

Épura

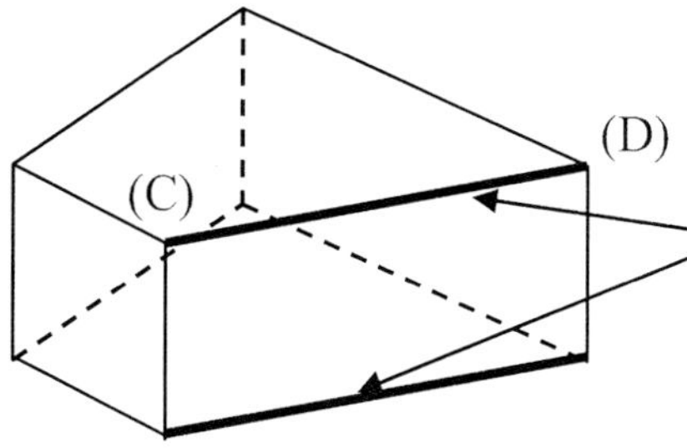

Reta frontal ou de frente (inclinada a π e π'' e paralela a π')

Considere-se uma reta definida pelos pontos (E)(+1;+3;+2) e (F)(+3;+3;+3). Observa-se que nesta reta os afastamentos são iguais, pois a reta é paralela ao plano π'.

Visão espacial

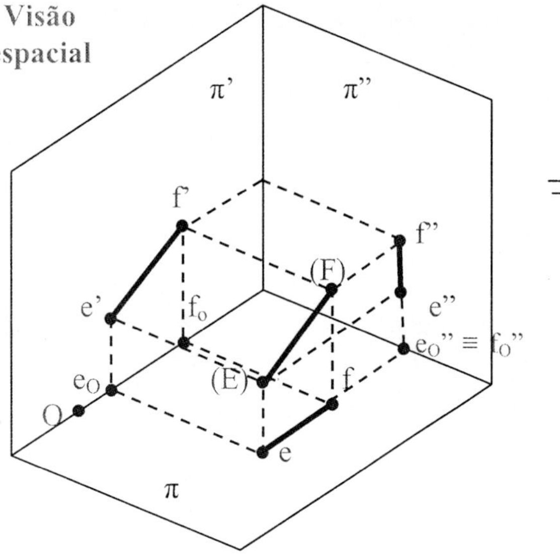

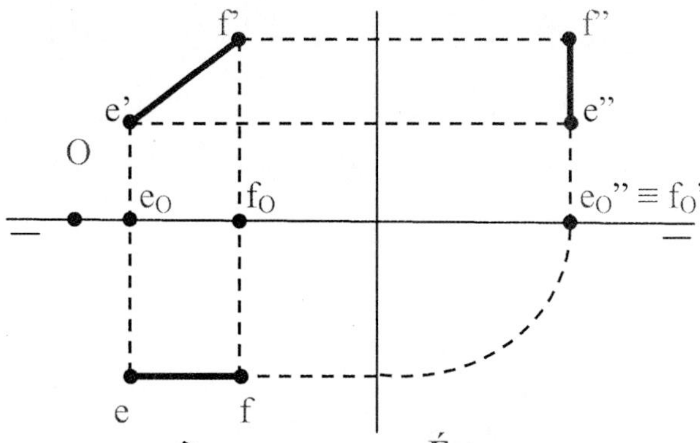

Épura

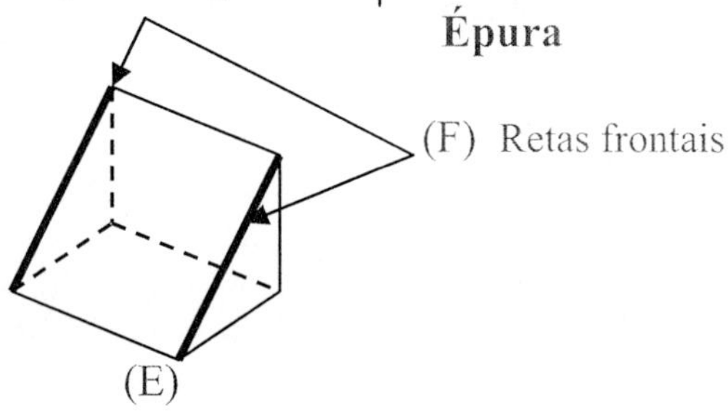

Reta vertical (perpendicular a π e paralela a π' e π'')

Considere-se uma reta definida pelos pontos (G)(+1;+2;+1,5), (I)(+1;+2;+3). Esta reta têm as mesmas abscissas e os mesmos afastamentos, pois é paralela aos planos π' e π'', e perpendicular ao plano π.

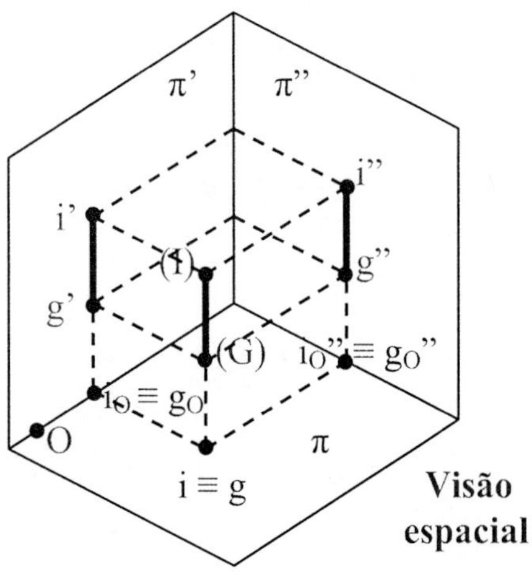

Visão espacial

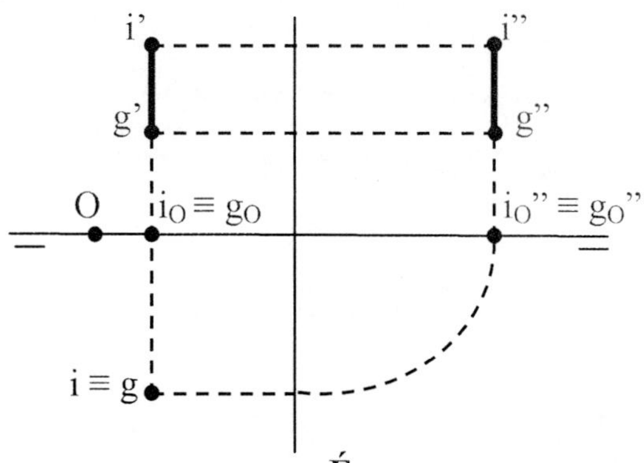

Épura

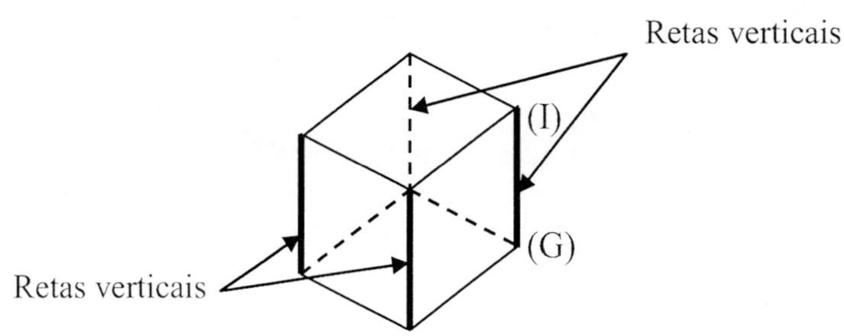

Reta de topo ou de ponta (paralela a π e π'' e perpendicular π')

Considere-se uma reta definida pelos pontos (J)(+1;+2;+1,5) e (K)(+1;+3,5;1,5). Esta reta têm as mesmas abscissas e as mesmas cotas, pois é paralela aos planos π e π'', e perpendicular ao plano π'.

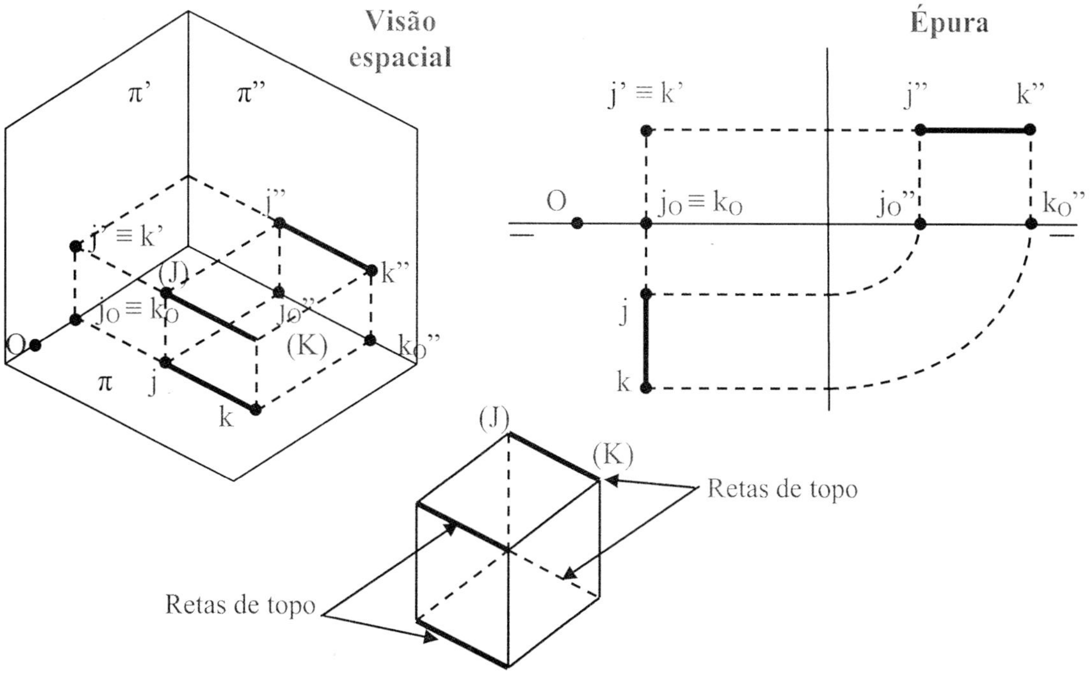

Reta de perfil (inclinada a π e π' e paralela a π'')

Considere-se uma reta definida pelos pontos (L)(+1;+2;+2,5) e (M)(+1;+3;+1). Esta reta têm as mesmas abscissas, com afastamentos e cotas diferentes. É inclinada em relação aos planos π e π' e paralela ao plano π''.

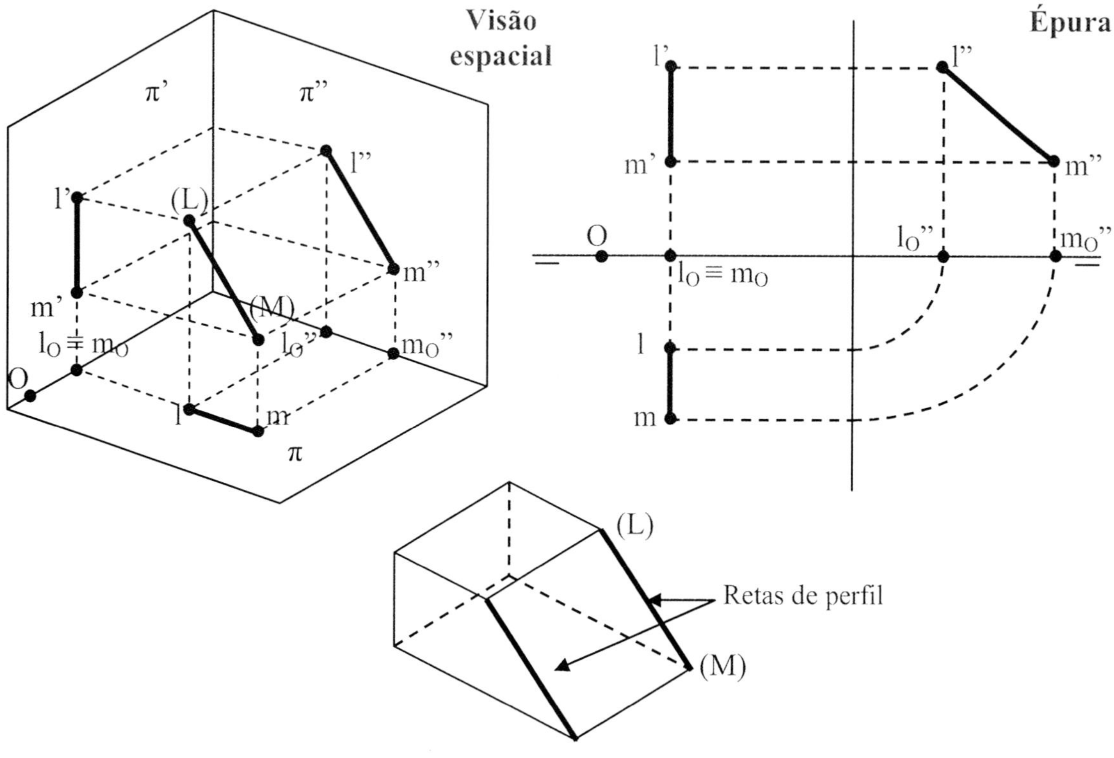

Reta genérica ou qualquer (inclinada a π, π' e π")

Considere-se uma reta definida pelos pontos (N)(+1;+2;3,5). (Q)(+1,5;+3;2,5). Esta reta é inclinada em relação aos três planos: π, π' e π".

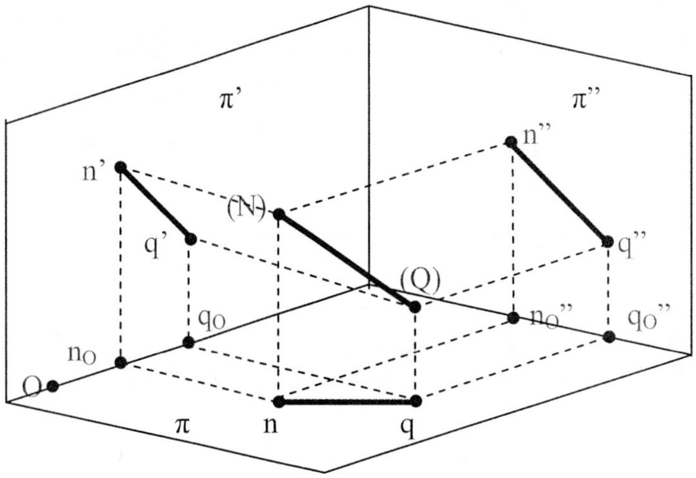

Visão espacial

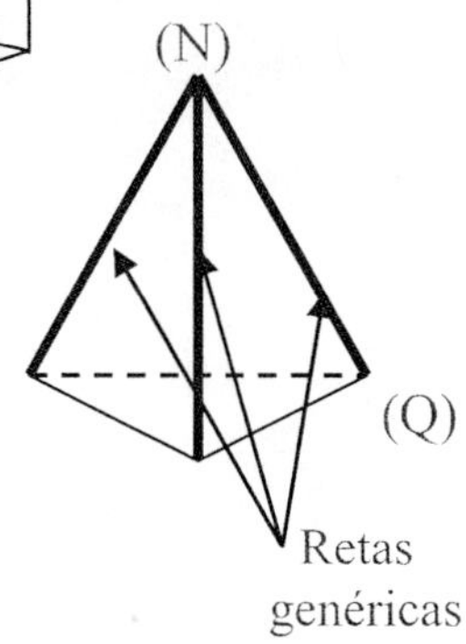

Épura

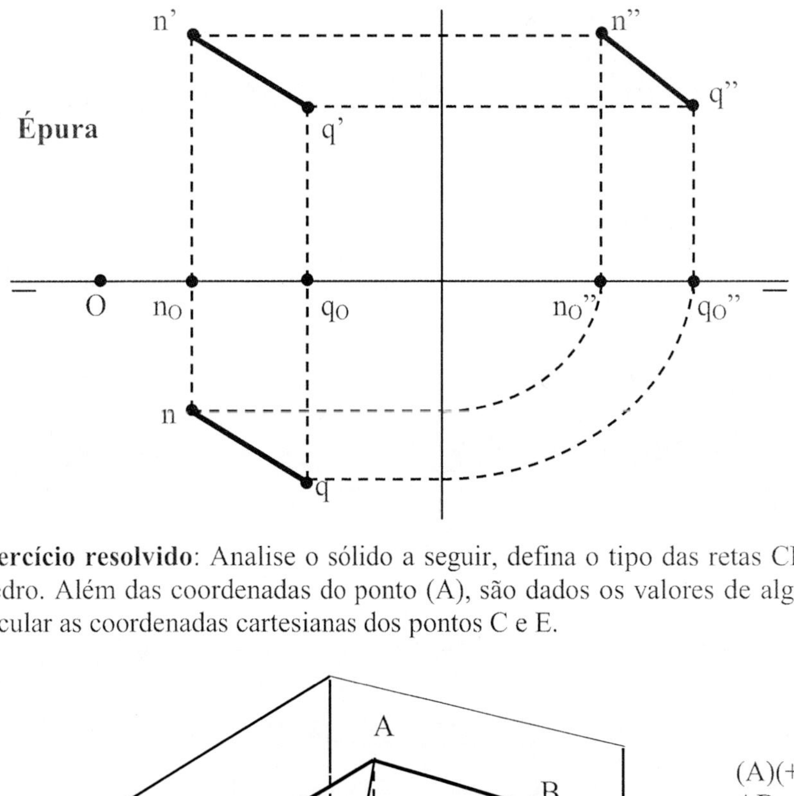

Exercício resolvido: Analise o sólido a seguir, defina o tipo das retas CE e AE, fazendo suas épuras no 1° triedro. Além das coordenadas do ponto (A), são dados os valores de algumas arestas. Inicialmente deve-se calcular as coordenadas cartesianas dos pontos C e E.

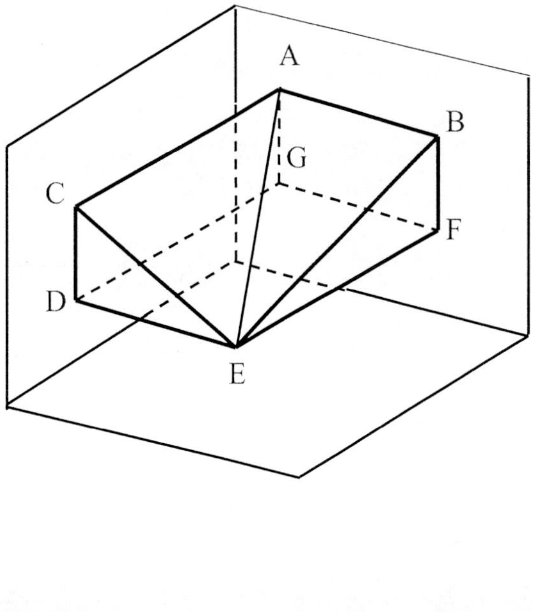

(A)(+6;+2;+4)
AB = 3, AC = 4, CD = 2
AB = DE = GF
AG = BF = CD
AC = DG = EF

Cálculo das coordenadas dos pontos C e E

(C)(6-AC; +2; +4), como AC = 4, portanto: (C) (+2; +2; +4)
(E)(+2; 2+DE; 4-CD), Como DE = 3 e CD = 2, logo: (E)(+2; +5; +2).
Reta AE: (A)(+6;+2;+4) e (E)(+2;+5;+2) é uma reta genérica ou qualquer.
Reta CE: (C)(+2;+2;+4) e (E)(+2;+5;+2) é uma reta de perfil.

Épura da reta AE (genérica ou qualquer)

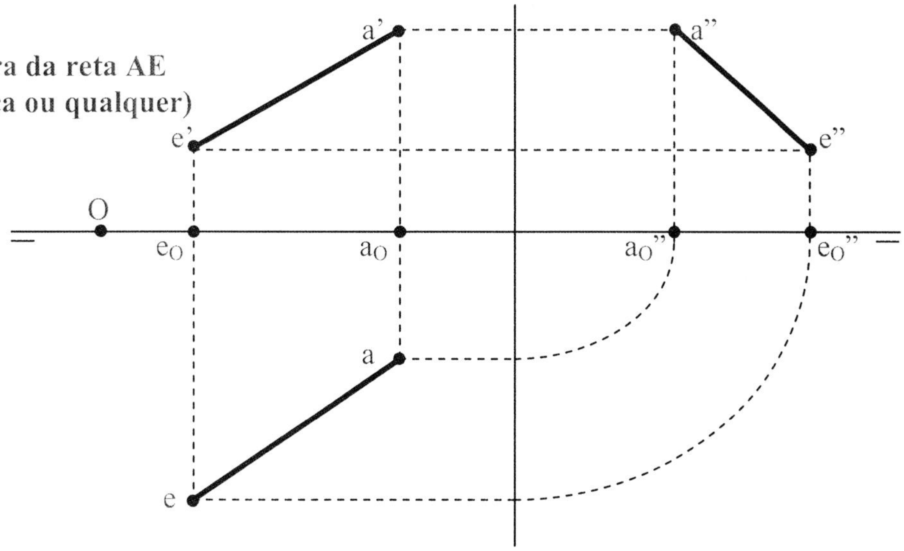

Épura da reta CE (de perfil)

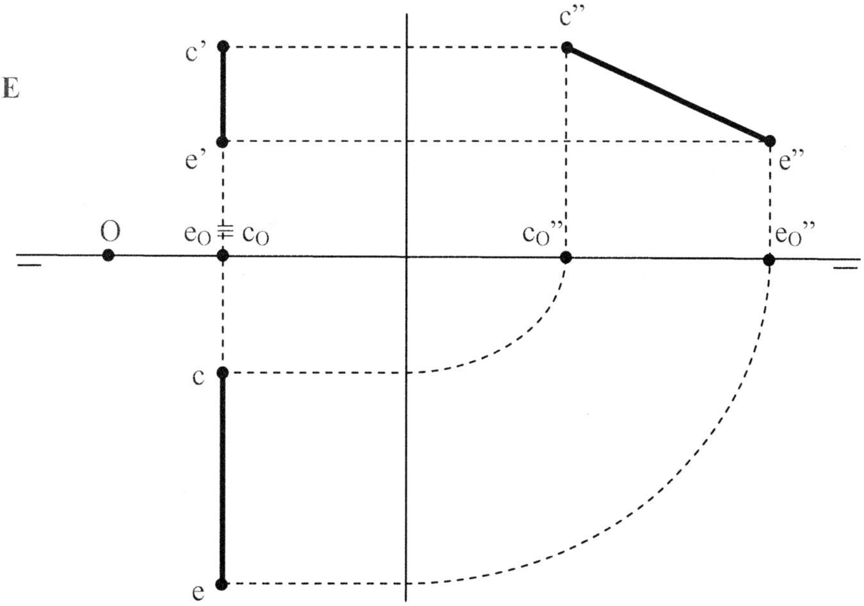

3.2 Pertinência de ponto e reta

Um ponto pertence a uma reta quando suas projeções coincidem com as projeções similares da reta. Em alguns casos, como nas retas de perfil e genérica, só com a análise das três projeções, ou seja, em π, π' e π'' é que se consegue confirmar que realmente o ponto pertence à reta. Analise os pontos (A)(+1,5; +1,5; +3,0), (B)(+1,5; +3,5; +1,0) e (P)(+1,5; +2,5; +2,5) e veja se o ponto (P) pertence à reta AB.

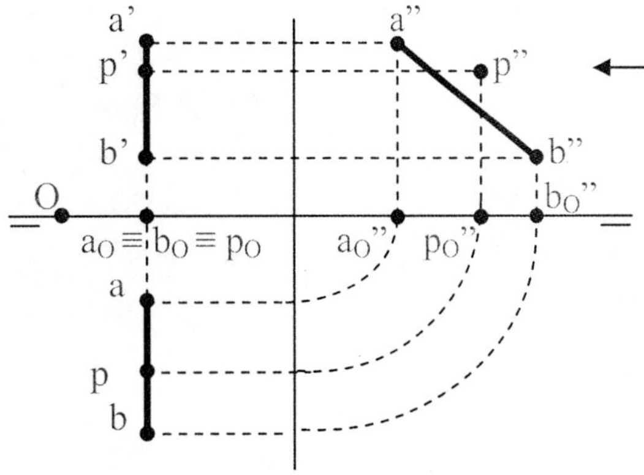

Análise pela épura

(A)(+1,5;+1,5;+3,0); (B)(+1,5;+3,5;+1,0) e (P)(+1,5;+2,5;+2,5)

Analisando apenas as projeções em π e π' pode-se pensar que o ponto P pertence à reta de perfil AB, já que as projeções coincidem, porém, ao analisar a projeção em π", constata-se que o ponto P está fora e acima da reta AB.

Conclusão: o Ponto p não pertence à reta AB.

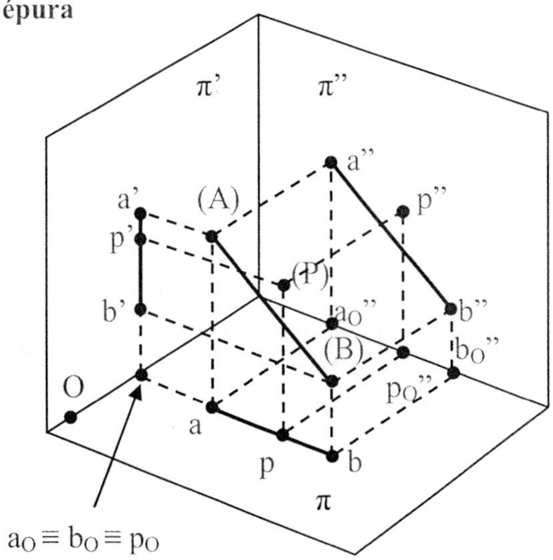

Análise pela visão espacial

Conclusão: o ponto P não pertence à reta AB.

Exercício resolvido: Dada uma reta CD, com (C)(+2;+3;+4) e (D)(+4;+6;+4), defina o seu tipo, faça sua épura no 1^0 triedro e determine um ponto E que pertença à reta, calculando suas coordenadas cartesianas. Mostre também a visão espacial.

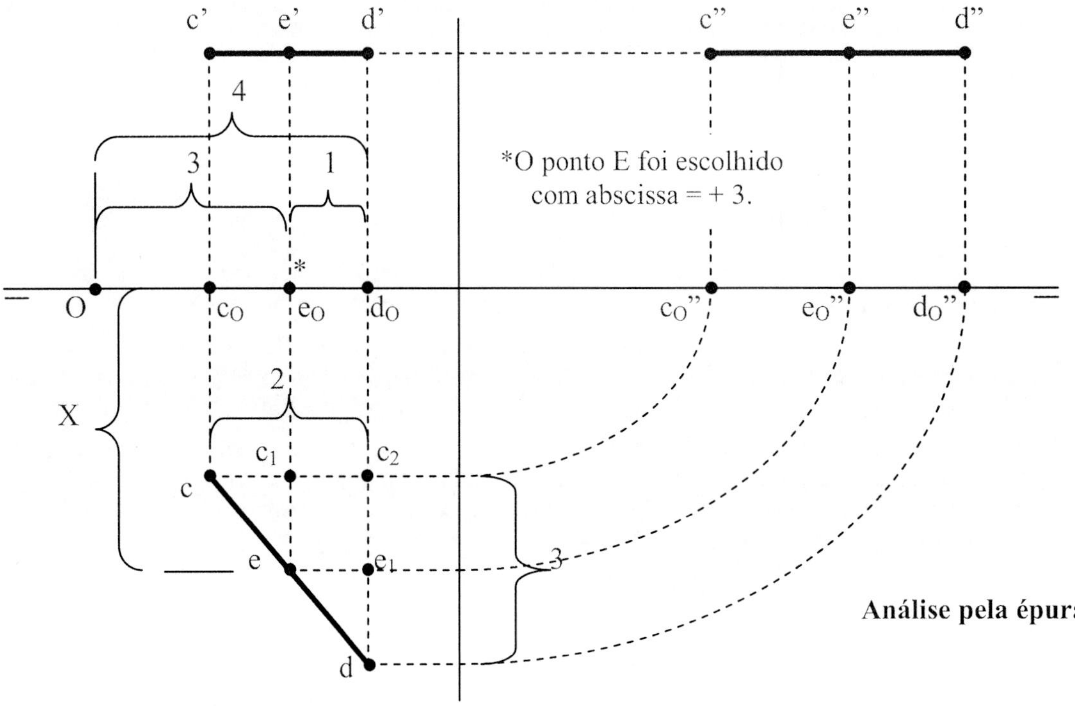

Análise pela épura

A reta CD é tipo horizontal, ou seja, paralela ao plano π, pois os pontos C e D possuem a mesma cota. A a abscissa de E foi definida como igual a +3 ficando no ponto médio entre C e D. A cota do ponto E é +4, pois a reta é paralela ao plano π. Só fica faltando calcular o afastamento de E que é o valor X, que é igual ao segmento e_O e, que é igual à $e_O c1$ (que é o afastamento de C) mais o segmento c_1e. Portanto, tem-se que calcular o valor de c_1e. As coordenadas cartesianas do ponto E são (E)(+3; X; +4).
O cálculo é feito por semelhança dos triângulos cc_2d e cc_1e.

$cc_2 / cc_1 = c_2d / c_1e$ ou seja: $2 / 1 = 3 / c_1e$. Calculando tem-se: $c_1e = 1,5$
$c_1e + e_0c_1 = 1,5 + 3 = 4,5$; Portanto o afastamento de E = +4,5.

Portanto as coordenadas cartesianas de E são: (E)(+3; +4,5; +4).

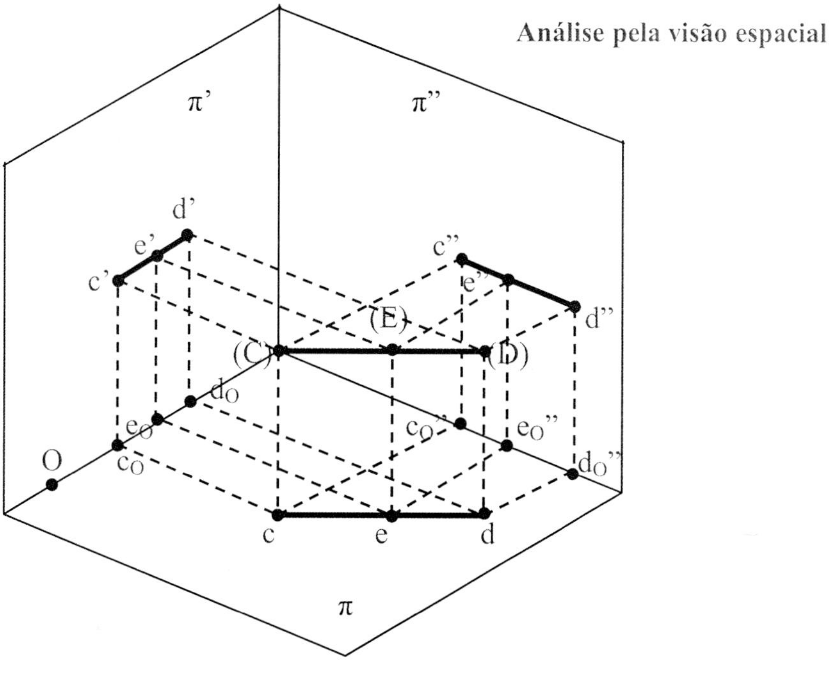

Exercício proposto sobre pertinência de ponto e reta: Determinar as coordenadas cartesianas do ponto (P), com afastamento +2 e pertencente à reta (A)(B), sabendo que: (A)(+2;+1;+5) e (B)(+2;+3;+2).

3.3 Posições relativas entre duas ou mais retas.

No espaço R^3, retas, ou melhor, arestas de objetos ou peças, podem assumir diversas posições: a) Podem pertencer a planos diferentes e serem reversas, ou seja, não se interceptam; b) Podem pertencer a planos diferentes e serem concorrentes e ou perpendiculares/paralelas; c) Podem pertencer a um mesmo plano e serem paralelas, concorrentes ou perpendiculares. O estudo dos planos é feito no Capítulo 3.

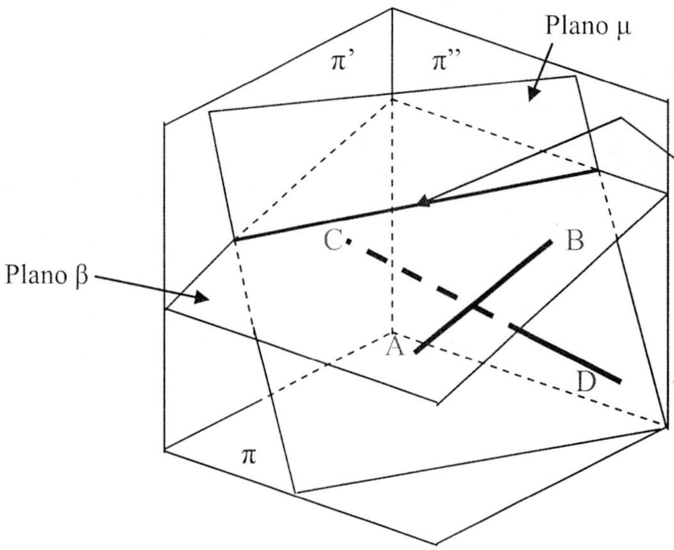

Exemplos de retas em planos diferentes ou reversas, ou seja, não se interceptam.

Deve ser observado que a interseção de dois planos gera uma reta. Neste caso é uma reta genérica.

A reta AB tipo frontal está no plano de topo β e a reta CD tipo de perfil está no plano genérico ou qualquer μ.

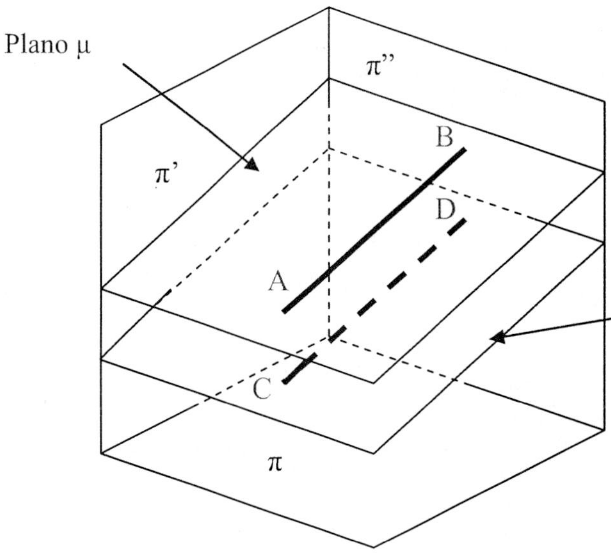

Exemplo de retas paralelas em planos diferentes

Plano β

As retas AB e CD, são tipo de topo e estão em planos frontais μ e β paralelos entre si.

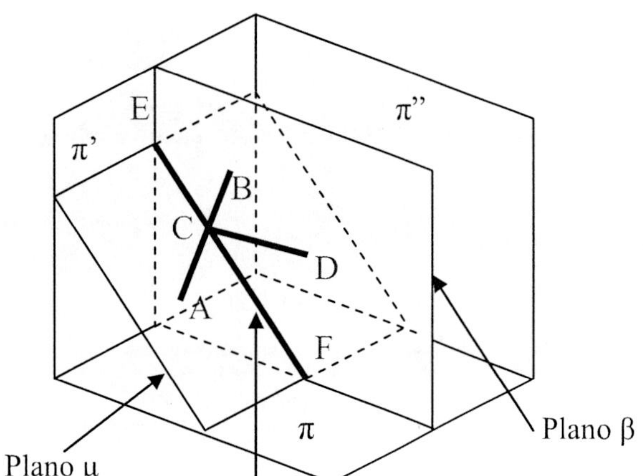

A interseção dos planos β e μ gera uma reta de perfil EF.

Exemplos de retas perpendiculares em planos diferentes

A reta AB no plano paralelo à Linha de Terra μ, é do tipo genérica ou qualquer. A reta CD no plano de perfil β, é do tipo de topo. Existe uma posição onde é possível que as duas sejam perpendiculares.

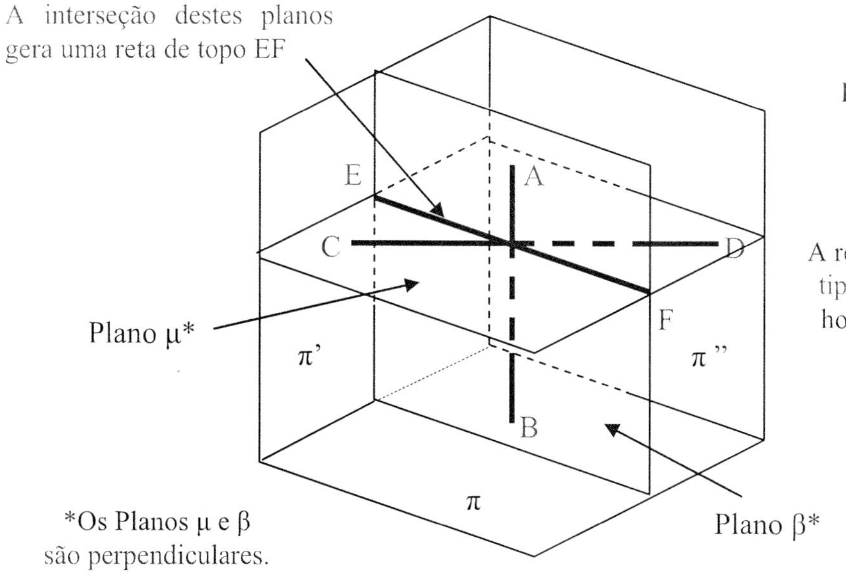

Exemplos de retas perpendiculares em planos diferentes

A reta AB no plano de perfil β é do tipo vertical e a reta CD no plano horizontal μ é do tipo horizontal.

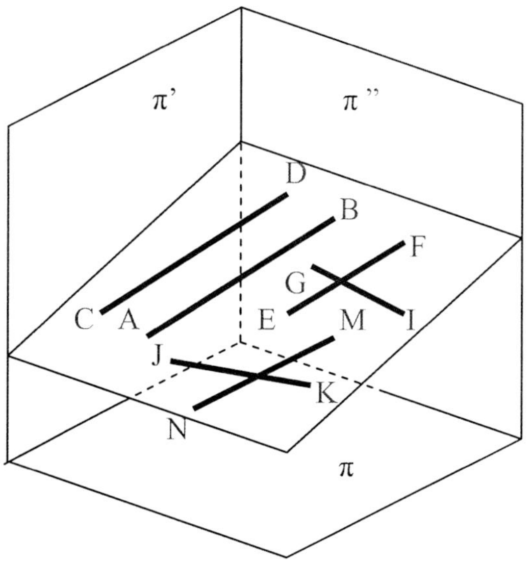

Exemplos de retas no mesmo plano:

Paralelas: AB e CD
Perpendiculares: EF e GI
Concorrentes: JK e MN

2.4.1 Exercício resolvido: Nesta figura identifique:

Retas paralelas e perpendiculares no mesmo plano e em planos diferentes.

Retas concorrentes no mesmo plano e em planos diferentes.

Identifique as retas, segundo as letras indicadas.

Observações: os planos formados pelas retas CDGF e IBEJ, são paralelos ao plano π'.
Os planos formados pelas retas BDEG e ICJF, são paralelos ao plano π''.
Os planos formados pelas retas IBDC e JEGF são paralelos ao plano π.

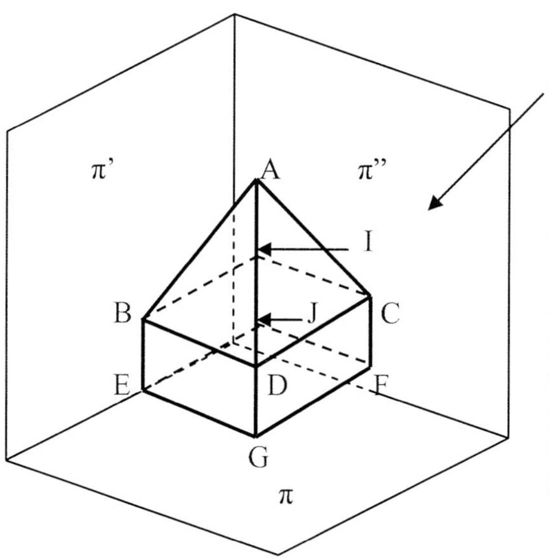

As seguintes retas são paralelas (//):

BE//DG//CF//IJ: são retas verticais. BD//EG//CI//FJ: são retas de Topo. IB//JE//CD//FG: são retas fronto horizontais.

As seguintes retas são concorrentes:

AB, AC, AD e AI: e são retas genéricas que se interceptam no ponto (A). Estas 4 retas pertencem a 4 planos diferentes, quais sejam: ACD (α), ABD (β), ABI (γ) e ACI (δ), porém cada duas retas destas pertencem ao mesmo plano. As retas AC, AD e CD pertencem ao plano α. As retas AB, AD e BD pertencem ao plano β. As retas AB, AI e CI pertencem ao plano γ. As retas AI, AC e CI pertencem ao plano δ.

As seguintes retas são perpendiculares:

BD e DG; BD e EG; IJ e CF; IC e JF; IB e JE; BE e IJ; CD e FG; DG e CF.

3.4 Trajetória e traços de retas.

Dependendo do tipo e posição, as retas podem se situar apenas em um ou dois e até em três diedros. A reta fronto horizontal só percorre um diedro, pois é paralela aos planos π e π'. As retas vertical, de topo, frontal e horizontal percorrem dois diedros. As retas de perfil e genérica ou qualquer são as únicas que percorrem três diedros.

Traços de retas são os pontos onde as retas interceptam ou furam os planos π e π'. Traço horizontal ou H é o ponto onde uma reta intercepta ou fura o plano π. Traço vertical ou V é o ponto onde uma reta intercepta ou fura o plano π'.

Não existe nenhum sentido em se pensar em traço de perfil, ou seja, o ponto onde a reta interceptaria ou furaria o plano π", até porque sua posição é "qualquer", já que não existe nenhuma medida, ou melhor, coordenada cartesiana, a ele relacionada, como são os casos dos afastamentos e cotas relacionados aos planos π e π'.

Em Desenho Técnico Projetivo, em alguns tipos de peças, especialmente em troncos de poliedros, são necessárias construções geométricas que remetem a este conceito de traço de uma reta, apenas no sentido de, por exemplo, determinar o vértice de uma pirâmide ou até de um cone, para permitir a sua construção física.

A seguir são mostradas épuras e visões espaciais de algumas retas, no 1° diedro, com as representações de seus traços horizontal e vertical.

Visão espacial do traço vertical V de uma reta horizontal

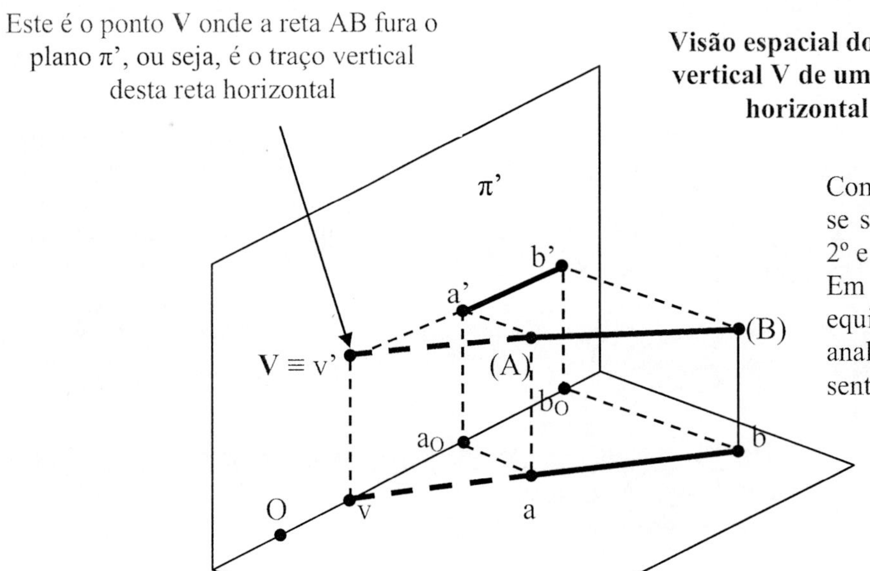

Com relação à trajetória, esta reta se situa nos 1° e 2° diedros ou nos 2° e 1° diedros.

Em geometria descritiva, trajetória equivale à direção na geometria analítica, ou seja, é diferente de sentido, típico dos vetores.

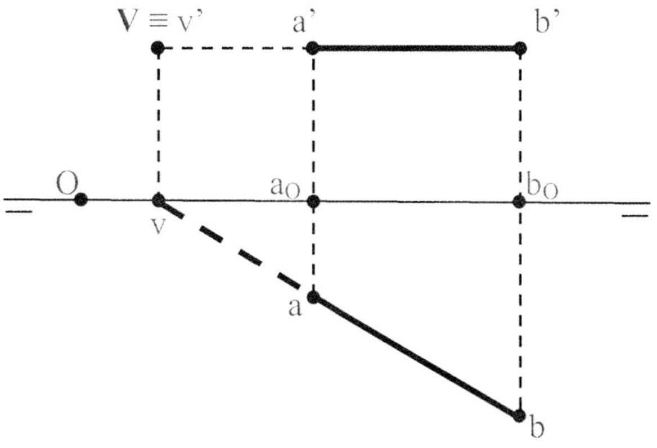

Épura do traço vertical V de uma reta horizontal.

Visão espacial do traço horizontal H de uma reta frontal.

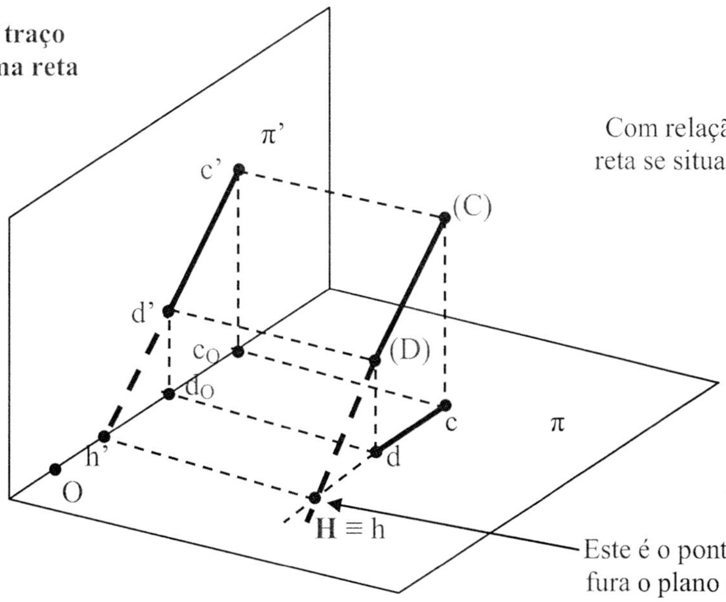

Com relação à trajetória, esta reta se situa nos 1° e 4° diedros.

Este é o ponto **H** onde a reta CD fura o plano π, ou seja, é o traço horizontal desta reta frontal.

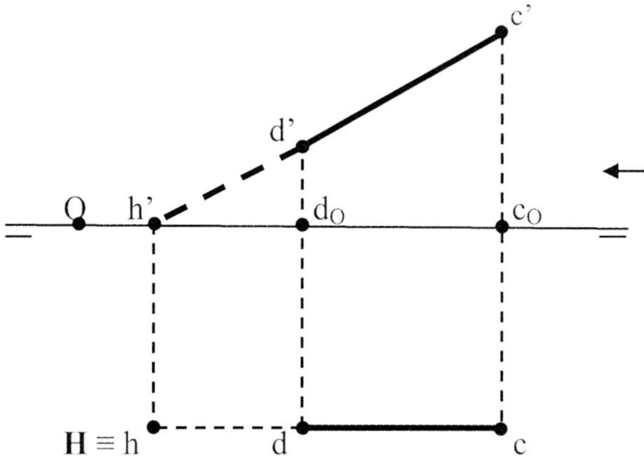

Épura do traço horizontal H de uma reta frontal.

Visão espacial dos traços horizontal H e vertical V de uma reta genérica ou qualquer. Com relação à trajetória, esta reta percorre os 2°, 1° e 4° diedros.

Este é o ponto **V** onde a reta EF fura o plano π', ou seja, é o traço vertical desta reta.

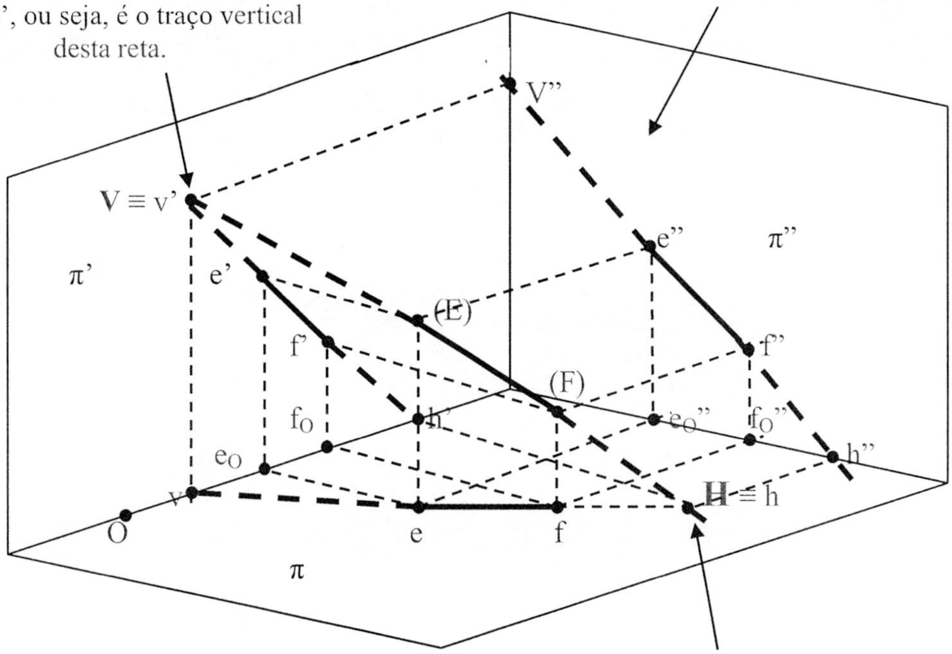

Este é o ponto **H** onde a reta EF fura o plano π, ou seja, é o traço horizontal desta reta.

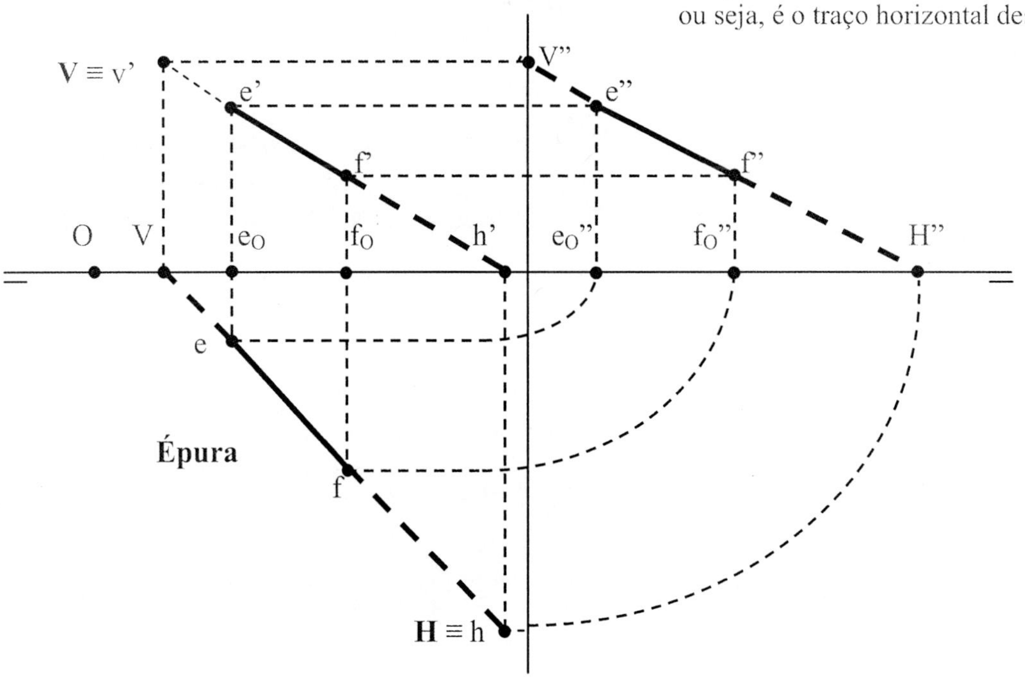

Após a análise destas três visões espaciais e épuras de traços de retas, podemos citar as regras para se determinar em épura os traços de uma reta, sem o recurso da visão espacial. Será utilizada a épura desta reta genérica ou qualquer EF, pois apresenta os dois traços: o horizontal H e o vertical V.

Regra para determinação do traço horizontal H de uma reta, em épura:

Prolonga-se a projeção vertical e'f'da reta até encontrar a Linha de Terra, onde se localiza o ponto h', ou seja, a projeção vertical do traço horizontal. A partir de h' traça-se uma reta auxiliar perpendicular à Linha de Terra (que pode ser para cima ou para baixo), até encontrar a projeção horizontal ef da reta, onde está o traço horizontal **H** (que coincide com a projeção no plano horizontal ou h).

Regra para determinação do traço vertical V de uma reta, em épura:

Prolonga-se a projeção horizontal ef da reta até encontrar a Linha de Terra, onde se localiza o ponto v, ou seja, a projeção horizontal do traço Vertical. A partir de v traça-se uma reta auxiliar perpendicular à Linha de Terra (que pode ser para cima ou para baixo), até encontrar a projeção vertical e'f' da reta, onde está o traço vertical **V** (que coincide com a projeção no plano vertical ou v).

Uma observação rápida mostra que para se determinar o traço horizontal prolonga-se a projeção vertical da reta e para o traço vertical prolonga-se a projeção horizontal.

Estas regras determinam graficamente os traços de uma reta, mas a determinação do afastamento do traço horizontal H, bem como a cota do traço vertical V é feita através de cálculos de geometria plana, normalmente envolvendo semelhança de triângulos e o Teorema de Pitágoras. Na prática faz-se o desenho da épura de forma analítica, ou seja, sem usar as reais medidas matemáticas e procede-se ao cálculo analítico.

3.4.1 Exercícios resolvidos sobre traços de retas

3.4.1.1) Determinar, analiticamente (sem usar as medidas gráficas), a abscissa do traço vertical V da reta horizontal AB, e suas coordenadas cartesianas, sabendo-se que: (A)(+3;+1;+2) e (B)(+7;+2;+2). Observe que a reta horizontal tem cotas iguais, pois é paralela ao plano horizontal.
Inicialmente, faz-se a [epura da reta de forma gráfica, sem colocar os valores reais, ou seja, apenas para uma análise matemática. Esta reta está no 1º diedro.

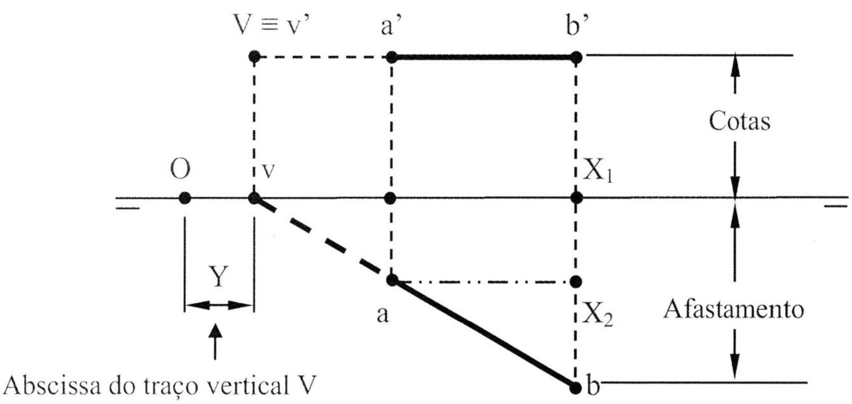

Épura da reta AB, para cálculos analíticos

Inicialmente nominam-se os pontos X_1 e X_2, e vê-se que o valor Y, da abscissa do traço vertical V, é a diferença dos segmentos OX_1 (que é a abscissa do ponto B = 7) e v X_1. Vê-se que os triângulos vX_1b e aX_2b são semelhantes, pois têm os três ângulos iguais. A solução está em determinar o valor do segmento vX1. Desta forma pode-se fazer:

aX_2 está para vX_1, assim como X_2b está para X_1b. ($aX_2 / vX_1 = X_2b / X_1b$)

Sabe-se que: $aX_2 = 4$ (diferença de abscissas dos pontos B e A); $X_2b = 1$ (diferença de afastamentos dos pontos B e A); $X_1b = 2$ (afastamento de B) e OX_1 (que é a abscissa do ponto B) = 7. Também sabe-se que: $Y = OX_1 - vX_1$. Portanto, tem-se:

$4/vX_1 = 1/2$, logo: $vX_1 = (2 \times 4)/1$, ou seja: $vX_1 = 8$. Como $Y = OX_1 - vX_1$, tem-se:

$Y = 7 - 8$, ou seja, $Y = -1$ (menos 1). O que este valor significa?

Significa que, em verdade, o ponto v está uma unidade à esquerda da origem, ou seja, a **abscissa do traço vertical V é -1**. Desta forma as coordenadas cartesianas do traço vertical são: (V)(-1;0;+2). O afastamento é zero, pois o ponto V está no plano vertical π'.

Ao se fazer o desenho em escala, usando-se os valores reais em centímetros, realmente constata-se que o valor Y está à esquerda da origem O, como a seguir mostrado.

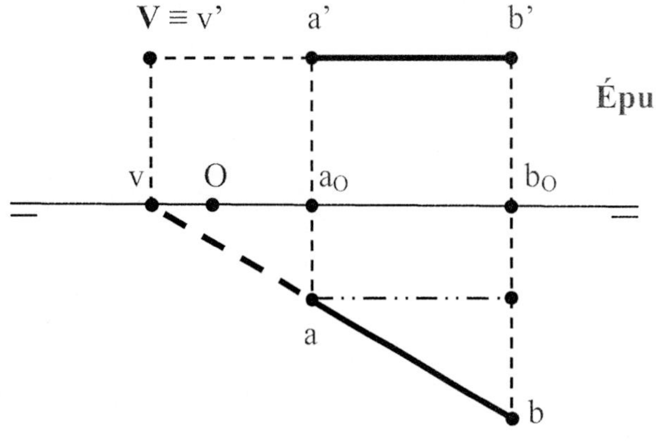

Épura real da reta AB

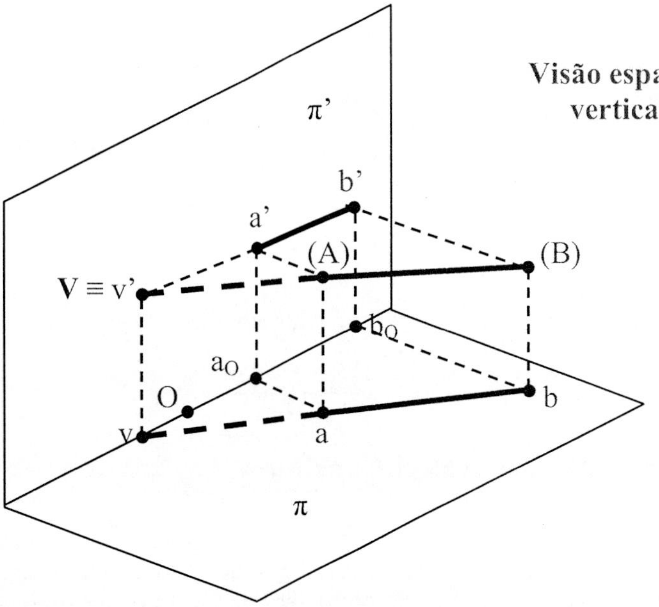

Visão espacial real do traço vertical da reta AB

3.4.1.2) Fazer a épura e o cálculo das coordenadas cartesianas dos traços horizontal H e vertical V da reta genérica ou qualquer AB, conhecendo-se: (A)(+2;+3;+1) e (B)(+6;+6;+12).

Esta reta está no 1° diedro, portanto a épura analítica assume a forma a seguir, já com as linhas auxiliares e ângulos, para se fazer o estudo dos triângulos que permitirão o cálculo geométrico das coordenadas cartesianas dos traços. Deve ser observado que o desenho da épura não está rigorosamente em escala, pois existe uma diferença muito grande entre as Cotas de A e B.

Épura analítica da reta genérica AB

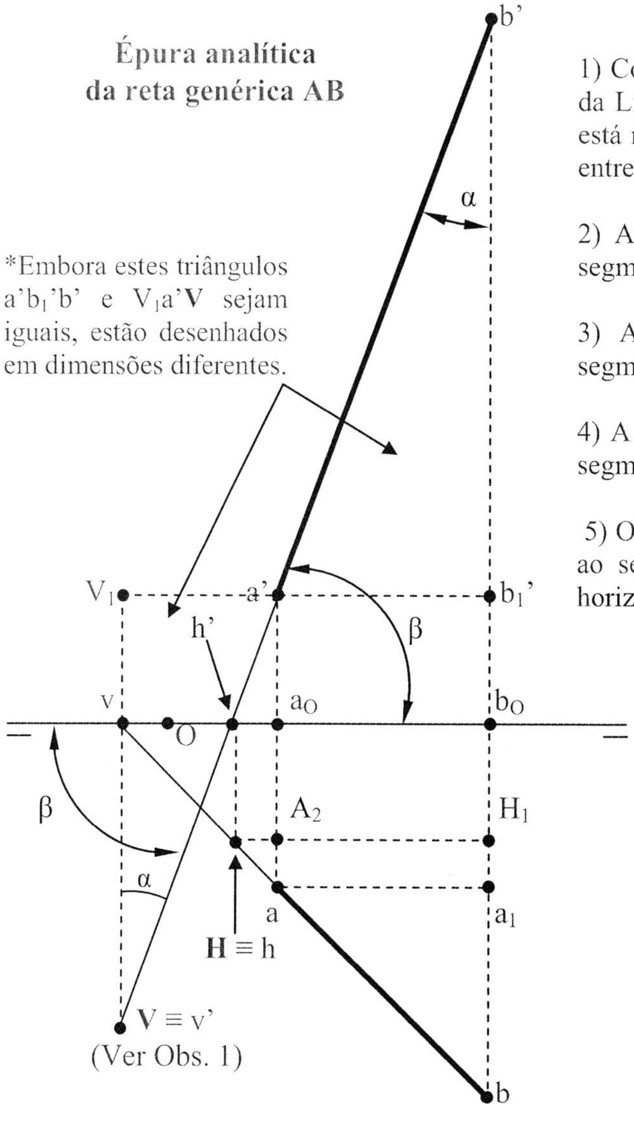

Observações e conclusões:

1) Como a cota do traço vertical **V** está abaixo da Linha de Terra, significa que esta reta (que está no 1º diedro) intercepta o plano vertical π' entre os 3º e 4º diedros.

2) A abscissa do traço vertical **V** é igual ao segmento Ov.

3) A cota do traço vertical **V** é igual ao segmento v**V**.

4) A abscissa do traço horizontal **H** é igual ao segmento h'O.

5) O afastamento do traço horizontal **H** é igual ao segmento h'**H**. A reta intercepta o plano horizontal π entre os 1º e 4º diedros.

Semelhanças de triângulos

Os seguintes triângulos são semelhantes:
$a'b_1'b'$e $h'a_Oa'$
vb_Ob e aa_1b
$\mathbf{H}a_2a$ e aa_1b
$vH'\mathbf{H}$ e $v\ b_Ob$
Os triângulos $a'b_1'b'$ e $V_1a'\mathbf{V}$ são iguais*

Cálculo da abscissa do traço vertical V, ou seja, segmento Ov:

Como os triângulos $a'b_1'b'$e $h'a_Oa'$ são semelhantes, logo: $b'b_1'/a'a_O = a'b_1'/h'a_O$,
portanto: $11/1 = 4/h'a_O$, ou seja, $h'a_O = 4/11$

Como os triângulos vb_Ob e aa_1b são semelhantes, logo: $b_Ob/a_1b = vb_O/aa_1$,
Portanto: $6/3 = vb_O/4$, ou seja, $vb_O = 8$

$vb_O = vh' + h'a_O + a_Ob_O$, ou seja: $8 = vh' + 4/11 + 4$ ou $vh' = 8 - 4/11 - 4$,
logo $vh' = 40/11$
$Va_O = V_1a' = 40/11 + 4/11 = 44/11 = 4$
$Ov = Va_O - Oa_O = 4 - 2 = 2$, como Ov está à esquerda da Origem O, logo:

A abscissa do traço vertical V é -2 (valor negativo).

Cálculo da cota do traço vertical V, ou seja, segmento Vv:

Como os triângulos $a'b_1'b'$ e $V_1a'V$ são iguais, logo: $V_1V = b_1'b' = b_Ob' - b_Ob_1' = 12 - 1 = 11$. A cota do traço vertical V é igual a vV que é igual a $V_1V - V_1v$ (que é a cota de A = 1), portanto $V_1V - V_1v = 11 - 1 = 10$. Esta cota tem valor negativo, pois está abaixo da Linha de Terra, logo:

A cota do traço vertical V é -10 (valor negativo).

Cálculo do afastamento do traço horizontal H, ou seja, segmento h'H:

$h'H = b_OH_1 = a_Oa_2$

Como os triângulos $\mathbf{H}a_2a$ e aa_1b são semelhantes, logo: $aa_1/\mathbf{H}a_2 = a_1b/a_2a$,
Portanto: $(4/4/11) = 3/a_2a$, ou seja: $a_2a = (3 \times 4/11)/4 = 3 \times 4/11 \times 1/4 = 3/11$

$H'H = b_OH_1 = 3 - 3/11 = 30/11$, portanto:

O afastamento do traço horizontal H é igual a + 30/11.

Cálculo da abscissa do traço horizontal H, ou seja, segmento H'O:

Como os triângulos $vh'\mathbf{H}$ e vb_Ob são semelhantes, logo: $vH'/vb_O = h'H/b_Ob$, ou seja:
$vh' = (vb_O \times h'H)/b_Ob$. Como:
$v\,b_O$ = soma das abscissas de B e de V, ou seja: $vb_O = 2 + 6 = 8$
h'H é o afastamento de H = 30/11
b_Ob é o afastamento de B = 6, portanto:

$vh' = (8 \times 30/11)/6$, ou seja: $vh' = (8 \times 30/11) \times 1/6$, logo $vh' = 40/11$

A abscissa de H ou h'O é igual ao segmento vh' menos Ov, que é a abscissa do traço vertical, portanto: $h'O = 40/11 - 2$, logo $h'O = 18/11$, com valor positivo, pois está à direita da Origem O.

A abscissa do traço horizontal H é igual a + 18/11.

Finalmente podem-se definir as coordenadas cartesianas dos traços horizontal H e vertical V:

(H)(+18/11; +30/11;0). A cota é zero, pois H está no plano horizontal π.
(V)(-2;0;-10). O afastamento é zero, pois V está no plano vertical π'.

Na prática o conceito de traço de reta é utilizado, por exemplo, em planificações de tubulações e equipamentos de caldeiraria, quando se tem que descobrir, por exemplo, o foco ou vértice de uma peça cônica, que se usará apenas um tronco ou parte desta peça.

O desenho a seguir, considerando-se afastamentos e cotas, dá uma visualização da trajetória desta reta genérica ou qualquer, que percorre os 1°, 4° e 3° diedros.

Vista lateral dos diedros (sinal da cruz) para se entender os traços horizontal e vertical da reta AB

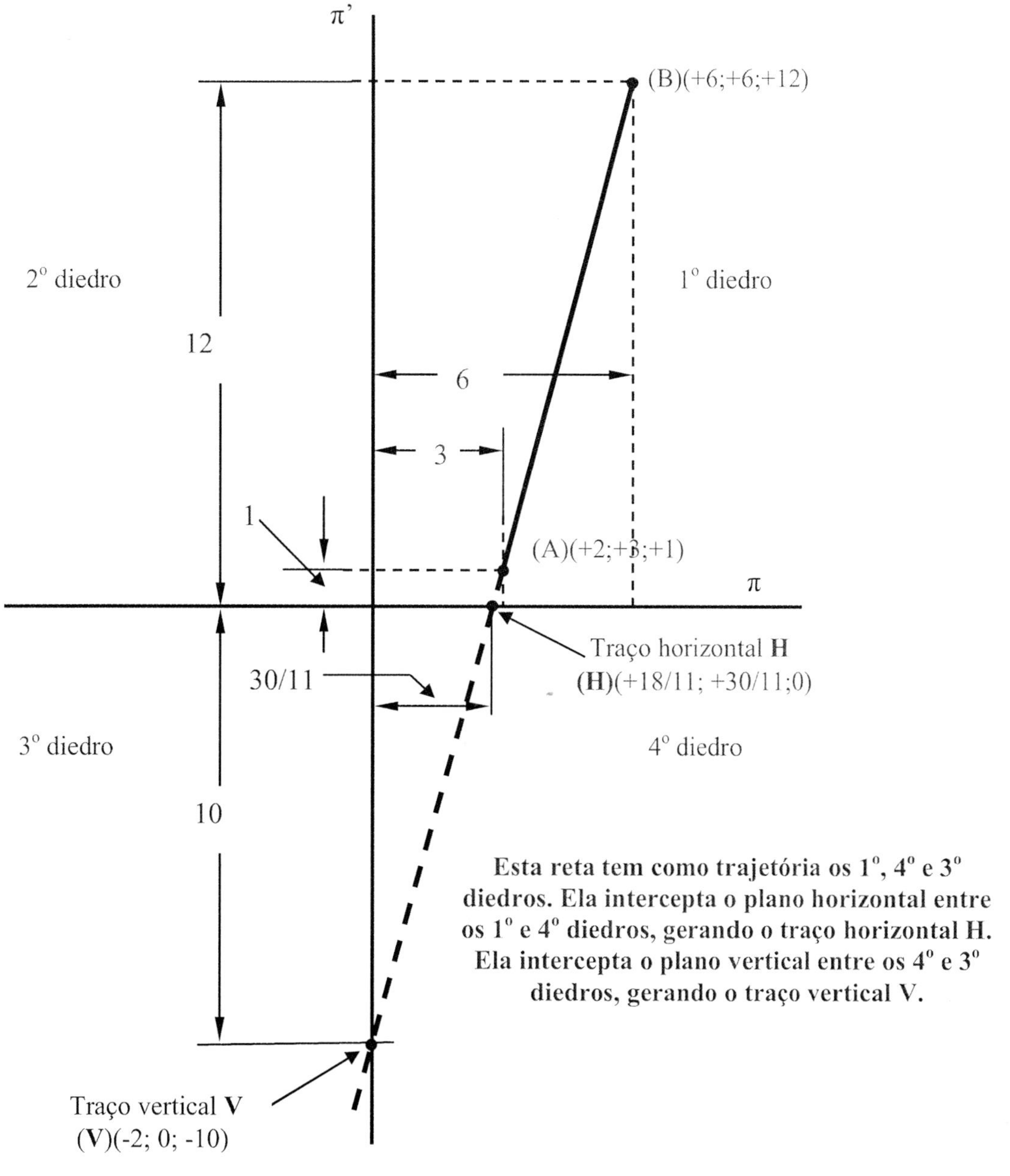

Esta representação serve para se ter uma ideia plana da trajetória da reta AB, onde são confirmados os pontos onde ocorrem as interceptações dos planos horizontal π e o vertical π'. A visão espacial a seguir mostra exatamente de forma tridimensional como a reta se situa no espaço.

Visão espacial da reta AB com os seus traços horizontal e vertical

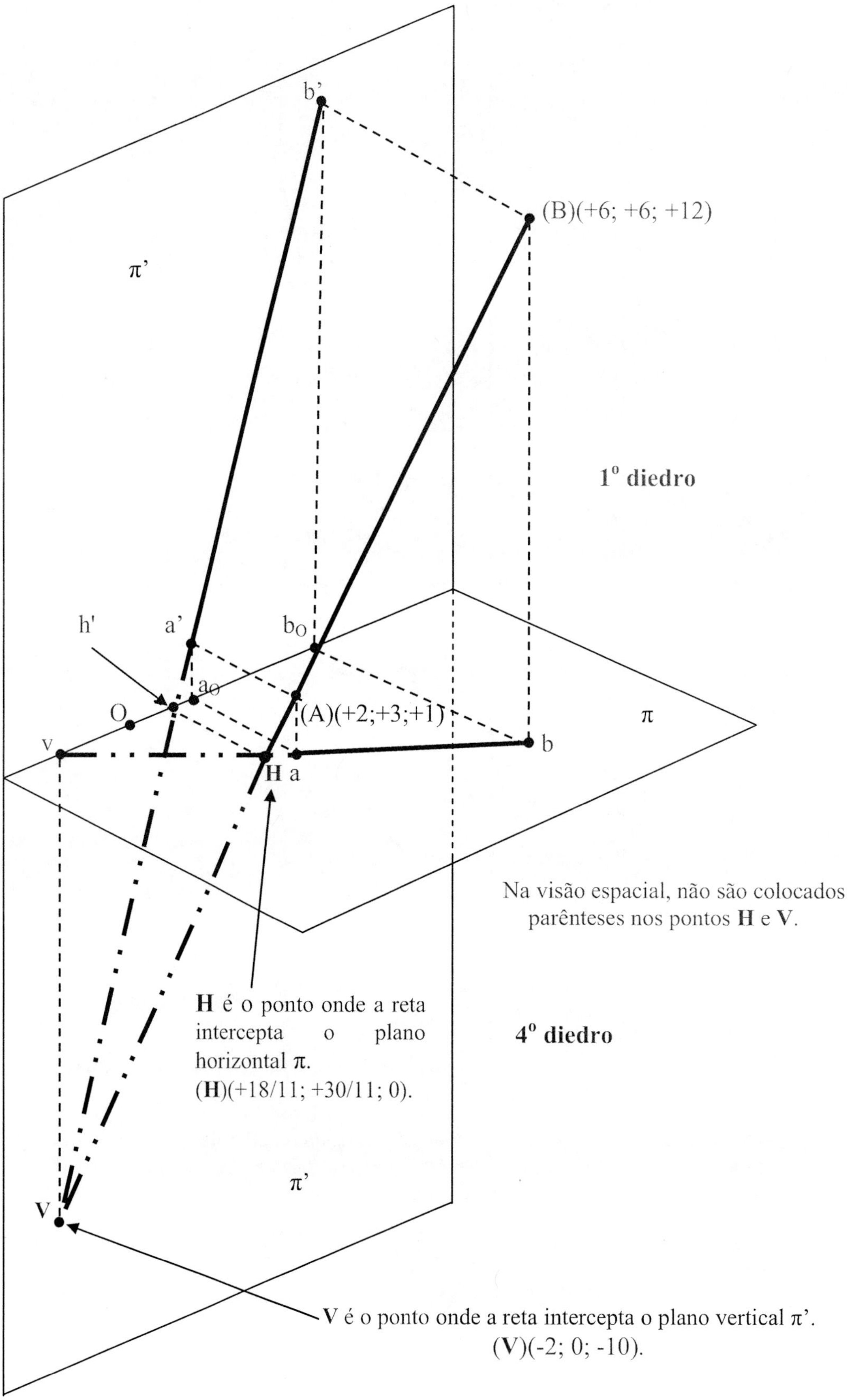

3.4.1.3) Dados os pontos A(-3,5; +3,5; -5) e B(-1,7; +1; -1) pedem-se: a) Desenhar a épura, sem considerar o plano de perfil π”, mostrando os traços horizontal **H** e vertical **V**, caso existam. b) Determinar as coordenadas cartesianas dos traços, especificando os diedros onde ocorrem. Observa-se que: a visão espacial facilita muito a compreensão do problema.

Os dois pontos estão no 4º diedro.

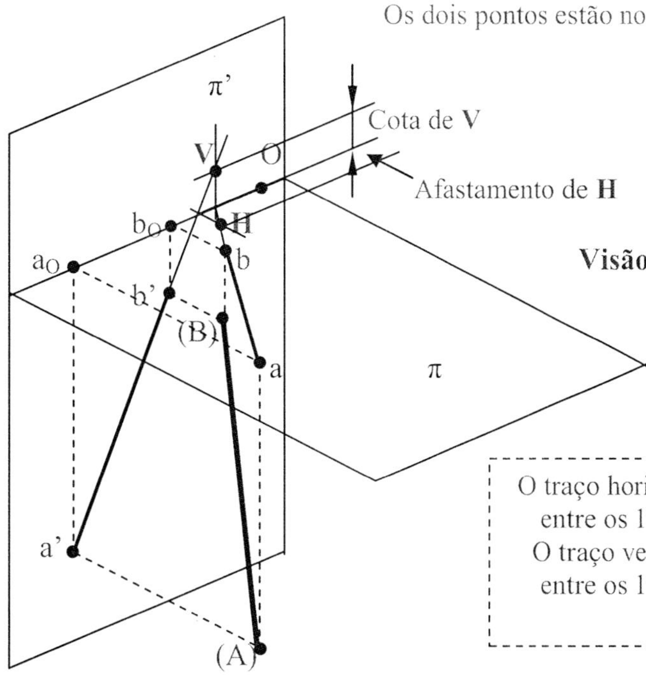

Visão espacial

O traço horizontal **H** ocorre entre os 1º e 4º diedros.
O traço vertical **V** ocorre entre os 1º e 2º diedros.

Épura

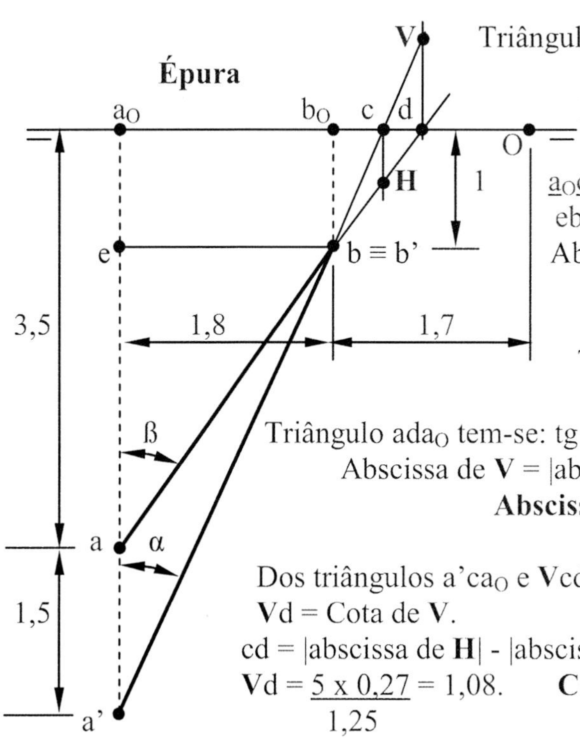

Triângulo a’be: tg α = be/a’e => tg α = 1,8/4 => tg α = 0,45.

Da semelhança dos triângulos a’c a_O e a’be tem-se:

$\dfrac{a_Oc}{eb} = \dfrac{a_Oa'}{ea'} \Rightarrow a_Oc = \dfrac{eb \times a_Oa'}{ea'} \Rightarrow a_Oc = \dfrac{1,8 \times 5}{4} = 2,25.$

Abscissa de **H** = |abscissa de A| - $|a_Oc|$ = 3,5 - 2,25 =>

Abscissa de H = -1,25.

Triângulo ada_O: tg ß = eb/ea’ => tg ß = 1,8/2,5 =>
tg ß = 0,72.

Triângulo ada_O tem-se: tg ß = da_O/aa_O => $da_O = aa_O$ x tg ß = 3,5 x 0,72 = 2,52.

Abscissa de **V** = |abscissa de A| - da_O = 3,5 - 2,52 = 0,98.

Abscissa de V = -0,98.

Dos triângulos a’ca_O e Vcd tem-se: $\dfrac{a_Oa'}{Vd} = \dfrac{a_Oc}{cd} \Rightarrow Vd = \dfrac{a_Oa' \times cd}{a_Oc}.$

Vd = Cota de **V**.

cd = |abscissa de **H**| - |abscissa de **V**| = 1,25 - 0,98 => cd = 0,27.

$Vd = \dfrac{5 \times 0,27}{1,25} = 1,08.$ **Cota de V = +1,08**.

c**H** = afastamento de **H**.

Dos triângulos ada_O e cd**H** tem-se: $\dfrac{da_O}{cd} = \dfrac{a_Oa'}{cH} \Rightarrow cH = \dfrac{a_Oa' \times cd}{da_O} = \dfrac{5 \times 0,27}{2,52} \Rightarrow cH = 0,536.$

Afastamento de H = +0,536.

b) Coordenadas cartesianas dos traços: H(-1,25; +0,536; 0) e V(-0,98; 0; +1,08).

3.4.2 Exemplos de épuras de retas genéricas ou quaisquer, nos 1°, 2°, 3° e 4° diedros

Embora do ponto de vista prático, em especial da Engenharia, só se utilize retas no 1° diedro, é interessante analisar exemplos de retas nos demais diedros. A seguir são analisadas retas genéricas ou quaisquer, nos 2°, 3° e 4° diedros, ao final com uma reta no 1° diedro. Observa-se que: 1) Não será analisada a rotação do plano de perfil ou π' nos diedros, a seguir, considerados e 2) Como citado nos parágrafos 1.2.1 e 1.2.2, o observador sempre se posiciona no 1° diedro, apoiado no plano horizontal π e com o plano de perfil π'' a sua direita.

Reta AB no 2° diedro, onde: (A)(+3; -4; +4) e (B)(+1; -2; +1).

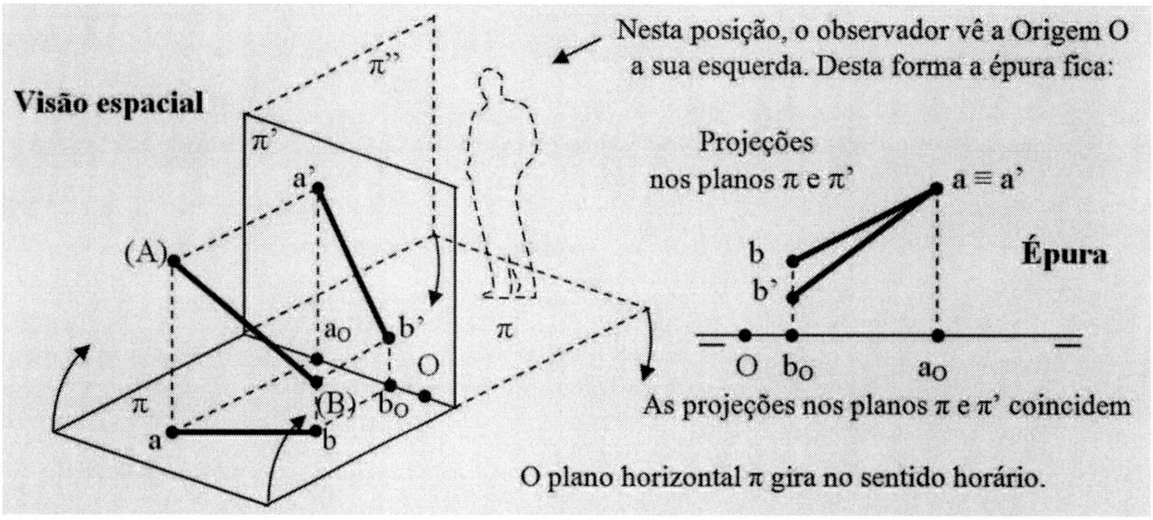

Reta CD no 3° diedro, onde: (C)(+2; -6; -7) e (D)(-2; -2; -1).

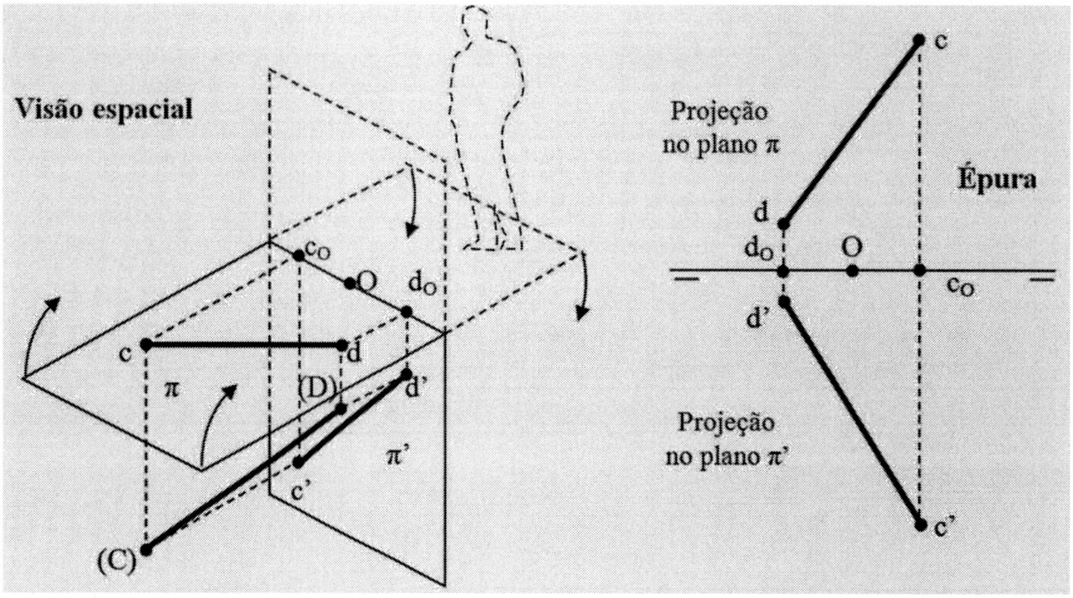

Reta EF no 4º diedro, onde: (E)(-1; +2; -2) e (F)(+2; +4; -5).

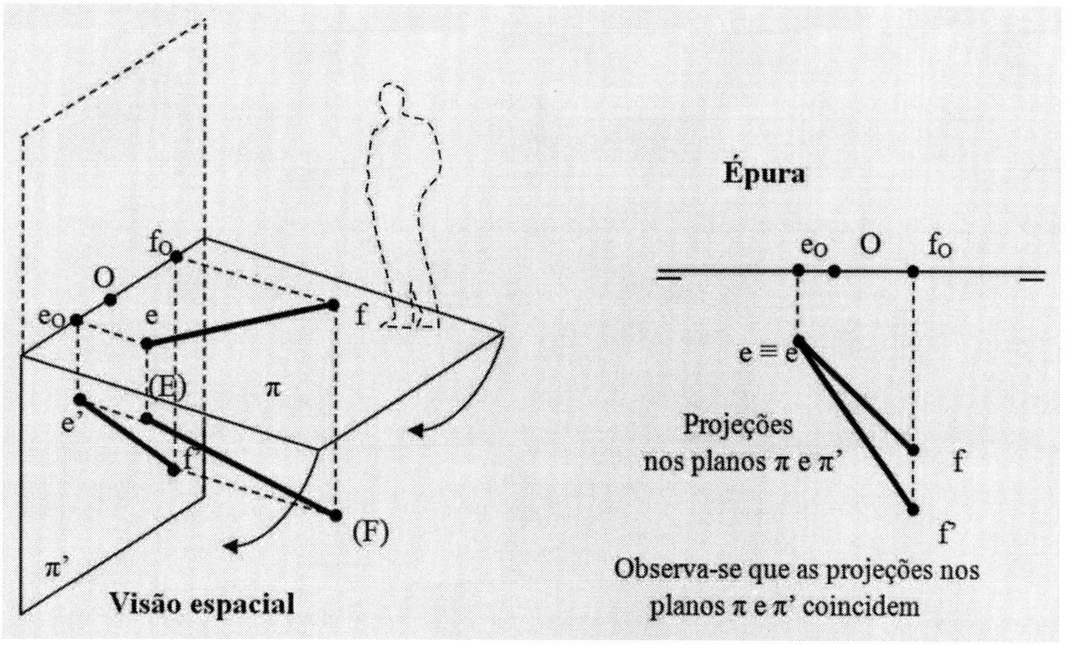

Reta GH no 1º diedro, onde: (G)(+1; +2; +3) e (H)(+5; +4; +4).

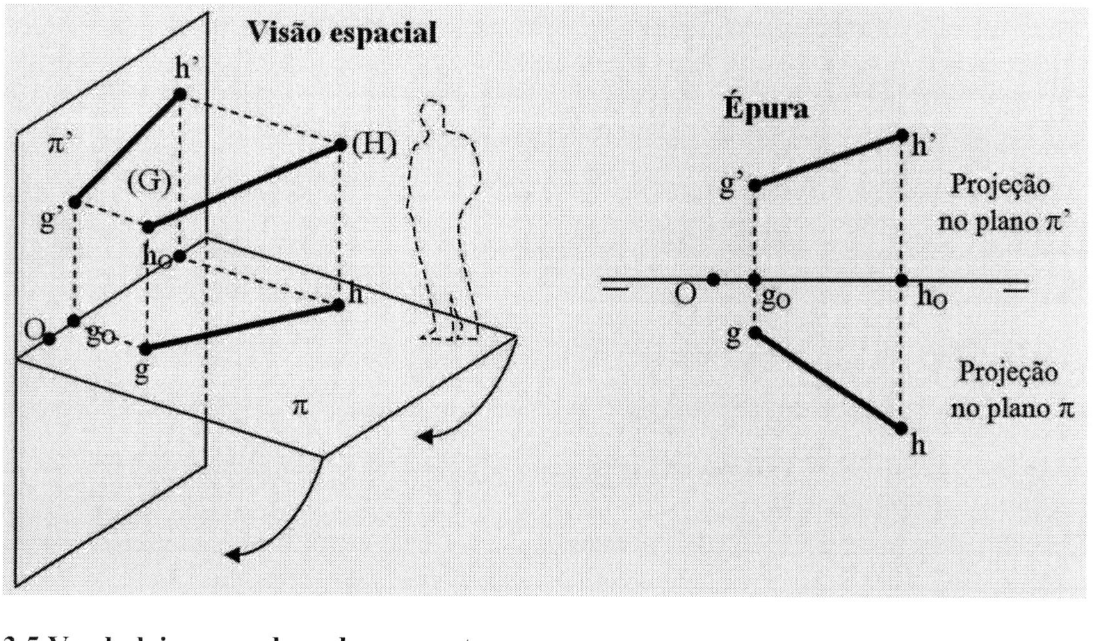

3.5 Verdadeira grandeza de uma reta

Sempre que uma reta é paralela a um plano, a sua projeção neste plano aparece no seu tamanho real, ou melhor, em verdadeira grandeza. Algumas retas, ou melhor, arestas de peças apresentam-se de forma inclinada em relação aos três planos de projeções, π, π' e π'', ou seja, são retas genéricas ou quaisquer. Nestes casos na visão espacial é possível ver-se claramente a inclinação e traçar os triângulos retângulos básicos, de forma a se fazer o cálculo analítico da hipotenusa, por exemplo, usando o Teorema de Pitágoras. Mas e em épura? Este parágrafo mostra qual o procedimento para se calcular a verdadeira grandeza de um segmento, tanto de forma analítica, usando a visão espacial, quanto de forma gráfica, usando a épura. Para tanto será considerada a reta genérica ou qualquer AB (no 1º diedro), a seguir detalhada, sabendo que: (A)(+2;+1,5;+3) e (B)(+1;+5;+2).

3.5.1 Exercício resolvido

Visão espacial

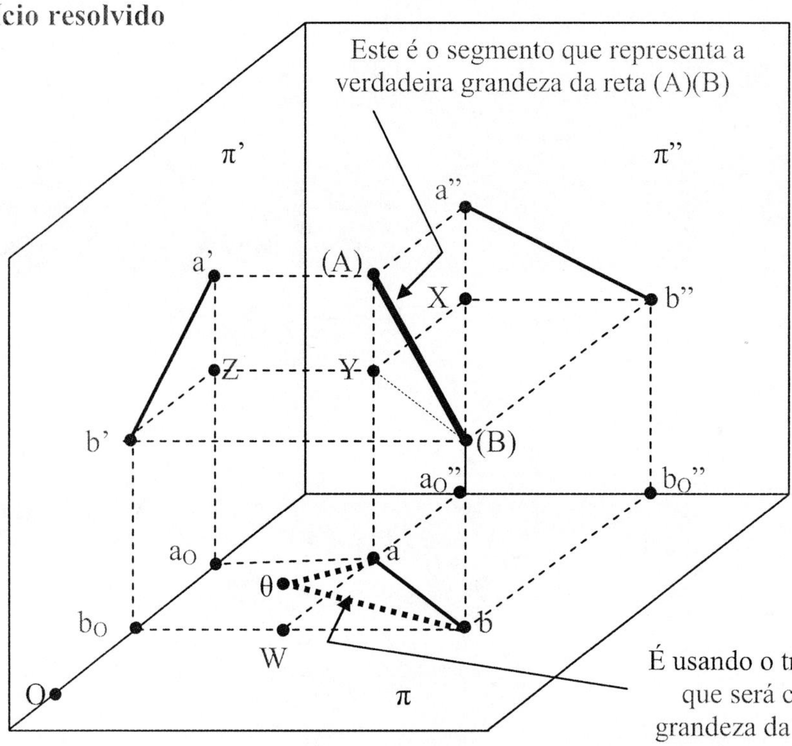

O cálculo analítico da verdadeira grandeza de (A)(B) é feito calculando-se a hipotenusa do triângulo retângulo (A)(B)Y, assim tem-se:

(A)Y é a diferença de cotas entre (A) e (B), ou seja: 3 - 2 = 1
Y(B) é igual ao segmento ab, que é a hipotenusa do triângulo abW.
Primeiro calcula-se ab = YB, para depois calcular (A)(B).

Análise geométrica

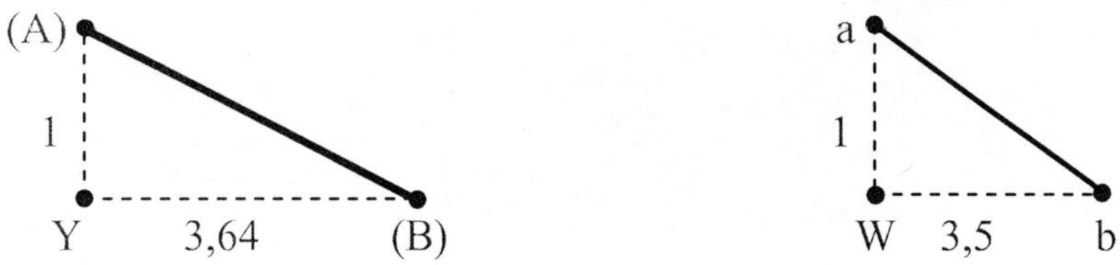

aW é a diferença de abscissas entre (A) e (B), ou seja: 2 - 1 = 1
Wb é a diferença de afastamentos entre (A) e (B), ou seja: 5 - 1,5 = 3,5
$(ab)^2 = (aW)^2 + (Wb)^2 = (1)^2 + (3,5)^2 = 1 + 12,25 = 13,25$

$(ab) = \sqrt{13,25}$ ou $(ab) = 3,64 = YB$

Agora pode-se, finalmente, calcular (A)(B), que é a verdadeira grandeza da reta.

$[(A)(B)]^2 = (YB)^2 + (AY)^2 = (3,64)^2 + (1)^2 = 13,25 + 1 = 14,25$

$[(A)(B)] = \sqrt{14,25}$ ou $(A)(B) = 3,7749$

Conclusão: a verdadeira grandeza da reta (A)(B) é 3,7749, pelo cálculo analítico.

Cálculo gráfico, usando-se a épura: no cálculo analítico da verdadeira grandeza da reta (A)(B) foi usado o triângulo espacial (A)(B)Y, que projetado no plano horizontal π originou o outro triângulo abθ. No cálculo gráfico em épura é isto que se faz, ou seja, na projeção horizontal ab, a partir de a traça-se de forma ortogonal o segmento aθ = 1, que é igual a diferença de cotas entre (A) e (B). A nova hipotenusa θb é a verdadeira grandeza da reta (A)(B). Este procedimento é conhecido como rebatimento.

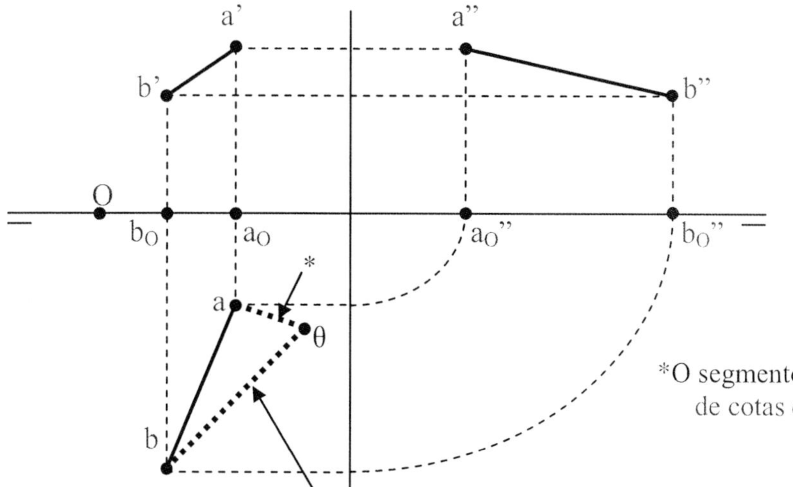

*O segmento aθ é igual à diferença de cotas entre (A) e (B) = 1

Este segmento bθ é a verdadeira grandeza da reta (A)(B)

Agora fica uma pergunta: como se consegue com o cálculo gráfico achar o valor de 3,7749 para a verdadeira grandeza de (A)(B)? É óbvio que usando-se esquadro, compasso e escalímetro, não se consegue chegar a tal precisão.

- Mas, e se na prática da Engenharia Mecânica, por exemplo, surgir uma necessidade real de se saber este valor exato, o que se faz?

Na prática faz-se o cálculo analítico. Os modernos programas de computação gráfica (por exemplo, o AutoCad 3D) fazem estes cálculos exatos, além do desenho é claro.

- Na prática, onde e como se usa o conceito de verdadeira grandeza de uma reta?

Na prática do Desenho Técnico Projetivo, usa-se o conceito de "vista auxiliar". Um exemplo é a partir da peça mostrada a seguir.

"Vista auxiliar" perpendicular à face inclinada A, B, C e D

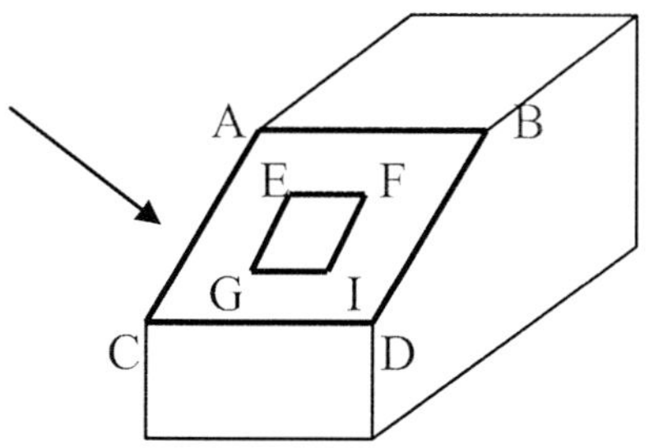

Exemplo do conceito de verdadeira grandeza aplicado à prática do desenho técnico projetivo.

Fazendo-se uma "vista auxiliar", perpendicular à face A, B, C e D, obtém-se os retângulos ABCD e EFDI com as suas verdadeiras grandezas.

Observa-se que o furo retangular, perpendicular à face inclinada, bem como a própria face, só tem suas dimensões reais, ou seja, em verdadeira grandeza, com o auxílio da "vista auxiliar".

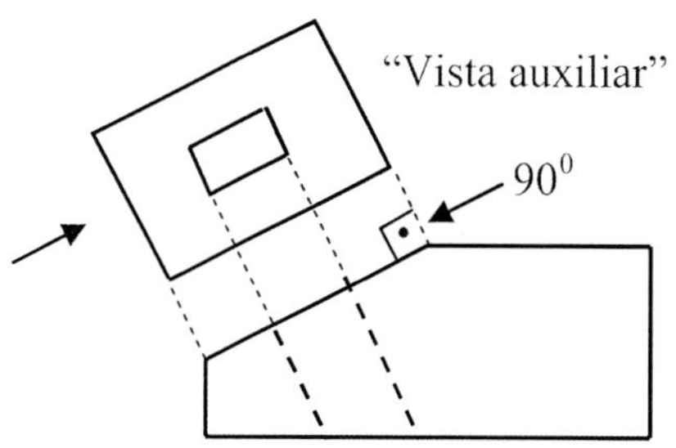

3.6 Exercícios propostos (veja respostas no Apêndice A)

Considere o sólido e os dados a seguir e resolva os exercícios propostos.

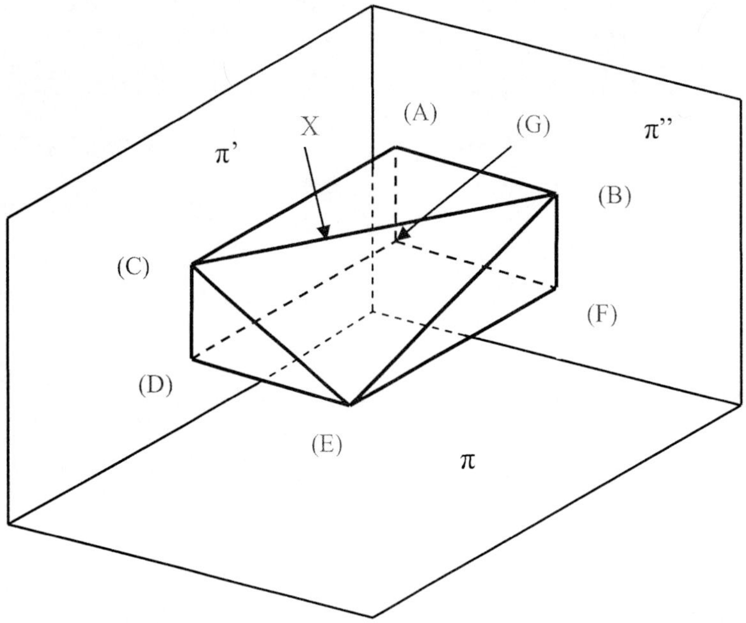

Dados:

(A)(+6;+2;+4)
AB = 3, AC = 4, CD = 2
AB = DE   AG = BF = CD   AC = DG = EF

3.6.1) Dê os nomes de cada uma das 12 retas (observe que existem retas semelhantes).
3.6.2) Dê as coordenadas cartesianas de cada um dos sete (7) vértices (A,B,C,D,E,F,G).
3.6.3) Faça a épura da reta BF, considerando o 1^{O} triedro.
3.6.4) Determine os traços da reta CE e as coordenadas cartesianas destes traços.
3.6.5) Defina o tipo da reta AE (que não está representada no desenho).
3.6.6) Sobre a reta BC determine um ponto X qualquer, pertencente à reta, informando suas coordenadas cartesianas.
3.6.7) Matematicamente calcule os comprimentos das retas BC, BE e CE.

3.6.8) Dados os pontos A(-3,5; +1; -1) e B(-1,7; +3,5; -5) pedem-se: a) Desenhar a épura, sem considerar o plano de perfil π'', mostrando os traços horizontal **H** e vertical **V**, caso existam. b) Determinar as coordenadas cartesianas dos traços, indicando os diedros onde ocorrem.

Capítulo 4

Estudo dos planos. Classificações. Traços e posições no espaço

Além dos três planos ortogonais de projeções horizontal ou π, vertical ou π'e de perfil ou π", o espaço R^3 ou tridimensional admite outros planos, como serão vistos a seguir. Conforme a posição do plano em estudo, seus traços ou interseções com os planos π, π' e π", são mostrados em Épura como απ, απ' e απ".
Segundo a geometria, um plano pode ser definido por:

Duas retas concorrentes

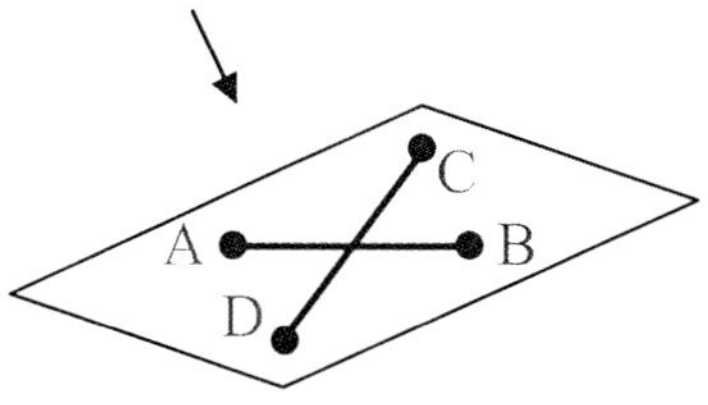

Duas retas paralelas

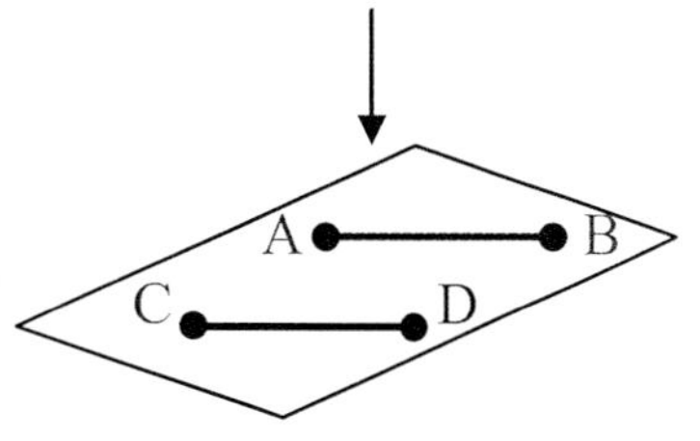

Uma reta e um ponto não pertencente à mesma

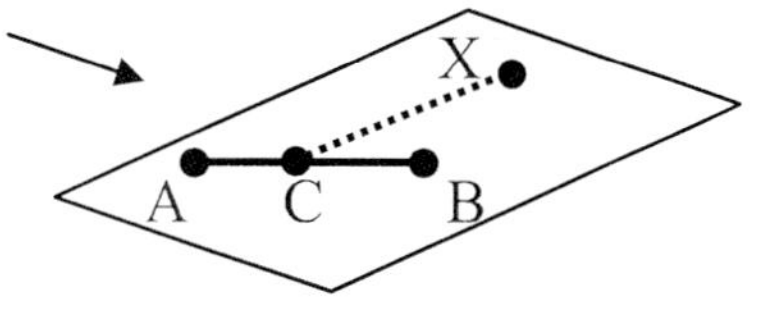

Observa-se que, se a partir do ponto X for traçada uma reta XC, onde C é um ponto da reta AB, em verdade tem-se duas retas concorrentes, que definem um plano.

Três pontos não em linha reta (Três pontos definem um plano)

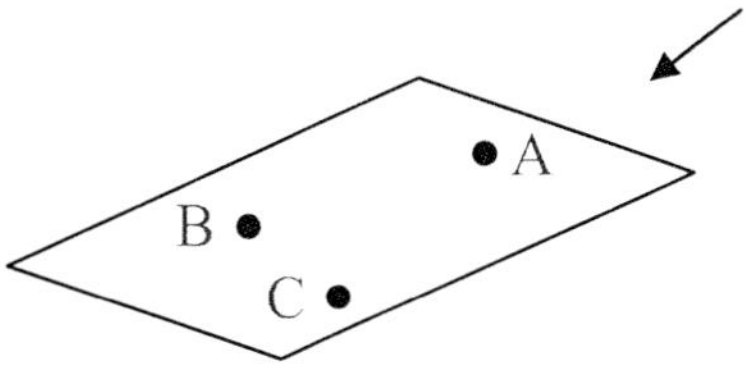

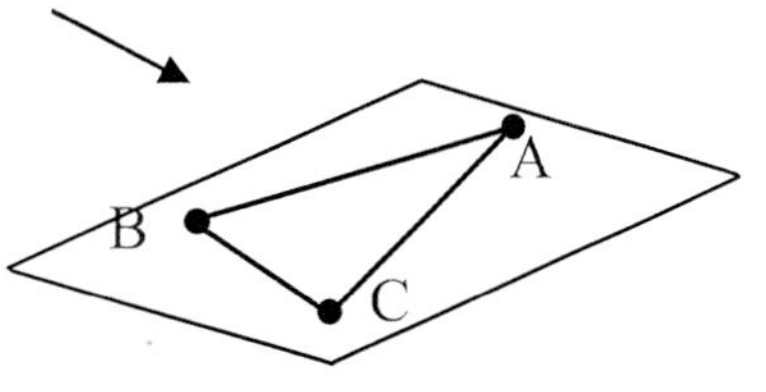

Ao unir os três pontos forma-se um triângulo, ou seja, uma figura plana.

Na prática os planos são as faces de peças ou objetos representados em Desenho Técnico Projetivo.

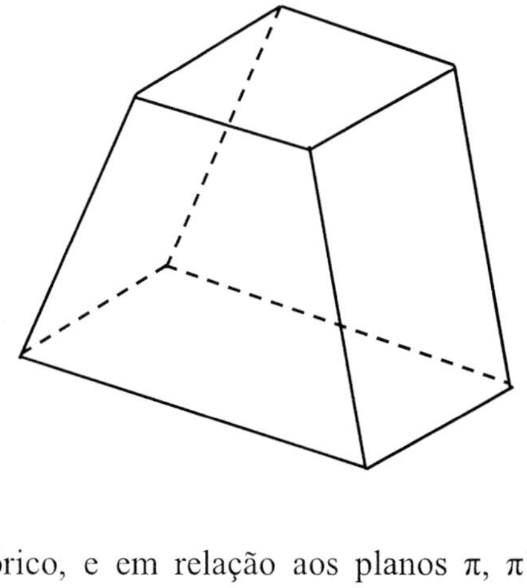

Esse poliedro irregular é um exemplo de um objeto ou peça com vários planos

Do ponto de vista teórico, e em relação aos planos π, π' e π", existem oito planos (8) estudados pela geometria descritiva, como a seguir detalhados.

4.1 Classificação e estudo dos planos (na visão espacial e em épura)

Em função de suas posições em relação aos planos de projeções, existem oito (8) tipos de planos como a seguir descritos:

Plano horizontal	Paralelo a π ou	// π
	Perpendicular a π' ou	⊥ π'
	Perpendicular a π'' ou	⊥ π''
Plano vertical	Perpendicular a π ou	⊥ π
	Inclinado a π' ou	∠ π'
	Inclinado a π'' ou	∠ π''
Plano frontal	Paralelo a π' ou	// π'
	Perpendicular a π ou	⊥ π
	Perpendicular a π'' ou	⊥ π''
Plano de topo	Perpendicular a π' ou	⊥ π'
	Inclinado a π ou	∠ π
	Inclinado a π'' ou	∠ π''
Plano de perfil	Paralelo a π'' ou	// π''
	Perpendicular a π ou	⊥ π
	Perpendicular a π'' ou	⊥ π''
Plano paralelo à LT ou tipo em rampa	Inclinado o π ou	∠ π
	Inclinado a π' ou	∠ π'
	Paralelo a π'' ou	// π''
Plano que passa pela LT	Inclinado a π ou	∠ π
	Inclinado a π' ou	∠ π'
	Perpendicular a π'' ou	⊥ π''
Plano genérico ou qualquer	Inclinado a π ou	∠ π
	Inclinado a π' ou	∠ π'
	Inclinado a π'' ou	∠ π''

A seguir serão mostradas as visões espaciais e épuras de cada um dos oito planos no 1º triedro, incluindo seus traços em relação aos planos π, π' e π''.

Plano horizontal (paralelo a π e perpendicular a π' e π'')

É um plano paralelo ao plano π, com a seguinte épura:

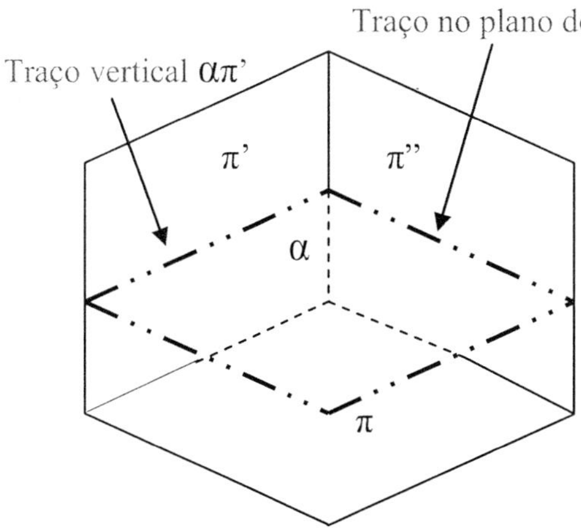

Este plano não tem traço horizontal α π.

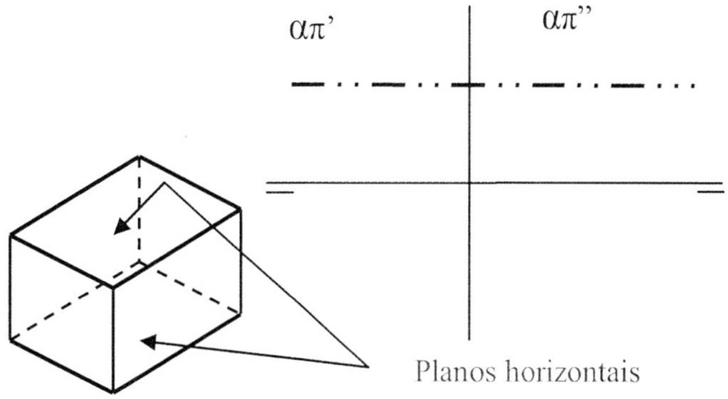

Plano vertical (perpendicular a π e inclinado a π' e π'')

É um plano perpendicular ao plano π e inclinado em relação aos planos π' e π'', com a seguinte épura:

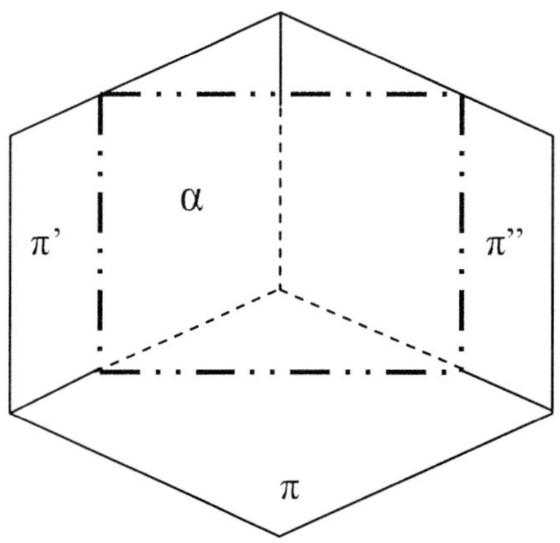

Este plano apresenta traços nos três planos π, π' e π''

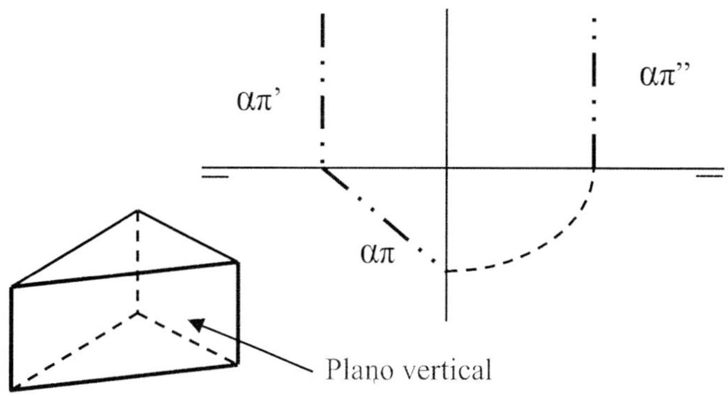

Plano frontal (perpendicular a π e π'' e paralelo a π')

É um plano perpendicular a π, paralelo a π' e perpendicular a π''. Apresenta os traços απ e απ'', como mostrados na épura:

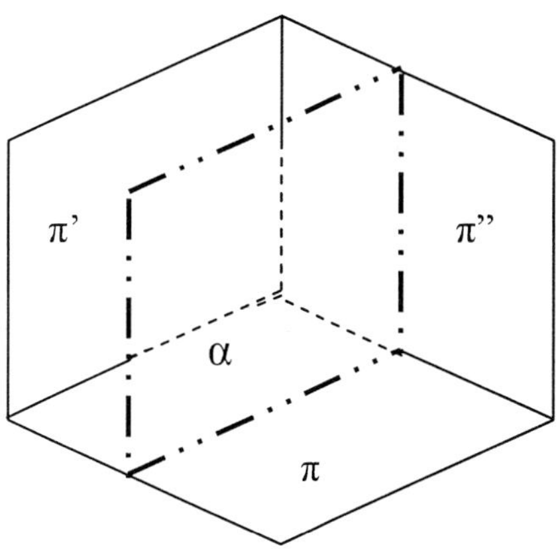

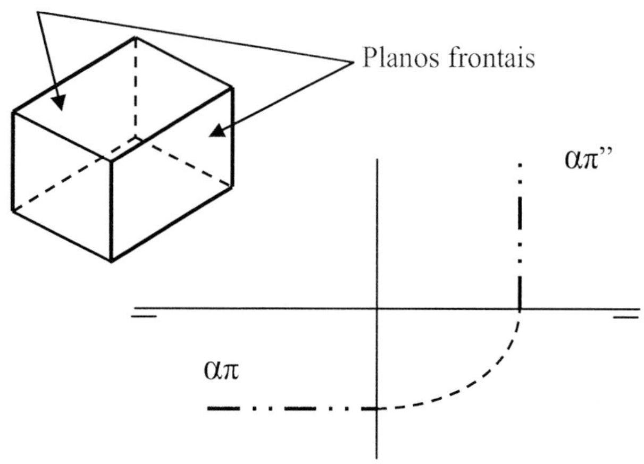

Plano de topo (inclinado a π e π'' e perpendicular a π')

É um plano inclinado em relação a π, perpendicular a π' e inclinado em relação a π''. Apresenta os traços $\alpha\pi$, $\alpha\pi'$ e $\alpha\pi''$, como mostrados na épura:

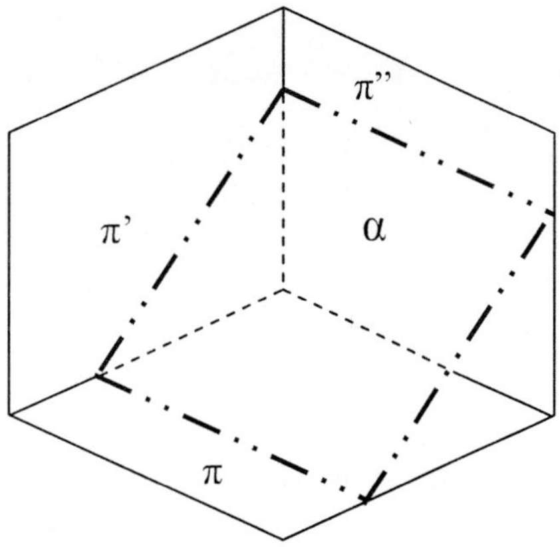

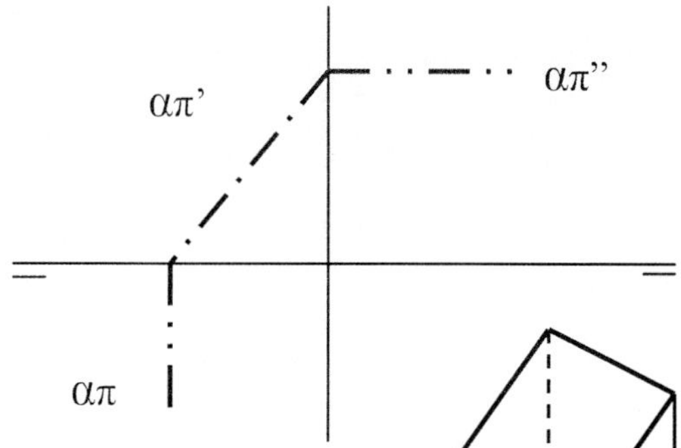

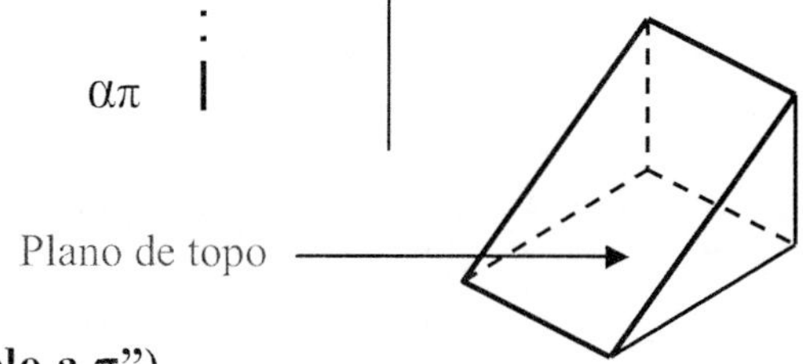

Plano de perfil (perpendicular a π e π' e paralelo a π'')

É um plano perpendicular a π, perpendicular a π' e paralelo a π''. Apresenta os traços $\alpha\pi$ e $\alpha\pi'$, como mostrados na épura:

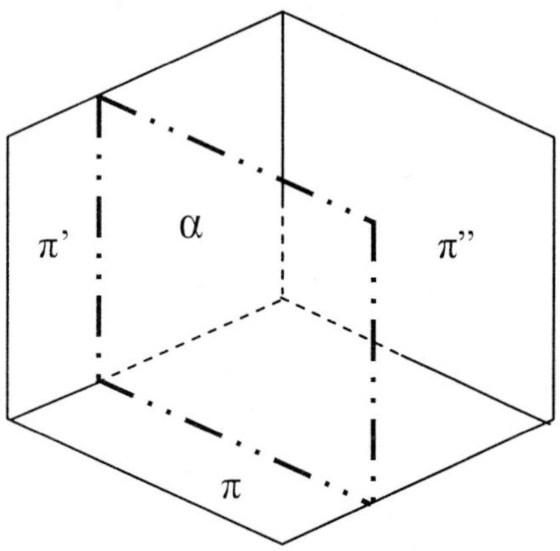

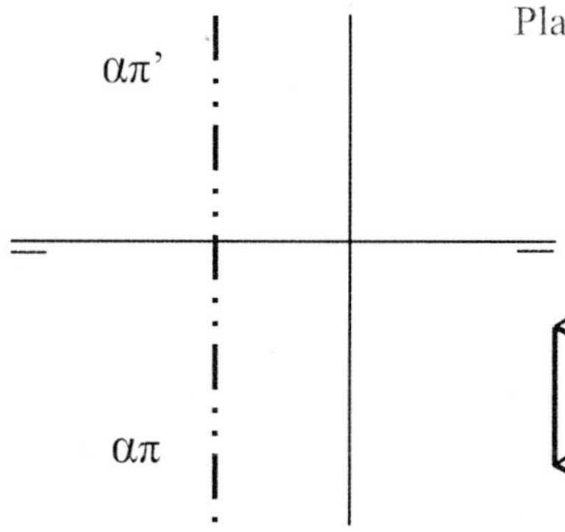

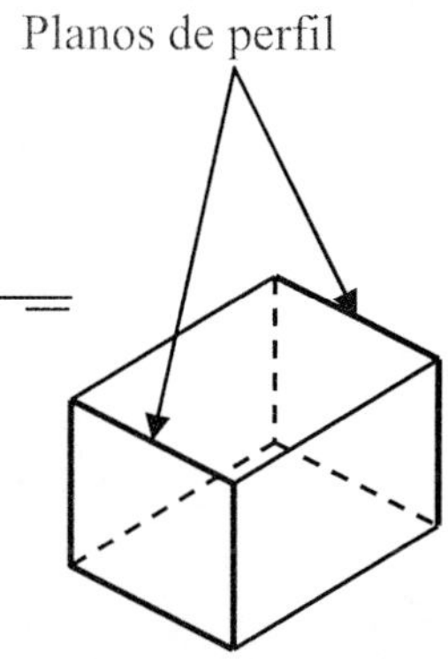

Plano paralelo à Linha de Terra ou plano em rampa (inclinado a π e π' e perpendicular a π'')

É um plano inclinado em relação a π, inclinado em relação a π' e perpendicular a π''. Apresenta os traços $\alpha\pi$, $\alpha\pi'$ e $\alpha\pi''$, como mostrados na épura:

No Apêndice D é mostrada uma outra posição, para esse tipo de plano.

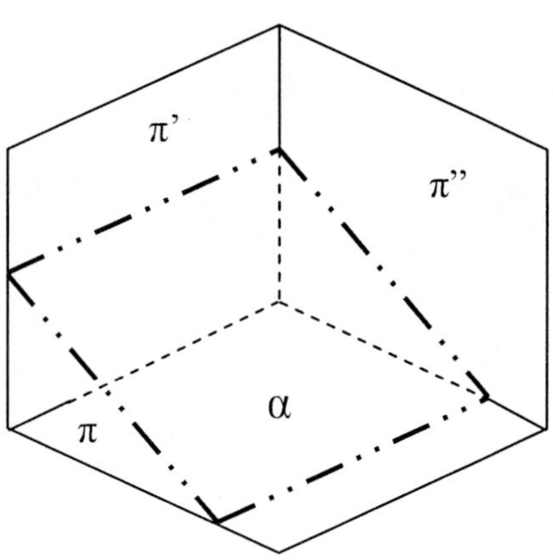

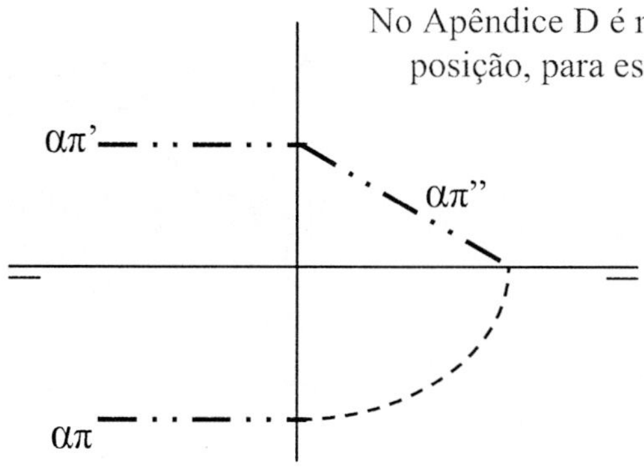

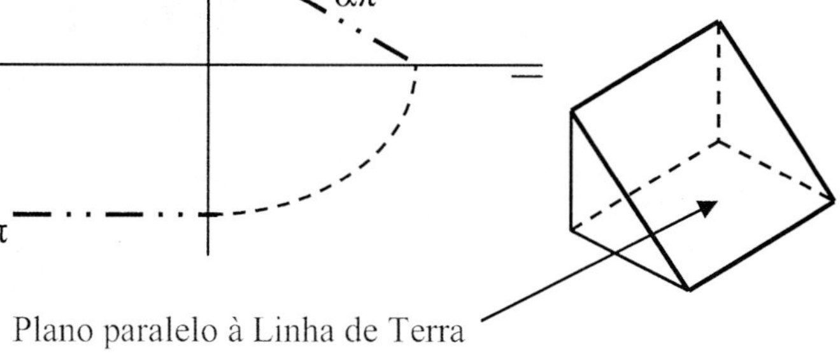

Plano que passa pela Linha de Terra (inclinado a π e π' e perpendicular a π'')

É um plano inclinado a π e π', perpendicular a π'', mas por passar ou coincidir com a Linha de Terra, apresenta apenas o traço $\alpha\pi''$, como mostrado na épura:

Quando os ângulos β e γ são iguais, ou seja, 45^0 este plano chama-se bissetor.

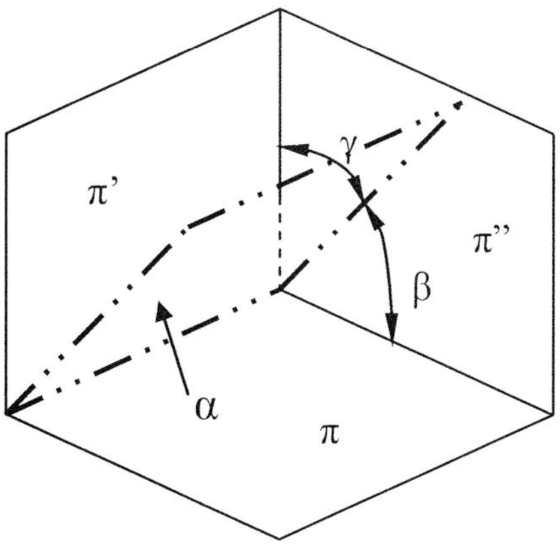

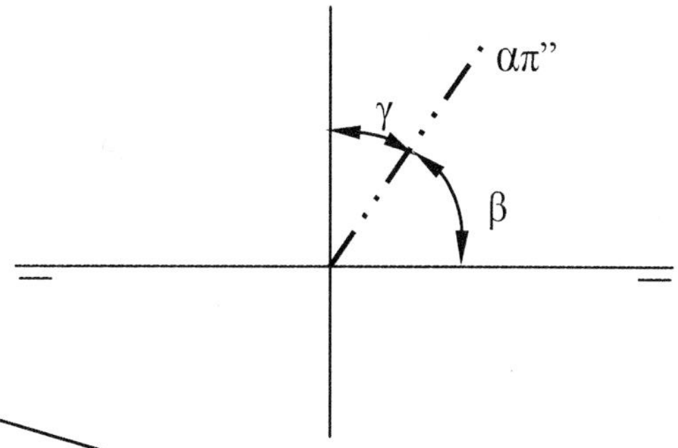

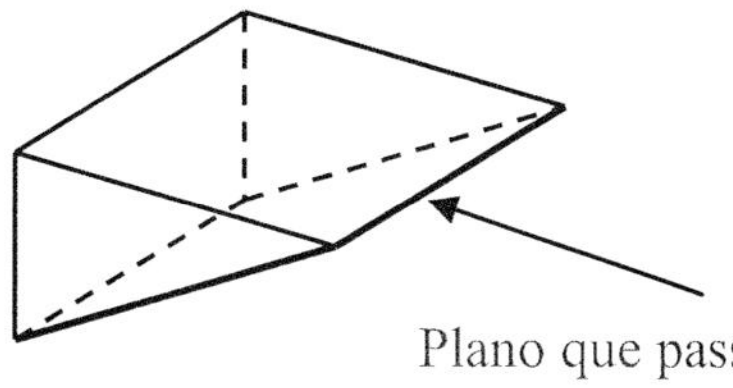

Plano que passa pela Linha de Terra

Plano genérico ou qualquer (inclinado a π, π' e π'')

É o plano inclinado em relação aos três planos π, π' e π''. Apresenta os traços $\alpha\pi$, $\alpha\pi'$ e $\alpha\pi'$, como mostrados na épura:

Este plano forma os ângulos σ, θ e μ em relação aos planos π, π' e π''.

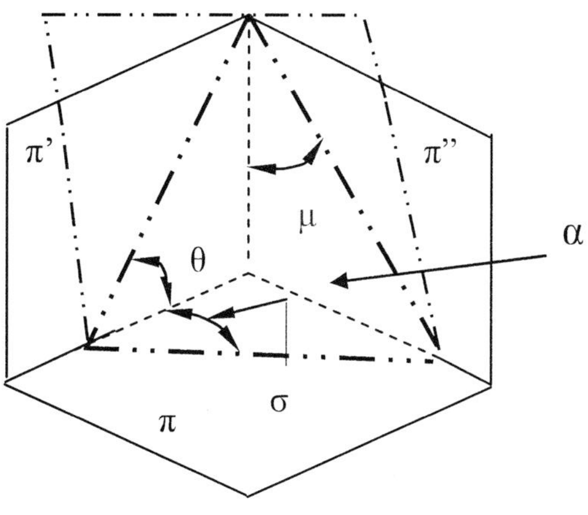

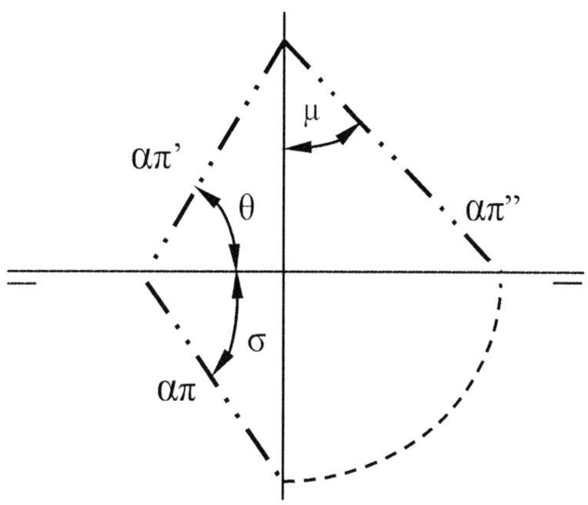

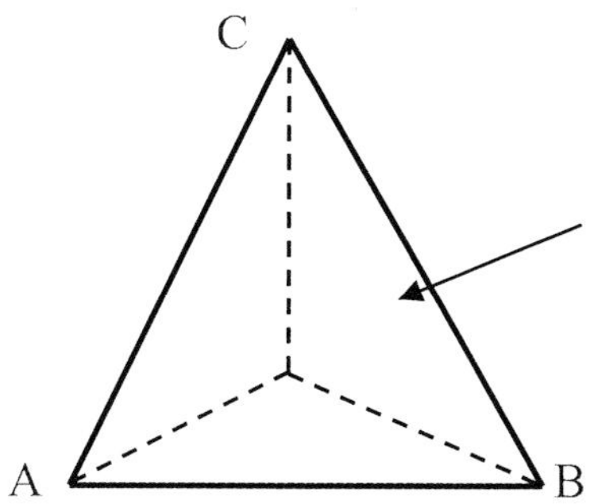

Plano genérico ou qualquer ABC.
(Três pontos definem um plano)

4.2 Exercício resolvido

Na figura a seguir identifique todos os planos existentes, em função de suas posições em relação a π, π' e π", as classificações já estudadas e as letras indicadas. Deve ser observado que três pontos definem um plano. Por exemplo, o plano ABC (onde o ponto D também é um dos pontos do plano) é paralelo a π, ou seja, é um plano horizontal.

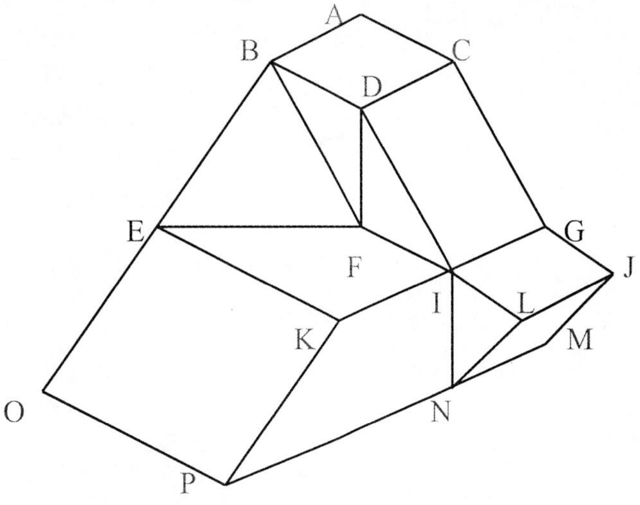

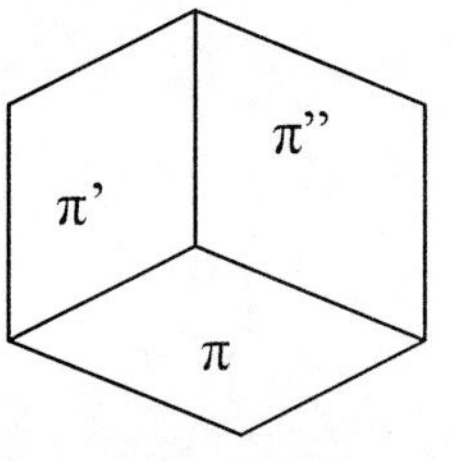

Posição dos planos de projeções

ABCD = EFKI = GJLI = planos horizontais. BEF = plano genérico ou qualquer.
EKPO = plano de topo. BDF = DFI = ILN = GJM = planos de perfil. KINP = plano frontal
DCIG = plano paralelo à Linha de Terra ou plano em rampa.
LJMN = plano que passa pela Linha de Terra (também pode ser um plano bissetor).

4.3 Retas pertencentes a planos.

Por cada plano é possível ter-se uma infinidade de retas, porém as sete (7) retas existentes com nomes específicos podem pertencer a determinados planos e não a outros. Por exemplo, uma reta sobre um plano horizontal só pode ser ou horizontal ou fronto horizontal ou de topo, e nenhum outro tipo. Como descobrir quais retas pertencem a determinados planos? A maneira mais prática e visual é imaginar um grande retângulo, ou plano imaginário, onde são traçadas quatro retas: uma vertical, uma horizontal, uma inclinada para a direita e uma inclinada para a esquerda. Dependendo da posição que este plano assume em relação aos planos π, π' e π", cada reta assume um nome. Observe a figura a seguir.

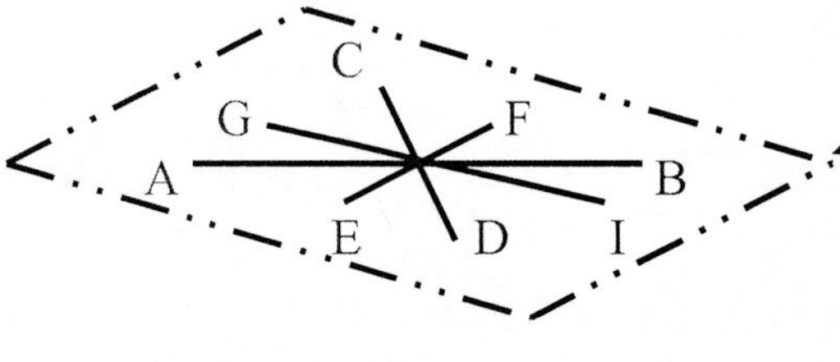

Este é o plano Ψ imaginário onde estão traçadas as quatro retas, nas posições que podem existir, em relação a este plano.

Na prática do desenho técnico projetivo, as retas pertencentes a planos são arestas de detalhes, furos ou rasgos no plano e não recebem nomes como de perfil, de topo, etc. A seguir são estudadas as sete retas que podem pertencer a cada um dos oito planos já estudados, mostrando-se poliedros onde existem estes planos.
Observa-se ser importante o estudante entender as posições de retas em planos, pois, apesar de não ter nenhuma aplicação prática direta, esse conhecimento em muito ajuda ao desenvolvimento da visão espacial, o que é uma habilidade fundamental para os que vão trabalhar nas áreas de Arquitetura, Desenho Industrial e Engenharias.

Retas pertencentes a um plano horizontal

Basta supor o plano Ψ imaginário (com as quatro retas possíveis) colocado como um plano horizontal, ou seja, paralelo a π e perpendicular a π' e π''. Em seguida analisam-se cada uma destas retas, em relação a estes três planos.

Visão espacial

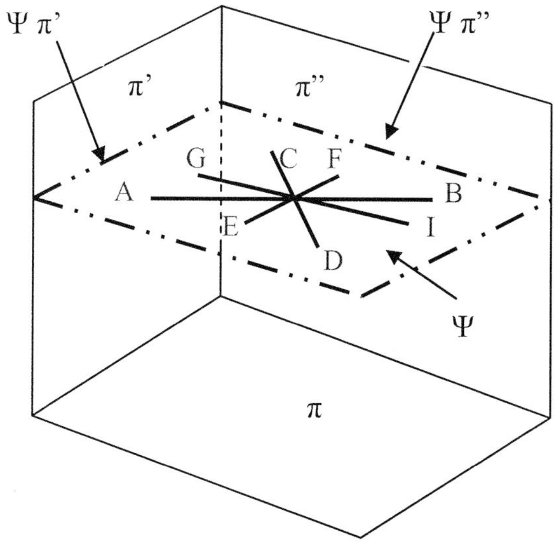

Em relação a π, π' e π'' estas retas são:

AB = horizontal
CD = horizontal
EF = fronto horizontal
GI = de topo

Conclusão: apenas retas: horizontal, fronto horizontal e de topo, pertencem a um plano horizontal.

Os planos JKLM e NOP são horizontais

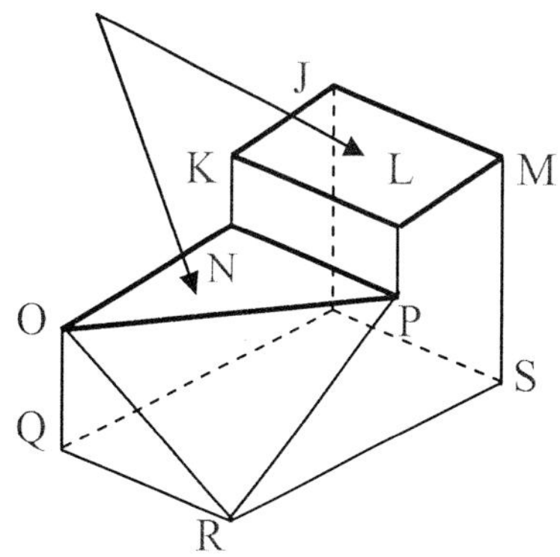

Nomenclatura geral dos traços dos planos

Ψ π = traço do plano Ψ no plano horizontal π
Ψ π' = traço do plano Ψ no plano vertical π'
Ψ π'' = traço do plano Ψ no plano de perfil π''

Esta nomenclatura é usada em todos os planos.

Épura da reta horizontal AB

Épura da reta horizontal CD

*Observe-se que as projeções das retas em π' e π' coincidem com os traços Ψπ' e Ψπ''.

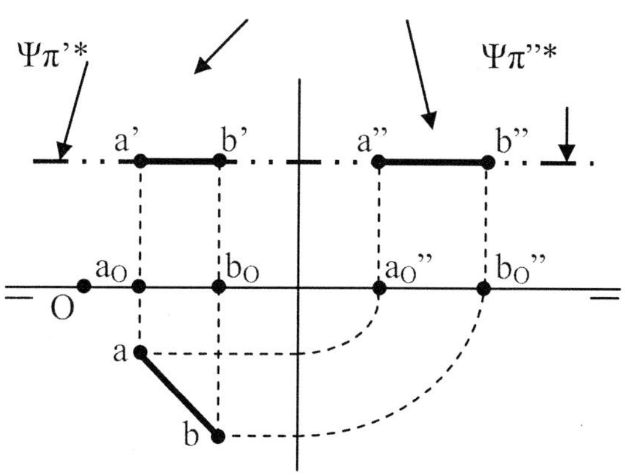

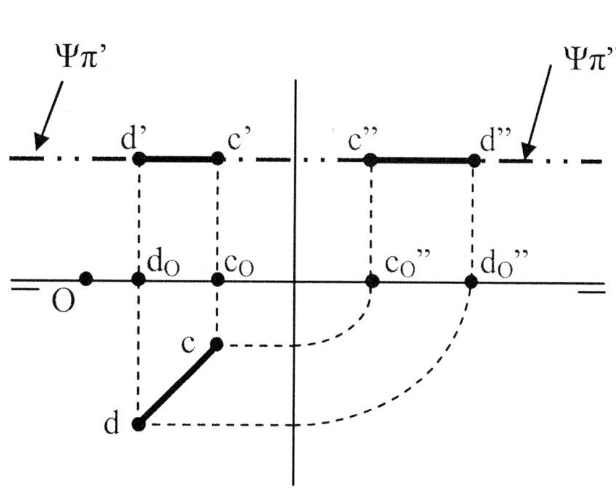

Épura da reta fronto horizontal EF **Épura da reta de topo GI**

Observe-se que apenas as projeções vertical em π' e de perfil π'' da reta coincidem com os traços vertical Ψ' e de perfil Ψ'' do plano Ψ.

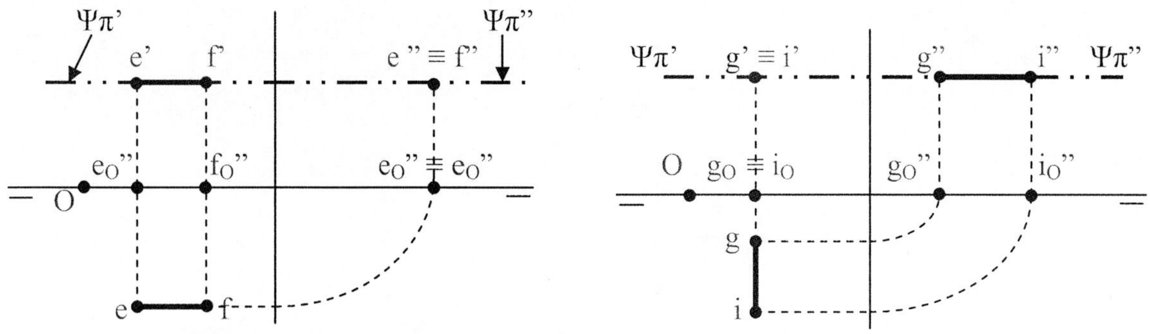

Retas pertencentes a um plano vertical

Basta supor o plano Ψ imaginário (com as quatro retas possíveis) colocado como um plano vertical, ou seja, perpendicular a π e inclinado a π' e π''. Em seguida analisam-se cada uma dessas retas, em relação a esses três planos.

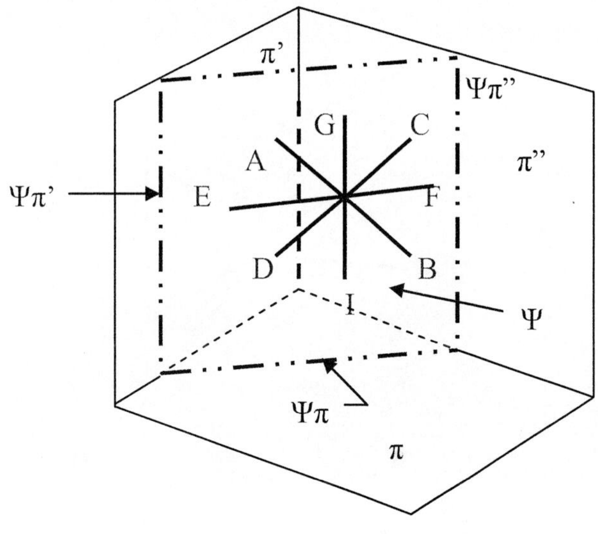

Em relação a π, π' e π'' essas retas são:

AB = genérica ou qualquer
CD = genérica ou qualquer
EF = horizontal
GI = vertical

Conclusão: apenas retas: genérica ou qualquer, horizontal e vertical, pertencem a um plano horizontal.

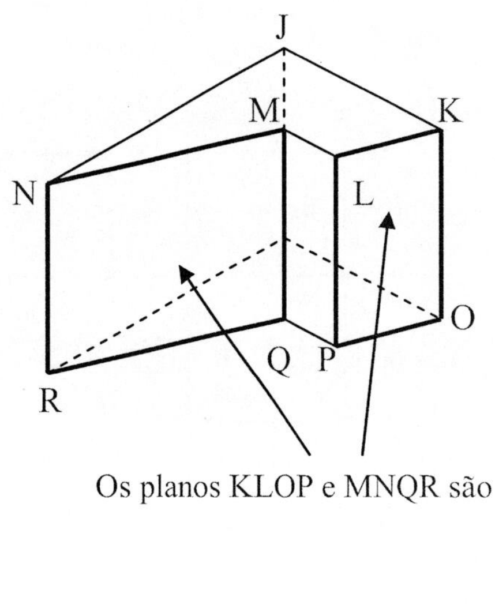

Os planos KLOP e MNQR são verticais

Épura da reta genérica ou qualquer AB **Épura da reta genérica ou qualquer CD**

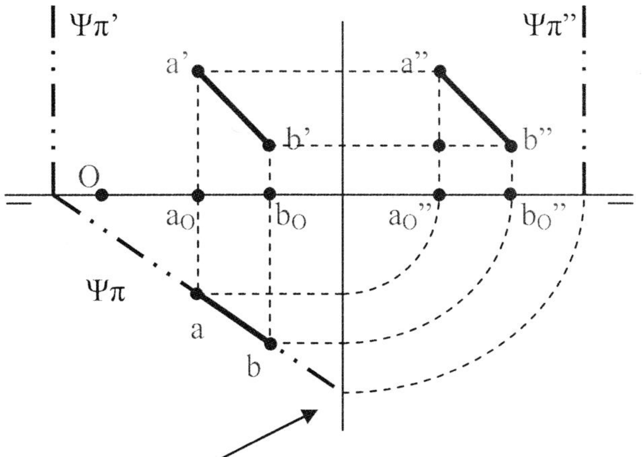

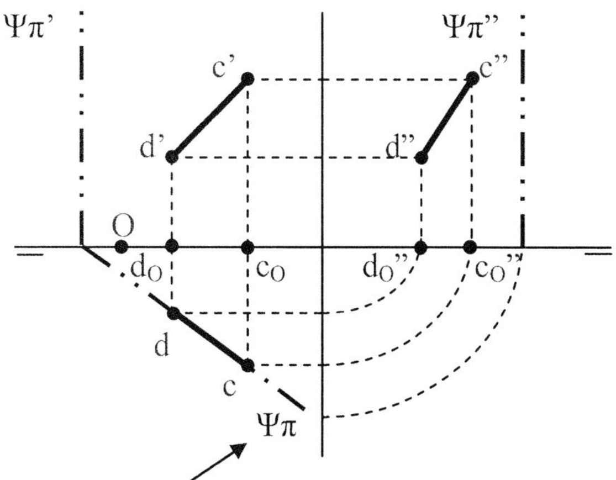

Observe-se que apenas a projeção horizontal em π da reta coincide com o traço horizontal Ψ' do plano Ψ

Épura da reta horizontal EF **Épura da reta vertical GI**

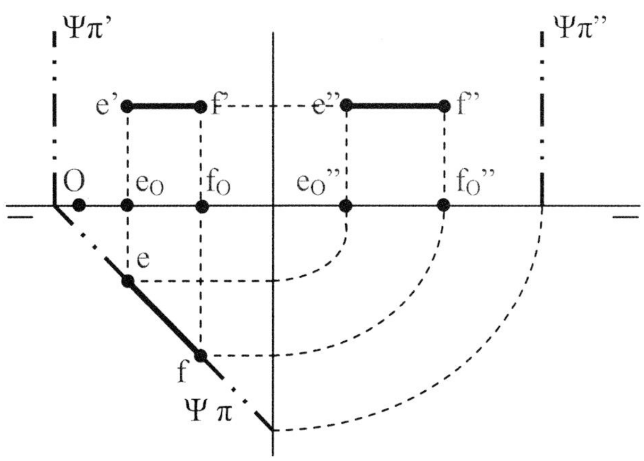

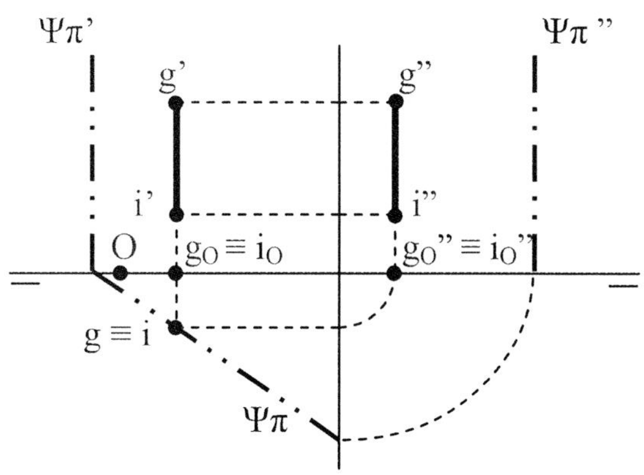

Retas pertencentes a um plano frontal

Basta supor o plano Ψ imaginário (com as quatro retas possíveis) colocado como um plano frontal, ou seja, perpendicular a π, paralelo a π' e perpendicular a π''. Em seguida analisam-se cada uma destas retas, em relação a estes três planos.

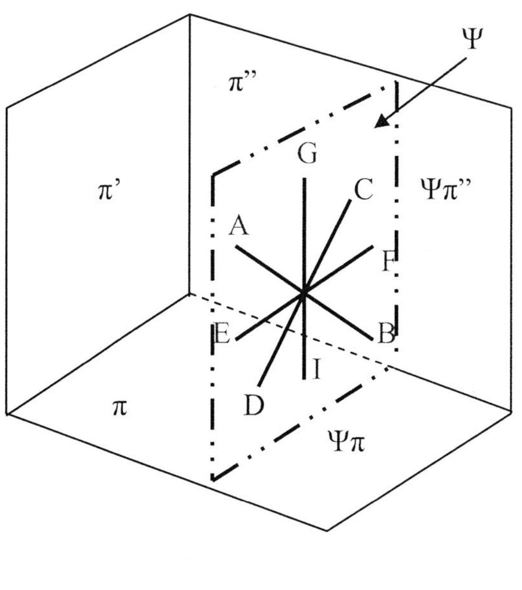

Em relação a π, π' e π'' estas retas são:

AB = frontal
CD = frontal
EF = fronto horizontal
GI = vertical

Conclusão: apenas retas: frontal, fronto horizontal e vertical, pertencem a um plano frontal.

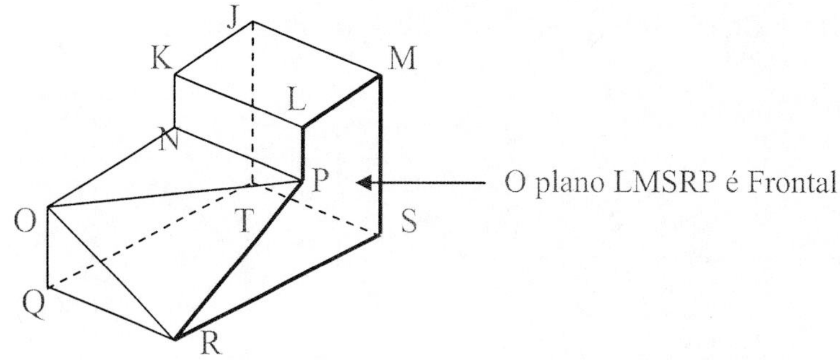

Épura da reta frontal AB

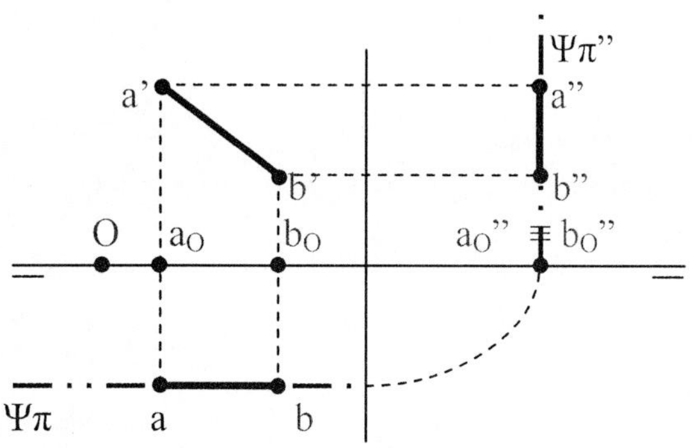

Épura da reta frontal CD

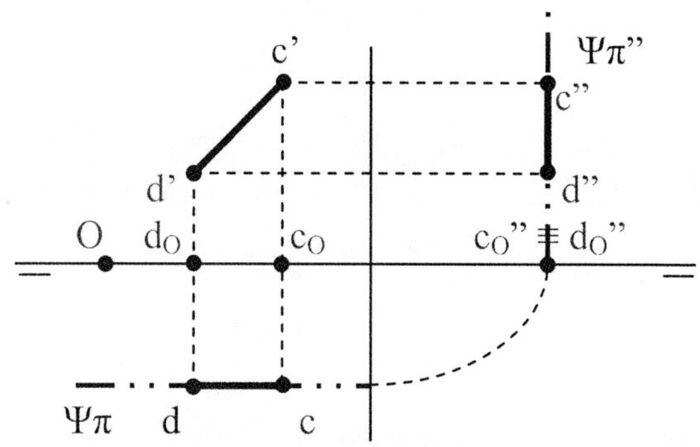

Épura da reta fronto horizontal EF

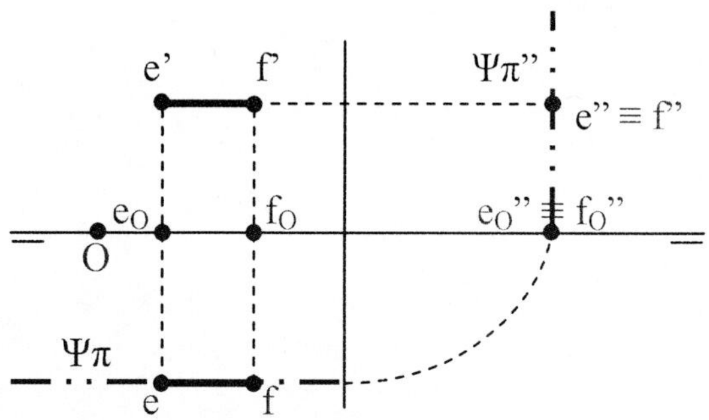

Épura da reta vertical GI

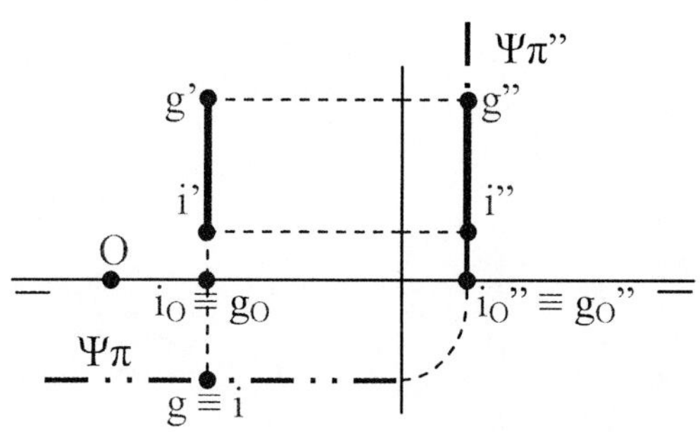

Retas pertencentes a um plano de topo

Basta supor o plano Ψ imaginário (com as quatro retas possíveis) colocado como um de topo, ou seja, inclinado a π e π'' e perpendicular a π'. Em seguida analisam-se cada uma destas retas, em relação a estes três planos.

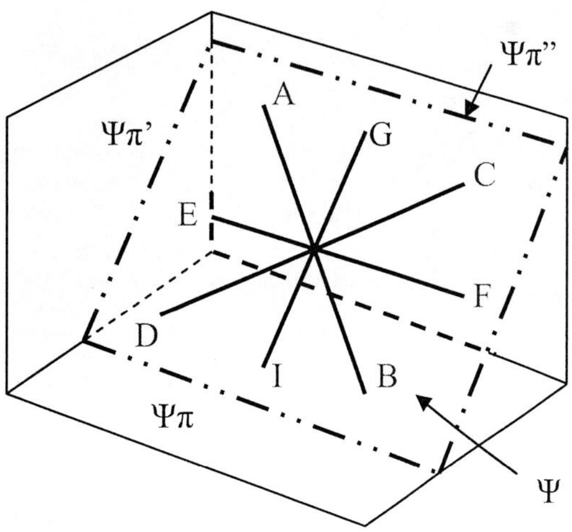

Em relação a π, π' e π'' estas retas são:

AB = genérica ou qualquer
CD = genérica ou qualquer
EF = de topo
GI = frontal

Conclusão: apenas retas: genérica ou qualquer, de topo e frontal, pertencem a um plano de topo.

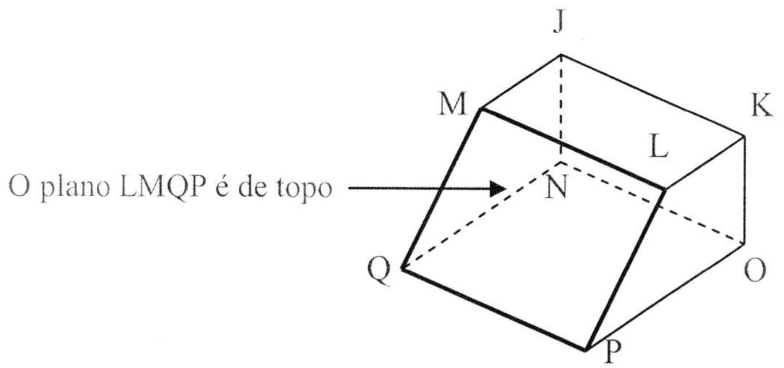

Épura da reta genérica ou qualquer AB

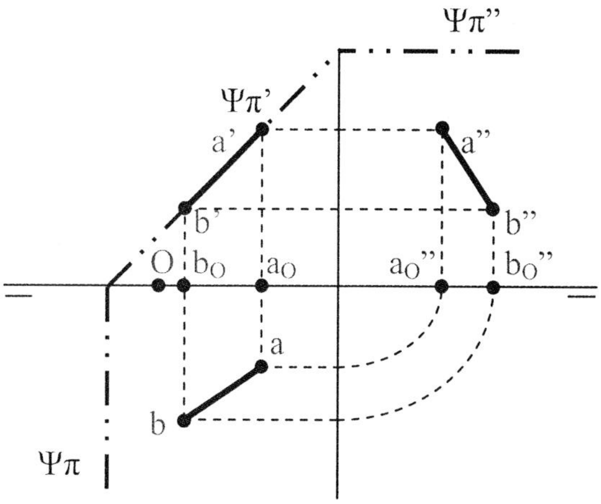

Épura da reta genérica ou qualquer CD

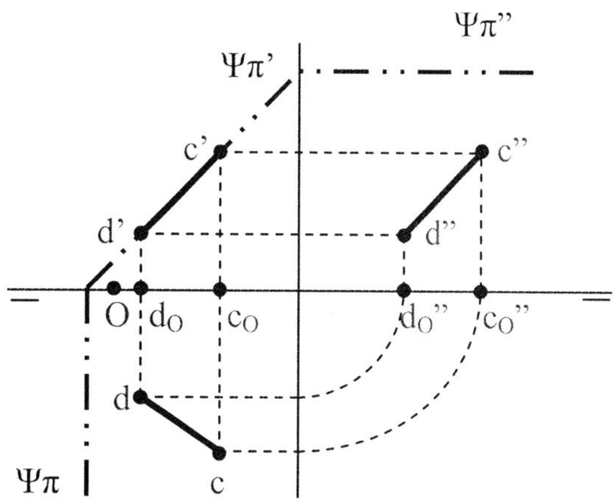

Épura da reta de topo EF

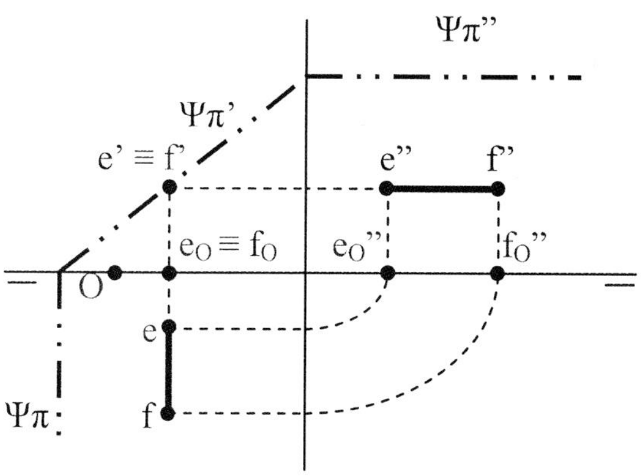

Épura da reta frontal GI

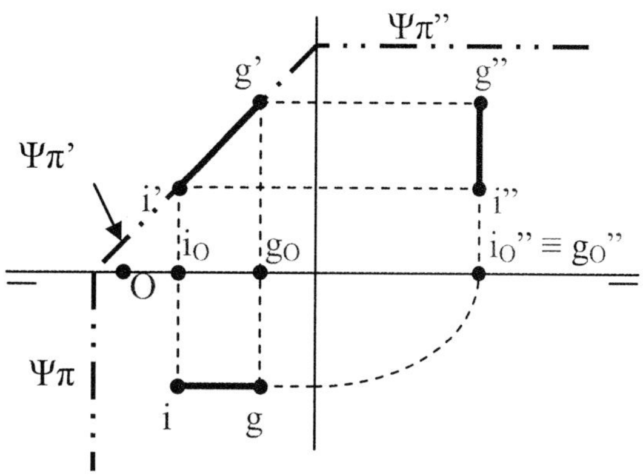

Retas pertencentes a um plano de perfil

Basta supor o plano Ψ imaginário (com as quatro retas possíveis) colocado como um plano de perfil, ou seja, perpendicular a π e π' e paralelo a π". Em seguida analisam-se cada uma destas retas, em relação a estes três planos.

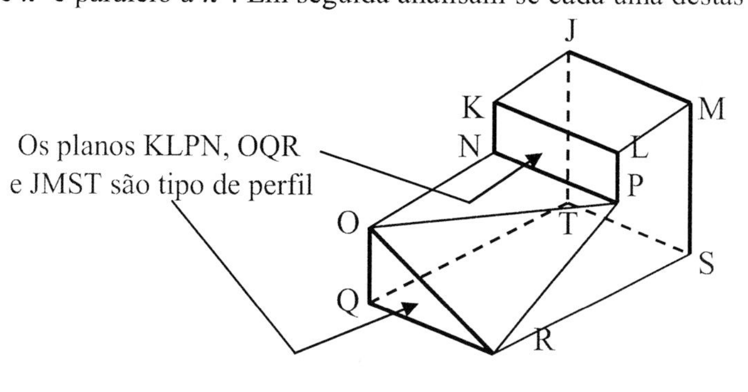

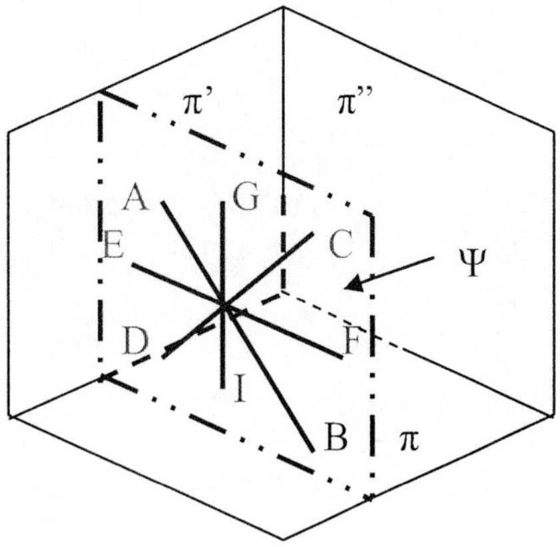

Em relação a π, π' e π'' estas retas são:

AB = de perfil
CD = de perfil
EF = de topo
GI = vertical

Conclusão: apenas retas: de perfil, de topo e vertical, pertencem a um plano de perfil.

Épura da reta de perfil AB

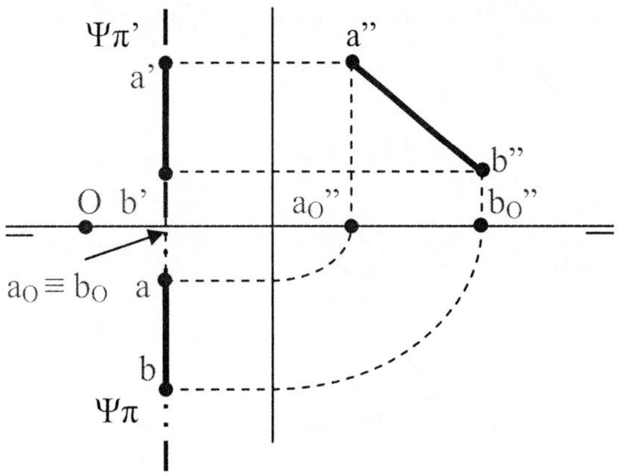

Épura da reta de perfil CD

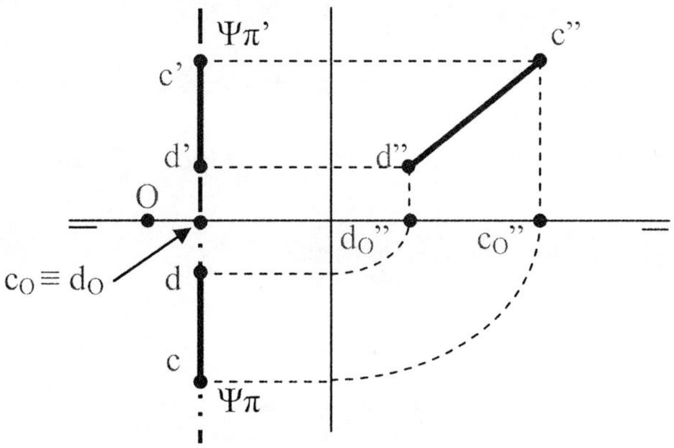

Épura da reta de topo EF

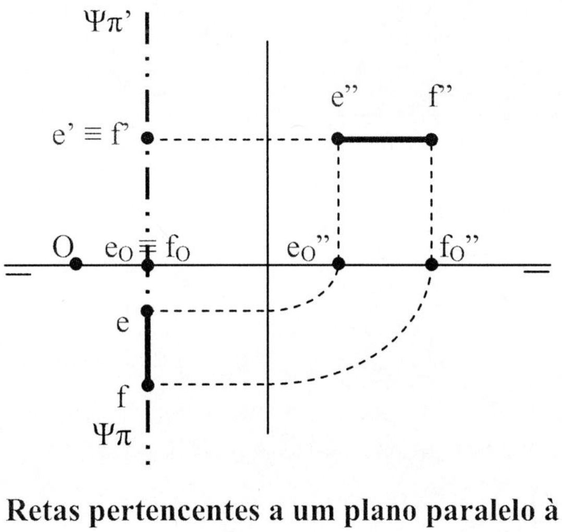

Épura da reta vertical GI

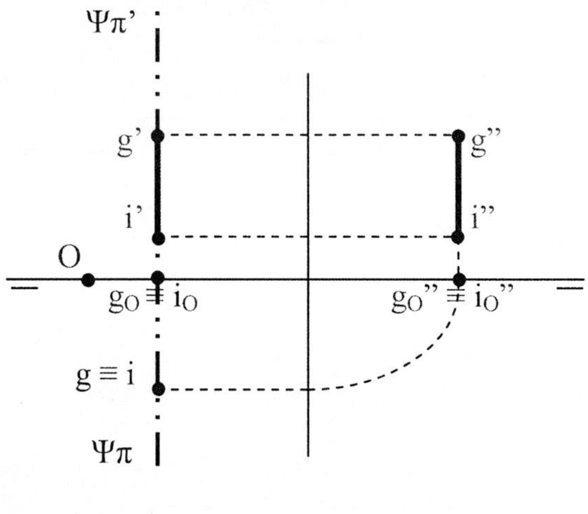

Retas pertencentes a um plano paralelo à Linha de Terra ou plano em rampa

Basta supor o plano Ψ imaginário (com as quatro retas possíveis) colocado como um plano Paralelo à Linha de Terra, ou seja, inclinado a π e π' e perpendicular a π''. Em seguida analisam-se cada uma destas retas, em relação a estes três planos.

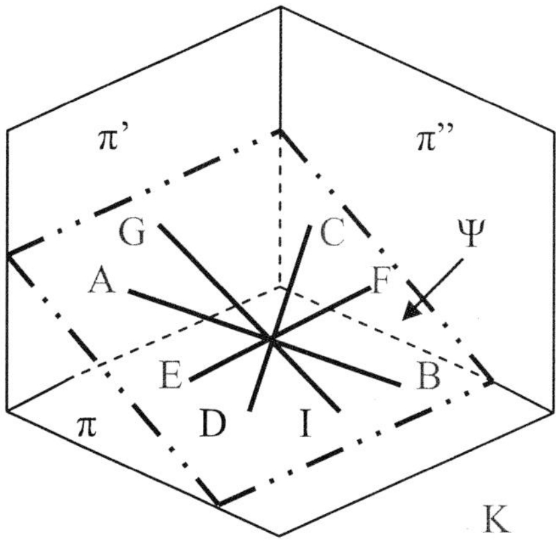

Em relação a π, π' e π'' estas retas são:

AB = genérica ou qualquer
CD = genérica ou qualquer
EF = fronto horizontal
GI = de perfil

Conclusão: apenas retas: genérica ou qualquer, fronto horizontal e de perfil, pertencem a um plano paralelo à Linha de Terra.

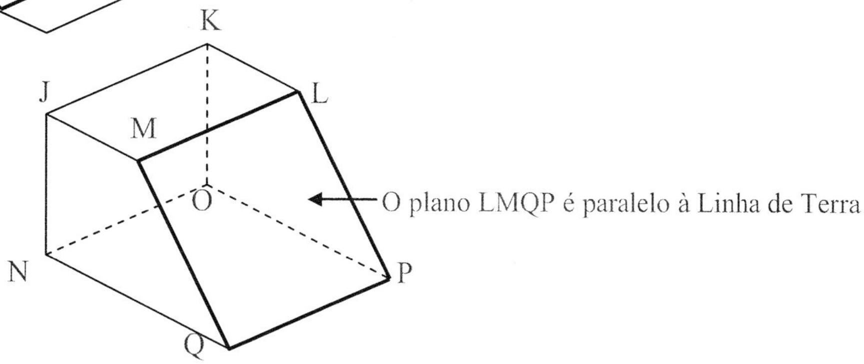

Épura da reta genérica ou qualquer AB

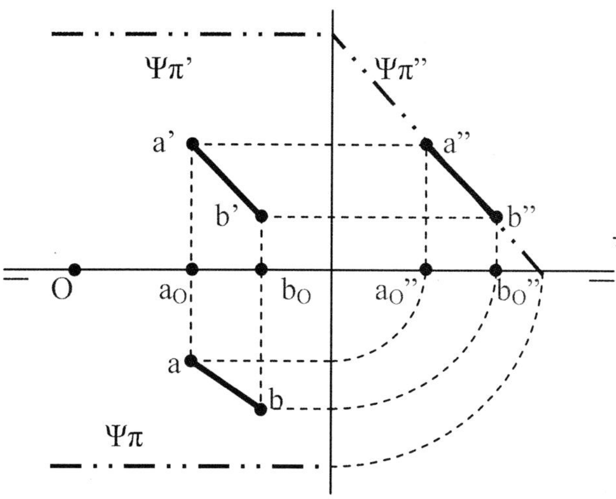

Épura da reta genérica ou qualquer CD

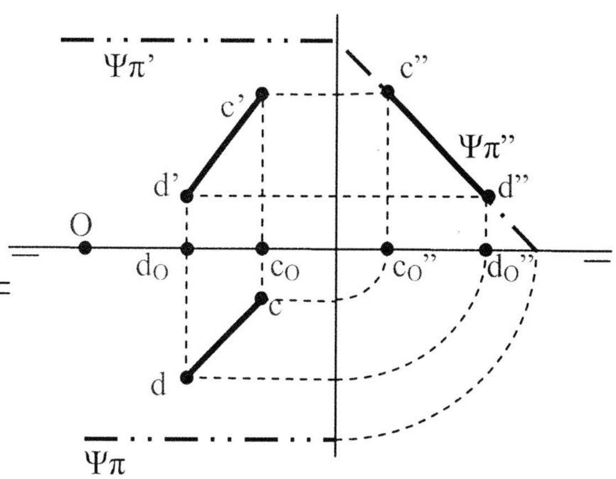

Épura da reta fronto horizontal EF

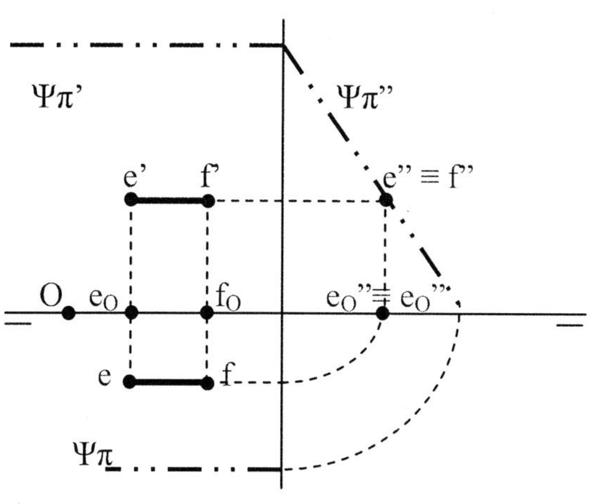

Épura da reta de perfil GI

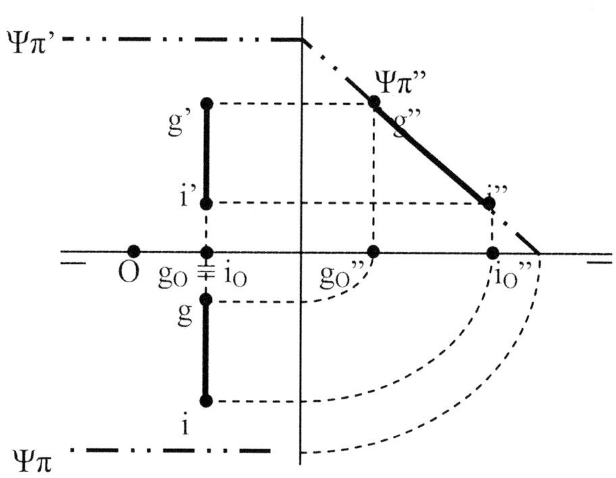

Retas pertencentes a um plano que passa pela Linha de Terra (que inclui o plano bissetor)

Basta supor o plano Ψ imaginário (com as quatro retas possíveis) colocado como um plano que passa pela Linha de Terra, ou seja, inclinado a π e π' e perpendicular a π''. Em seguida analisam-se cada uma destas retas, em relação a estes três planos.

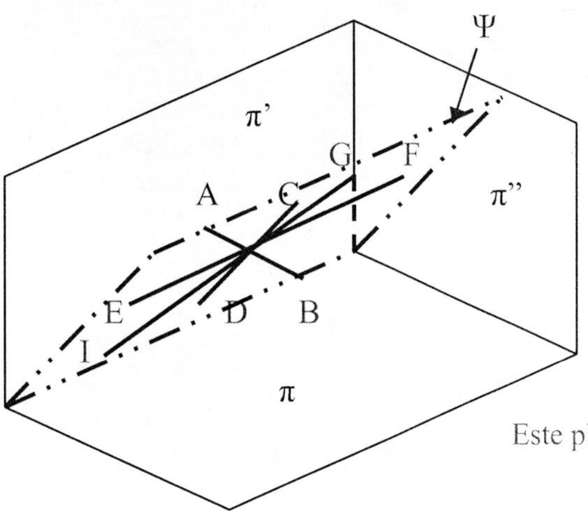

Em relação a π, π' e π'' estas retas são:

AB = genérica ou qualquer
CD = genérica ou qualquer
EF = fronto horizontal
GI = de perfil

Conclusão: apenas retas: genérica ou qualquer, fronto horizontal e de perfil, pertencem a um plano que passa pela Linha de Terra, incluindo o plano bissetor.

Este plano contém as mesmas retas que o paralelo à Linha de Terra.

O plano QMLP passa pela Linha de Terra

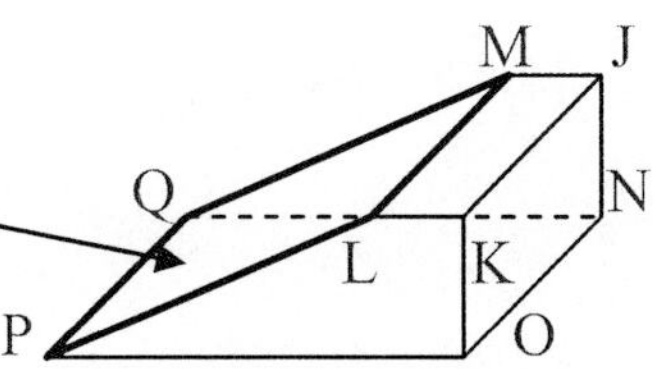

Épura da reta genérica ou qualquer AB

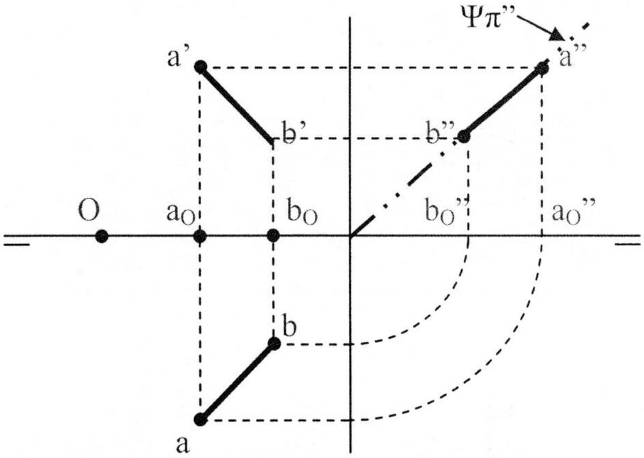

Épura da reta genérica ou qualquer CD

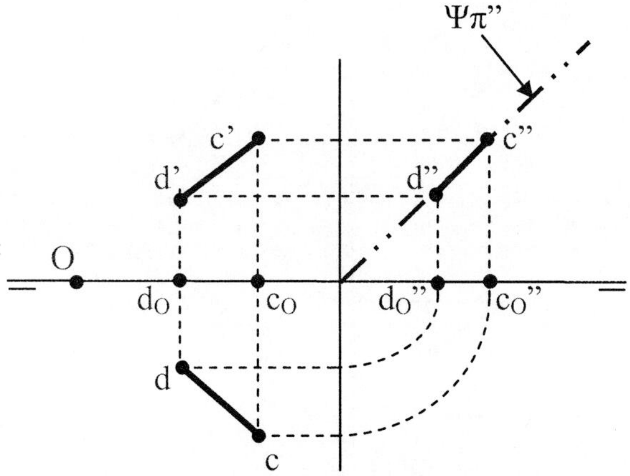

Épura da reta fronto horizotal EF

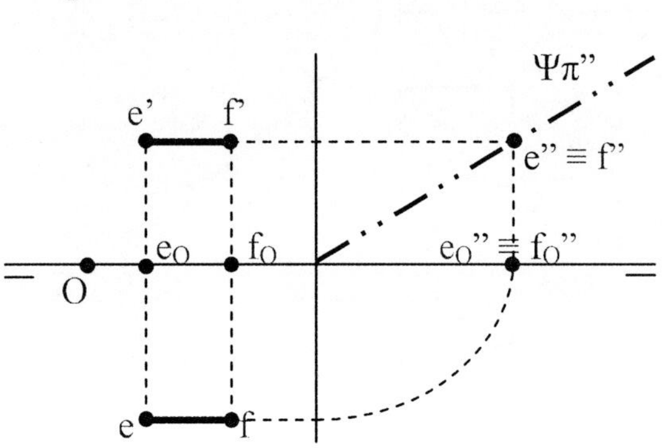

Épura da reta de perfil GI

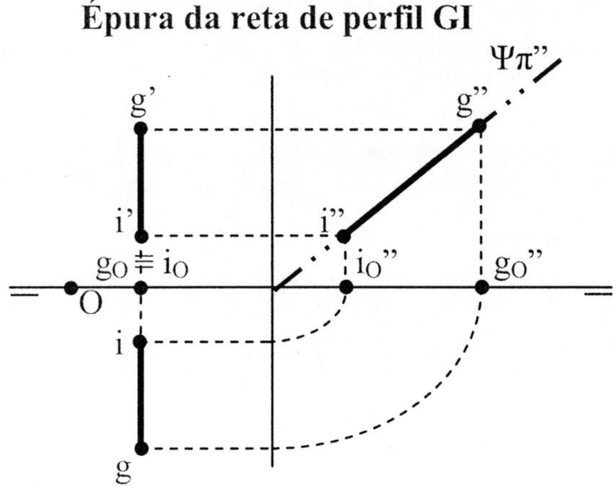

Retas pertencentes a um plano genérico ou qualquer

Basta supor o plano Ψ imaginário (com as quatro retas possíveis) colocado como um plano genérico ou qualquer, ou seja, inclinado em relação a π a π' e π''. Em seguida analisam-se cada uma destas retas, em relação a estes três planos.

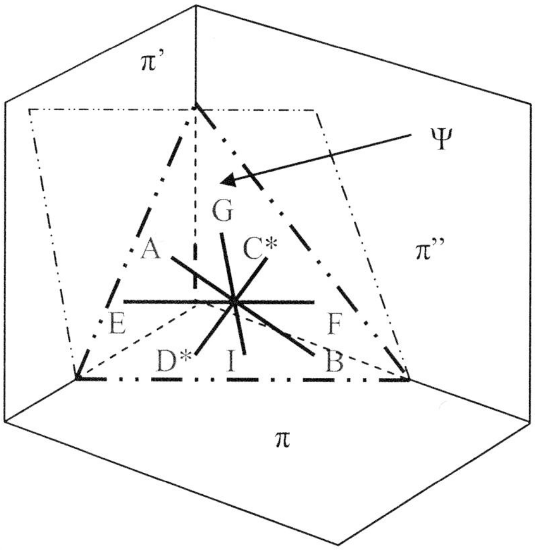

Em relação a π, π' e π'' estas retas são:

AB = de perfil
CD = genérica ou qualquer ou
C*D* também como reta frontal
EF = horizontal
GI = genérica ou qualquer

Conclusão: apenas retas de perfil, horizontal e genérica ou qualquer, pertencem a um plano genérica ou qualquer.

* Em um plano genérico ou qualquer é possível ter-se uma reta CD paralela ao plano π' e inclinada aos planos π e π'', tendo-se uma reta frontal.

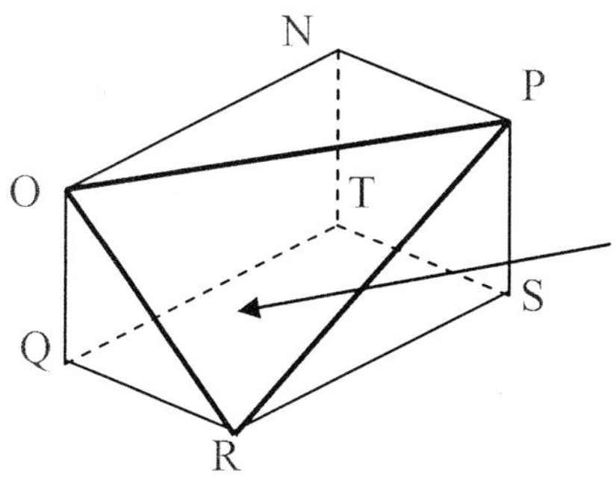

Épura da reta de perfil AB

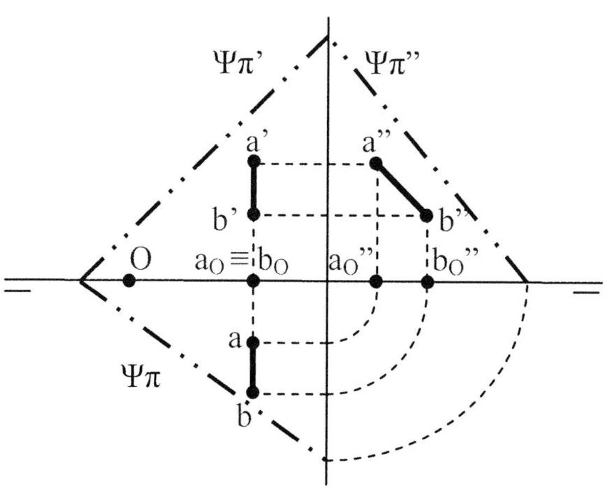

Épura da reta genérica ou qualquer CD

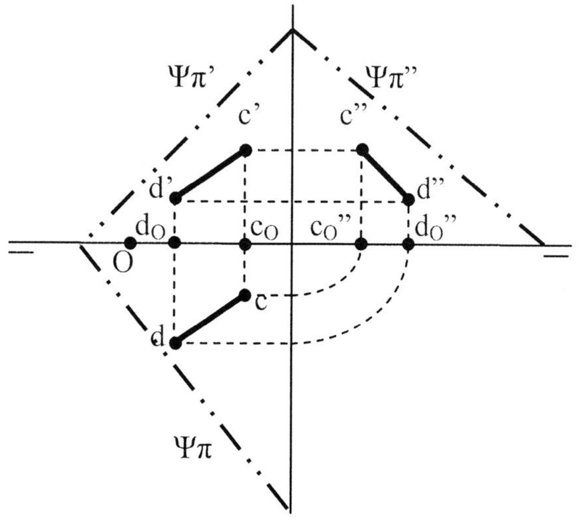

Épura da reta horizontal EF

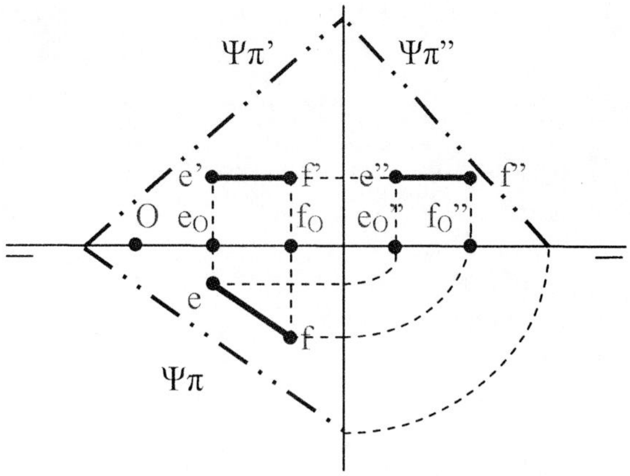

Épura da reta genérica ou qualquer GI

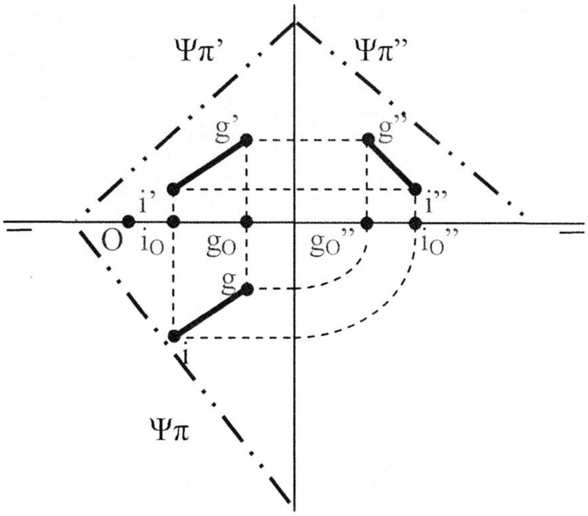

4.4 Interseção de planos

A interseção de dois planos origina uma reta, sendo que na prática a interseção de duas faces origina uma aresta, sendo assim representada em desenho técnico projetivo. Existem oito planos que podem se interceptar, dois a dois, gerando uma infinidade de retas, dentro das sete já estudadas. Este parágrafo analisa a interseção de alguns planos, originando cada uma das sete retas já estudadas.

Interseção dos planos horizontal e frontal (gerando uma reta fronto horizontal)

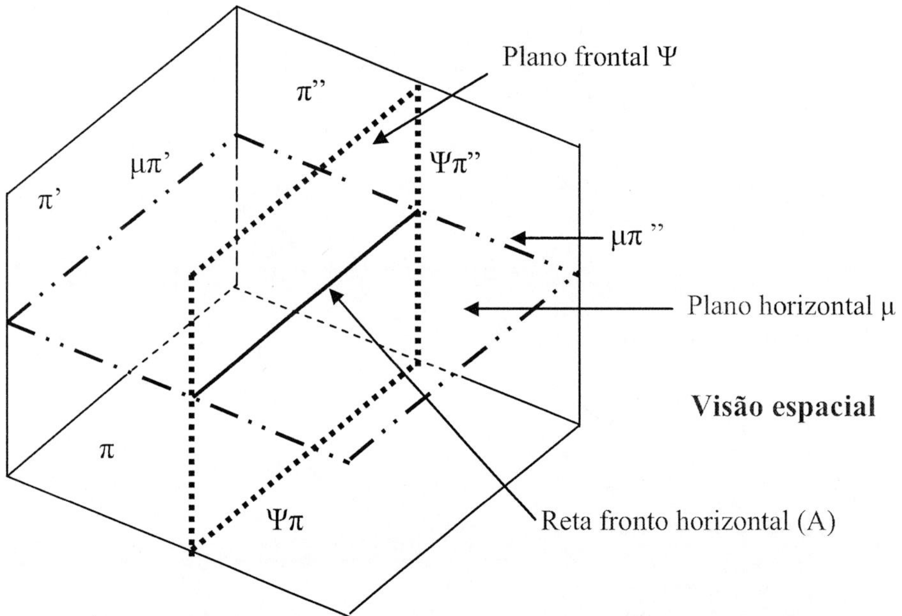

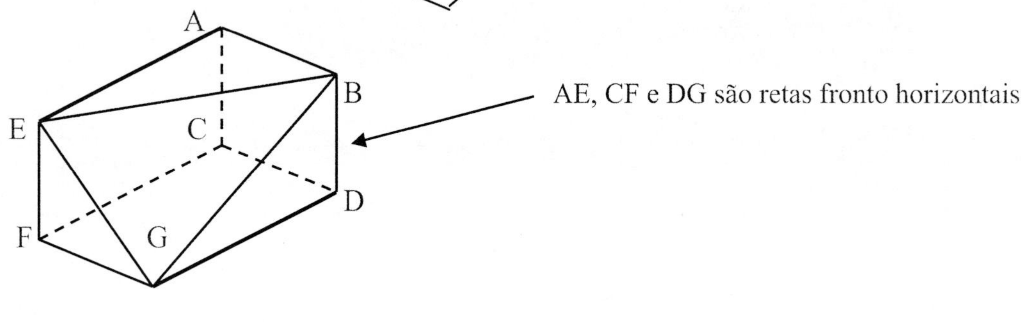

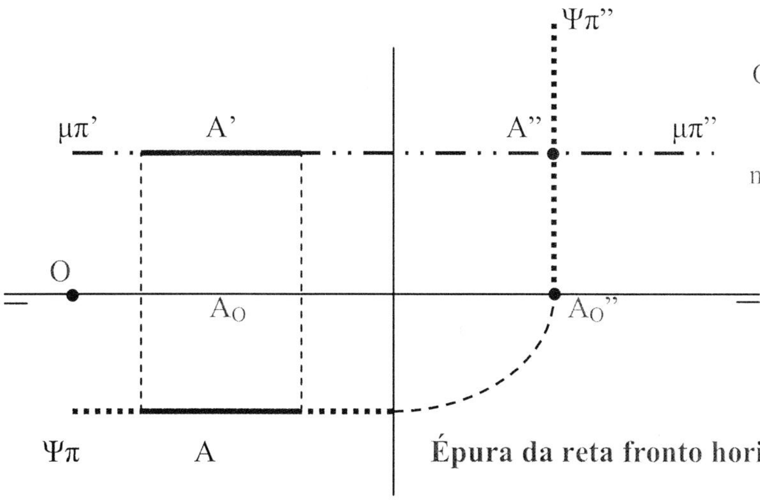

Observa-se que as retas, a seguir descritas, resultado das interseções de planos, serão nominadas por letras maiúsculas.

Épura da reta fronto horizontal (A)

Interseção dos planos frontal e de perfil (gerando uma reta vertical)

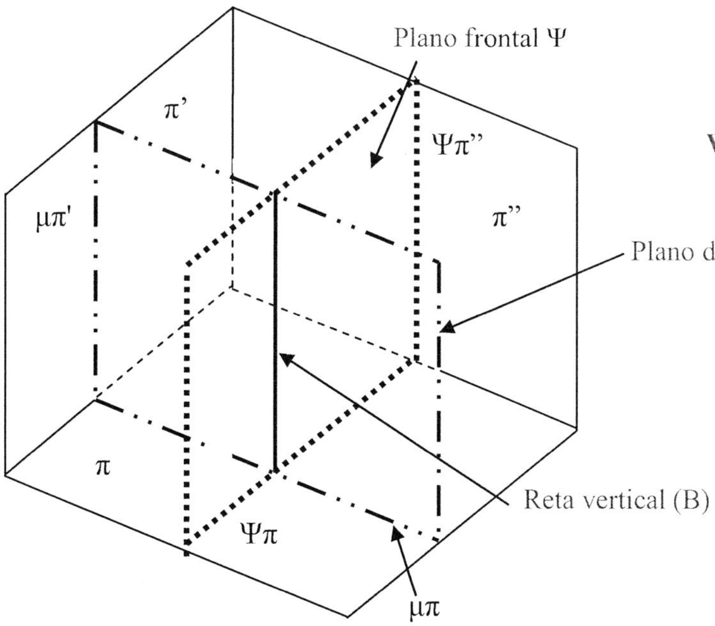

Visão espacial

AC, BD e EF são retas verticais

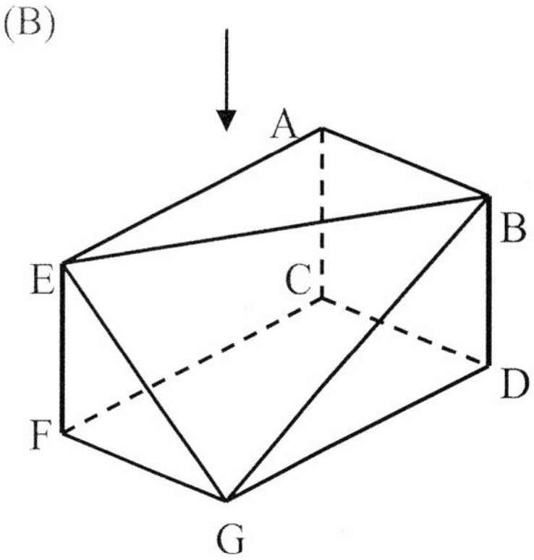

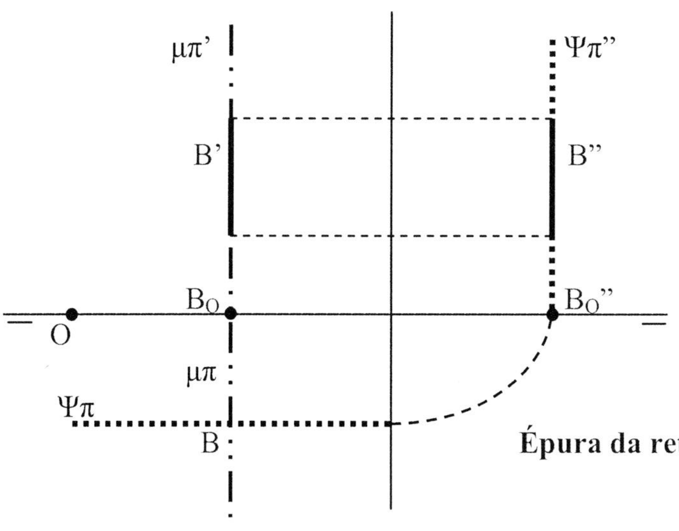

Épura da reta vertical (B)

Interseção dos planos frontal e de topo (gerando uma reta frontal)

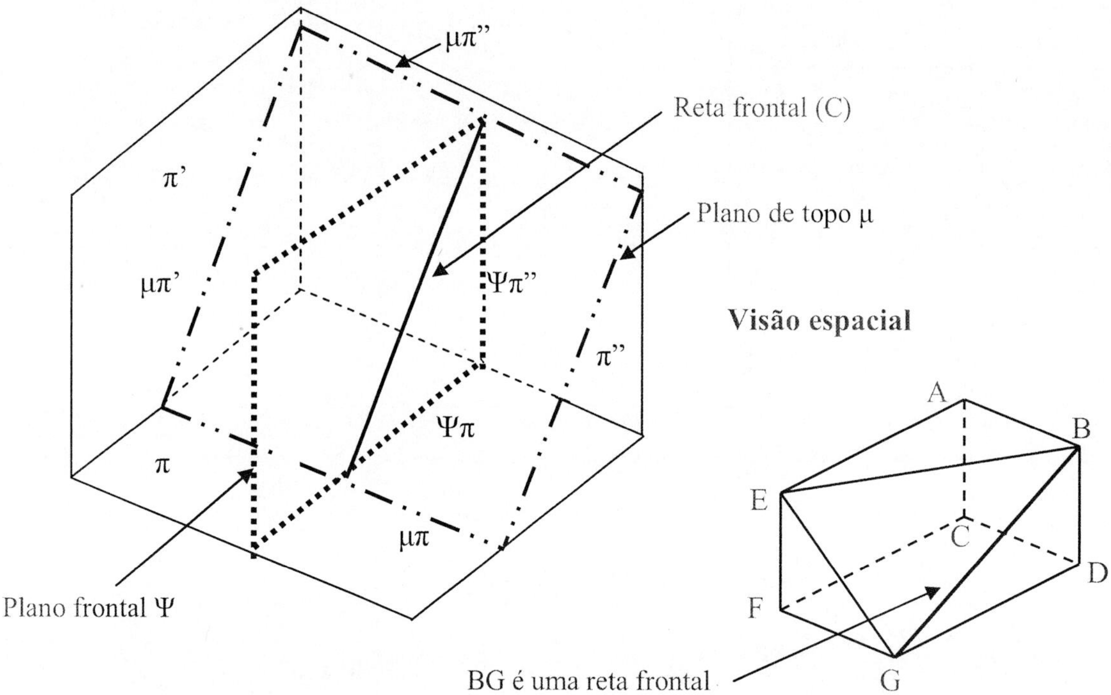

Visão espacial

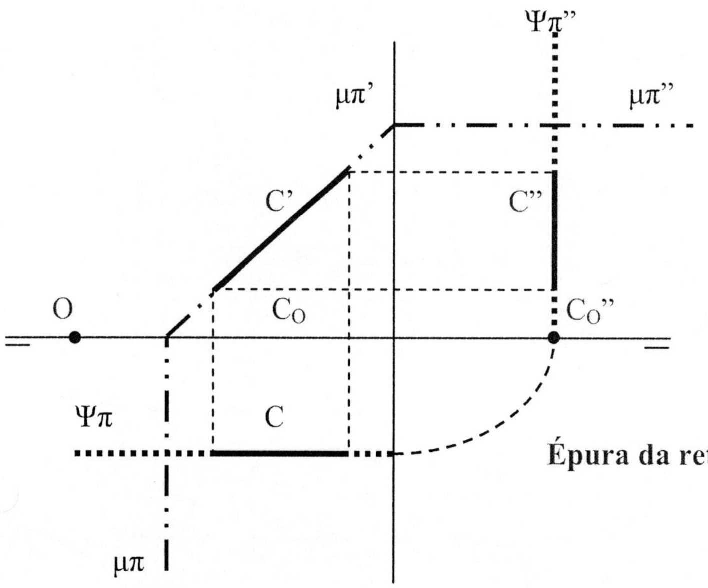

Épura da reta frontal (C)

Interseção dos planos de perfil e horizontal (gerando uma reta de topo)

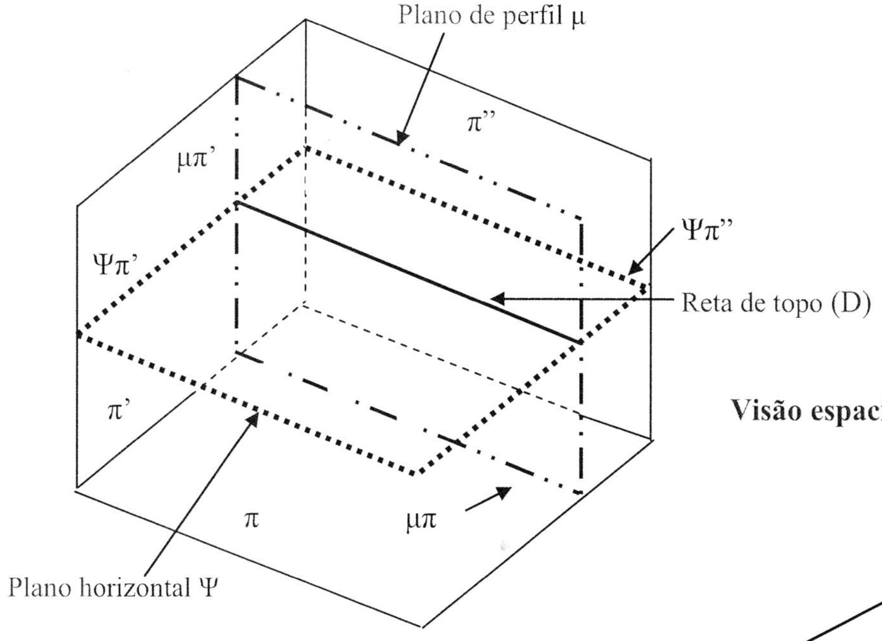

Visão espacial

AB, CD e FG são retas de topo

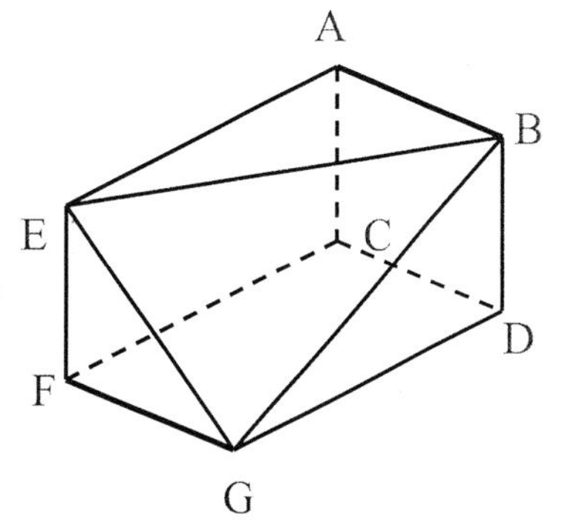

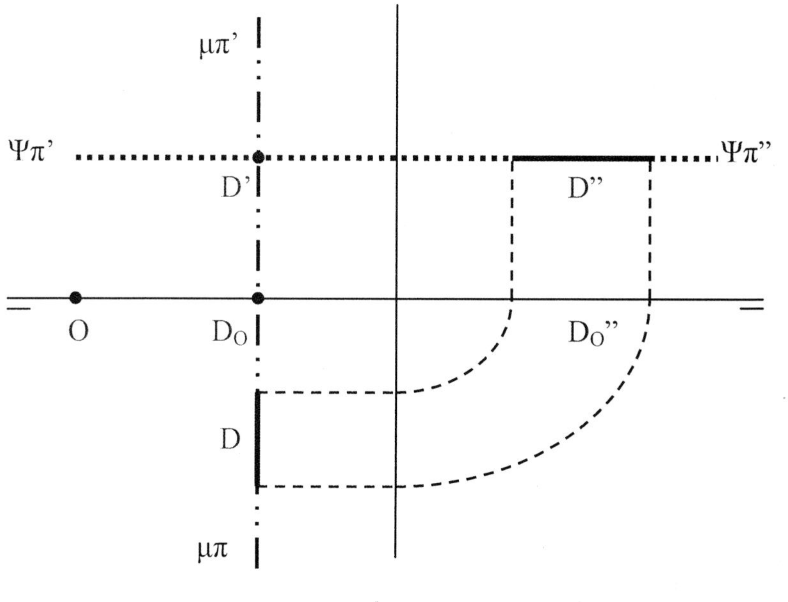

Épura da reta de topo (D)

Interseção dos planos de perfil e paralelo à Linha de Terra (gerando uma reta de perfil)

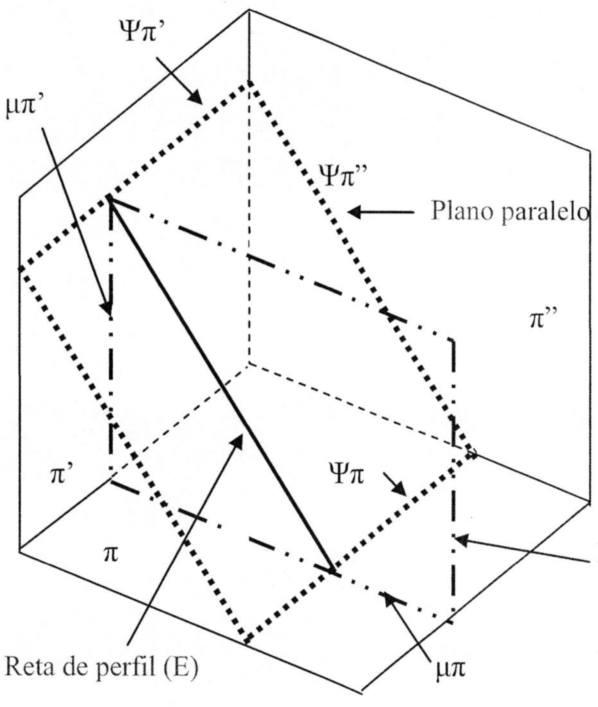

Visão espacial

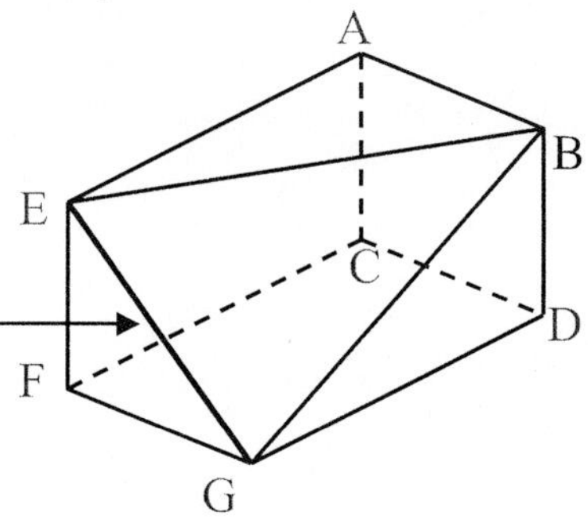

EG é uma reta de perfil

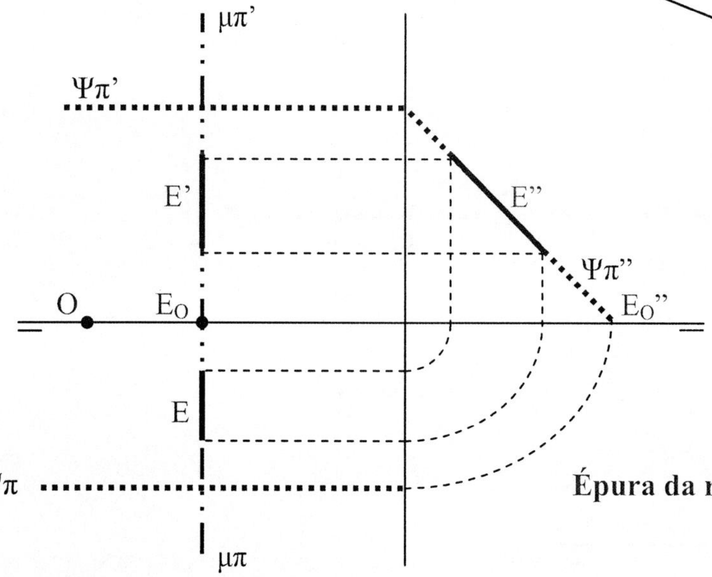

Épura da reta de perfil (E)

Interseção dos planos de topo e vertical (gerando uma reta genérica ou qualquer)

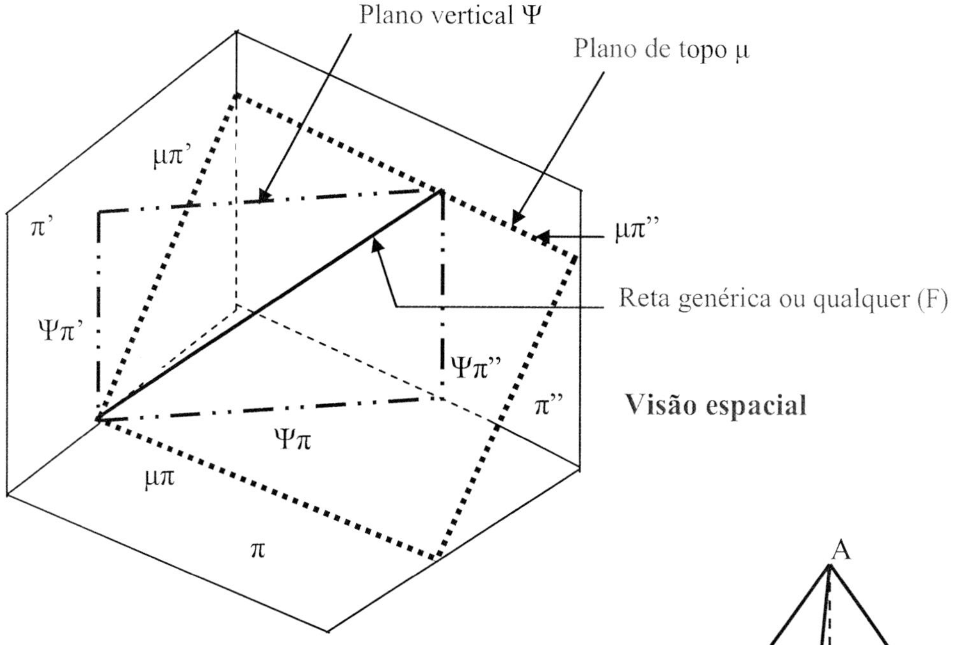

Visão espacial

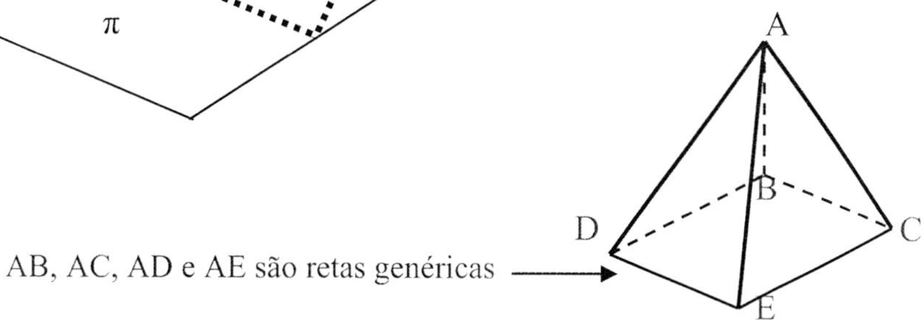

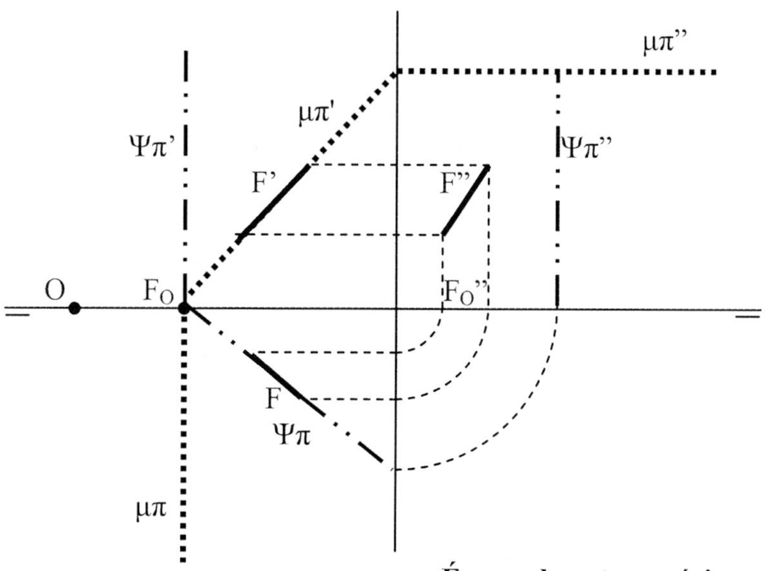

Épura da reta genérica ou qualquer (F)

Interseção dos planos horizontal e vertical (gerando uma reta horizontal)

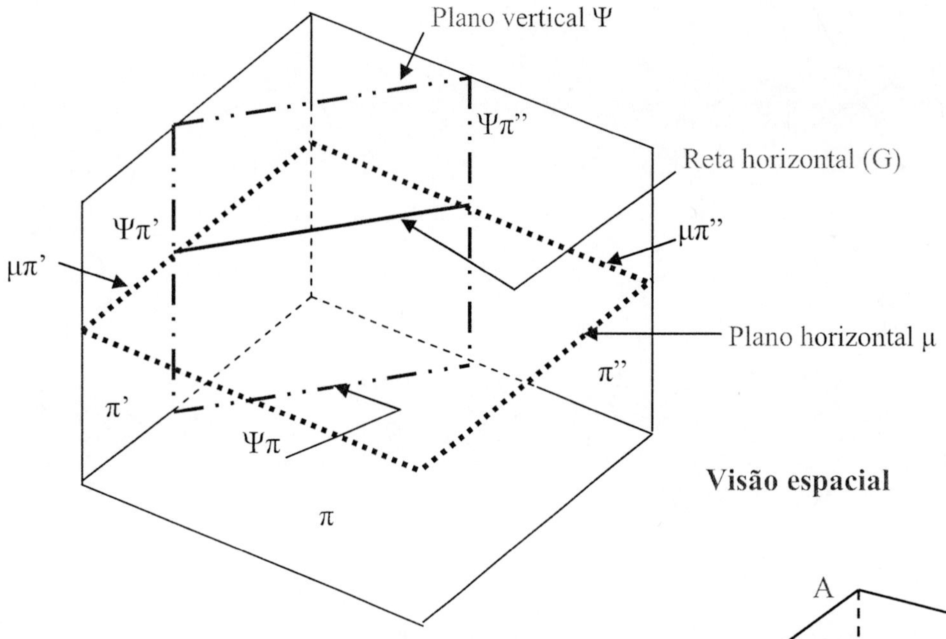

Visão espacial

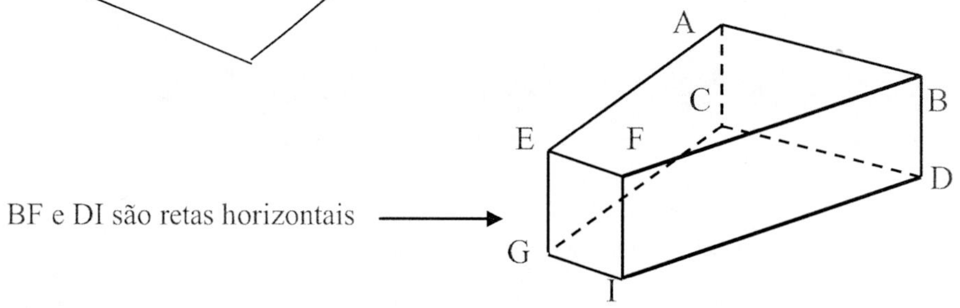

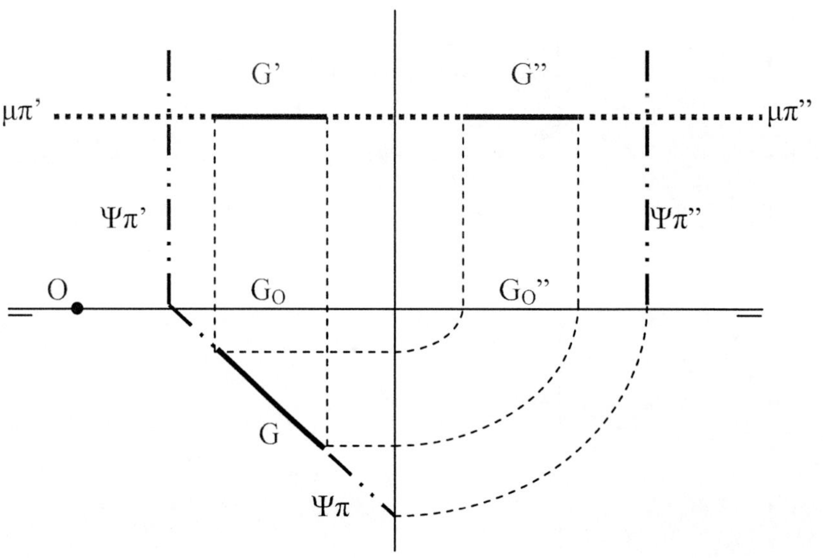

Épura da reta horizontal (G)

4.5 Exercícios resolvidos

4.5.1) Nas figuras a seguir defina os nomes das retas (definidas por dois pontos) e dos planos (definidos por três pontos). Para cada reta cite a partir de quais interseções de planos ela surge.

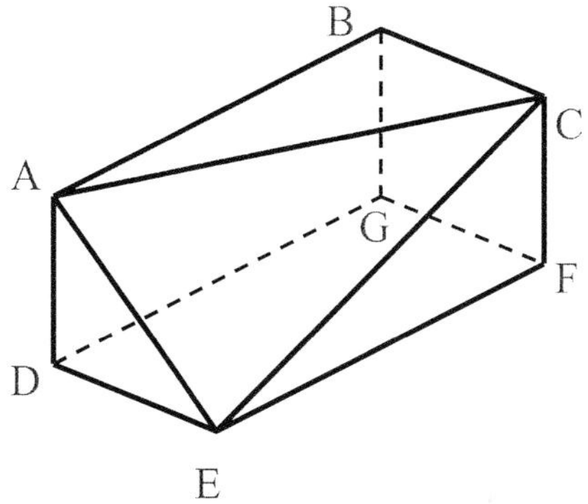

Prisma retangular com corte oblíquo passando por três vértices

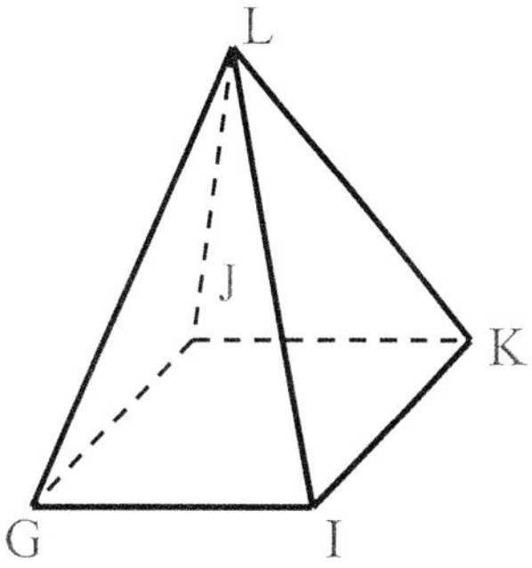

Pirâmide reta de base quadrada

Sobre o prisma:

AB, DE e EF = retas fronto horizontais (interseção entre os planos horizontal e frontal. Veja 3.11.1)
BC, DE e GF = retas de topo (interseção entre os planos de perfil e horizontal.
*AC = reta horizontal (interseção entre os planos horizontal e vertical.
*AD, CF e BG = retas verticais (interseção entre os planos frontal e de perfil.
AE = reta de perfil (interseção entre os planos de perfil e paralelo à Linha de Terra.
CE = reta frontal (interseção entre os planos frontal e de topo.
ABC = DEF = planos horizontais.
ADE = BCF = planos de perfil.
ACE = plano genérico ou qualquer.

Sobre a pirâmide:

GI e JK = retas de topo (interseção entre os planos de perfil e horizontal).
GJ e IK = retas fronto horizontais (interseção entre os planos horizontal e frontal.
LG = LI = LJ = LK = retas genéricas ou quaisquer (interseção entre os planos de topo e vertical.
GIJK = plano horizontal.
LGI = LIK = LJK = LGJ = planos genéricos ou quaisquer.

*Como já citado, além das interseções estudadas, retas podem ser oriundas de outras combinações de interseção de planos. Por Exemplo, a reta horizontal AC também pode ser gerada pela interseção de um plano horizontal com um genérico ou qualquer. As retas verticais AD e CF também podem ser geradas pela interseção de um plano vertical com um de perfil. Outras combinações podem ser feitas com as outras retas.

4.5.2) Um plano vertical α, no 1º diedro, forma um ângulo de 30º com a linha de terra e 60º com a linha da interseção entre o plano horizontal π e o de perfil π''. Esse plano vertical intercepta o plano vertical π' exatamente na Origem (0; 0; 0). No plano vertical citado, existe uma reta AB, onde a abscissa de (A) é +2 e a cota é +6. O ponto (B) tem abscissa +5 e cota +3. Com esses dados pedem-se:
1) O desenho com a visão tridimensional de todo o conjunto, incluindo as projeções nos planos π, π' e π''.
2) Os valores dos afastamentos dos pontos (A) e (B).
3) A épura com os traços do plano vertical, bem como da reta (A)(B).
4) O comprimento do segmento (A)(B).
5) Os traços vertical e horizontal da reta (A)(B), com os valores de suas coordenadas cartesianas.
6) Os comprimentos das projeções da reta (A)(B), nos planos π, π' e π''.
7) Os valores dos ângulos que as projeções em π' e π'' formam com o plano horizontal π.
8) O nome da reta (A)(B), com a sua trajetória.

Inicialmente, entende-se a imagem geométrica tridimensional do plano e dos pontos (A) e (B).

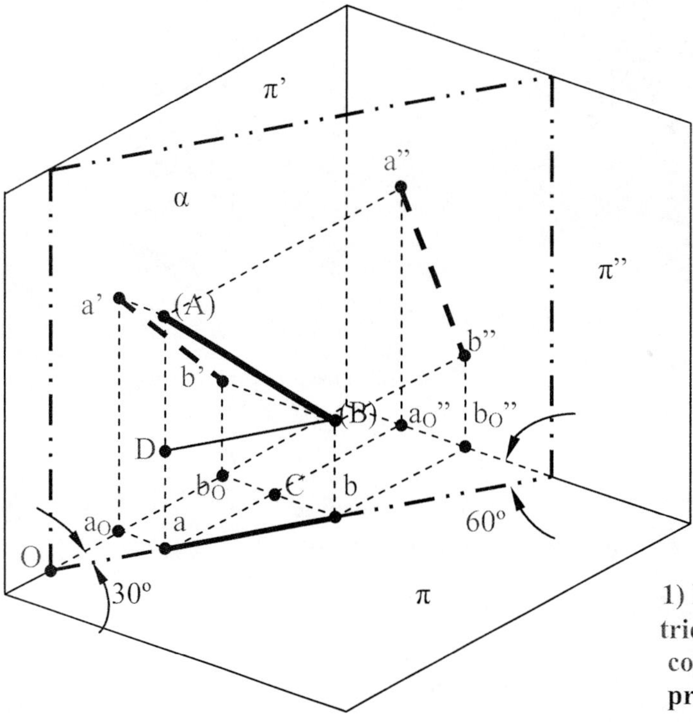

(A)(+2; ?; +6) e (B)(+6; ?; +3).

1) Desenho com a visão tridimensional de todo o conjunto, incluindo as projeções em π, π' e π''.

2) Cálculo dos afastamentos dos pontos (A)(B):

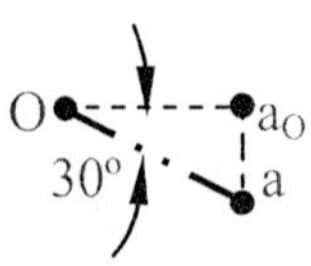

$|Oa_O| = 2$. $\text{tg } 30^o = a_Oa / Oa_O \Rightarrow a_Oa = (Oa_O)(\text{tg } 30^o) = (2)(0{,}57735) = 1{,}155$.

a_Oa = **afastamento de (A) = +1,155**, portanto: (A)(+2; +1,155; +6).

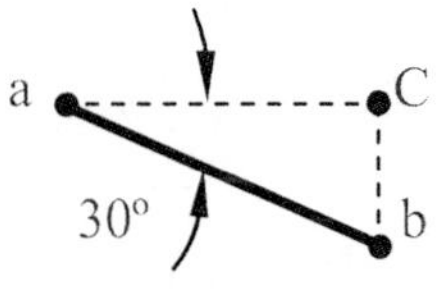

$|aC| = a_O\, b_O = (+6) - (+3) = 3$.

$\text{tg } 30^o = bC/aC \Rightarrow bC = (aC)(\text{tg } 30^o) = (3)(0{,}57735) = 1{,}732$.

b_Ob = afastamento de (B) = $a_Oa + bC = +1{,}155 + 1{,}732 = +2{,}887$.

Afastamento de (B) = +2,887, portanto: (B)(+6; +2,887; +3).

3) A épura com os traços do plano vertical, bem como da reta (A)(B).

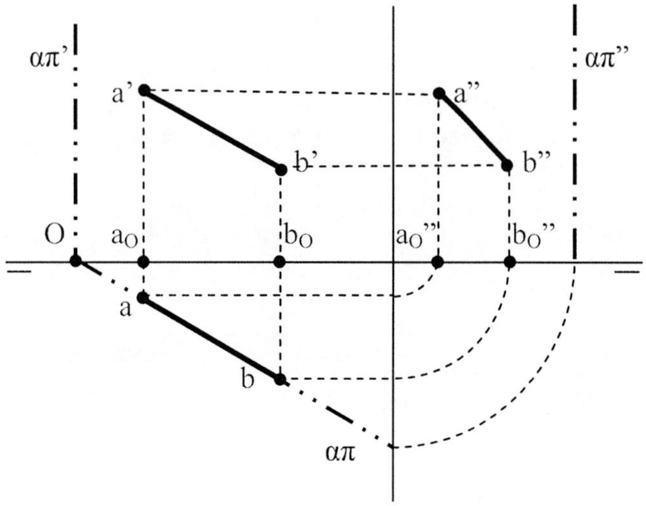

(A)(+2; +1,155; +6) e (B)(+6; +2,887; +3).

4) O comprimento do segmento (A)(B).

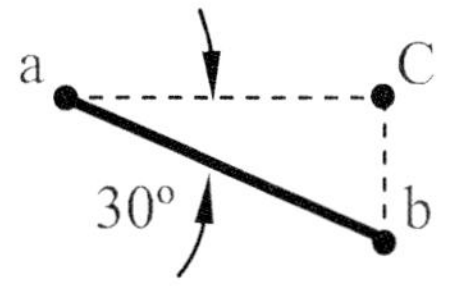

$aC = 3$ e $bC = 1{,}732$. Portanto $ab = \sqrt{(3)^2 + (1{,}732)^2} \Rightarrow ab = 3{,}464$.

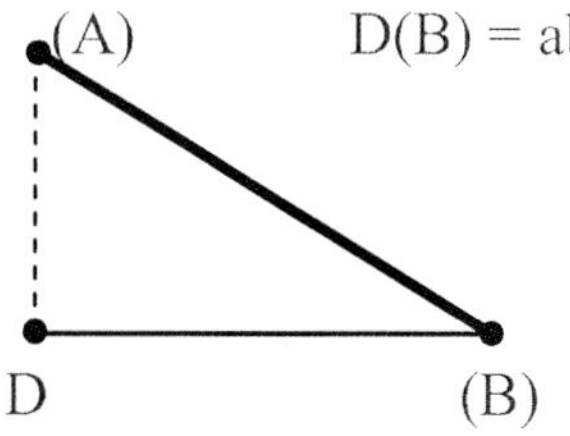

$D(B) = ab = 3{,}464$. (A)D = diferença das cotas de (A) e (B) = 3.

$|(A)(B)| = \sqrt{(AD)^2 + (DB)^2} \Rightarrow |(A)(B)| = \sqrt{(3)^2 + (3{,}464)^2}$

$|(A)(B)| = 4{,}582$.

O comprimento do segmento (A)(B) = 4,582.

5) Os traços vertical e horizontal da reta (A)(B), com os valores de suas coordenadas cartesianas.

Para determinar os traços, só é necessária a épura da reta (A)(B), nas projeções em π e π'.

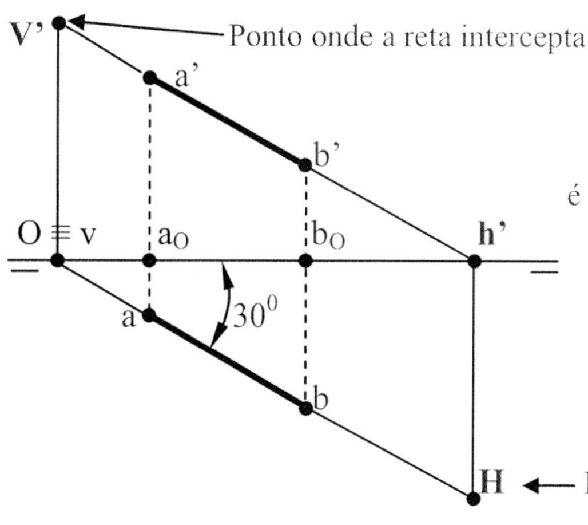

Esta é a épura dos traços da reta. A determinação das coordenadas cartesianas é feita com análises pelo Teorema de Pitágoras e semelhanças de triângulos.

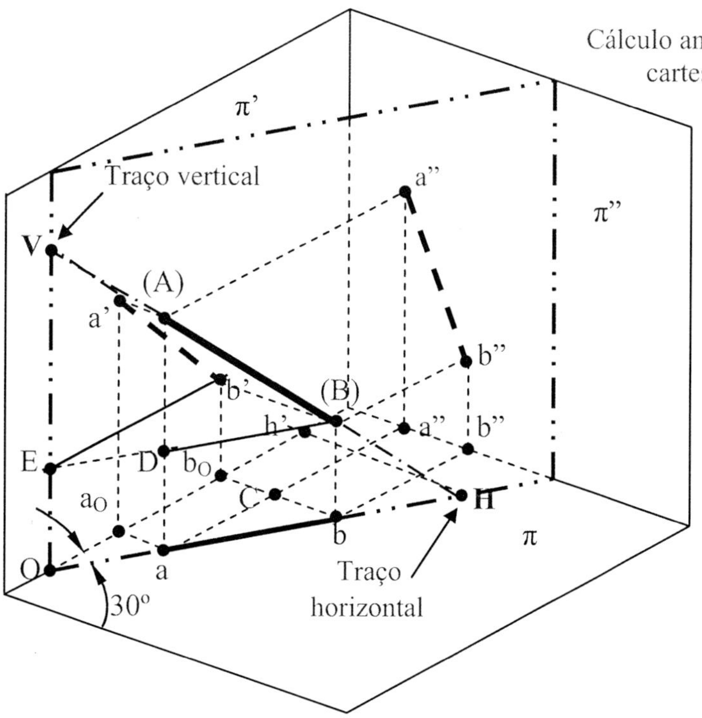

Cálculo analítico das coordenadas cartesianas dos traços.

Visão espacial

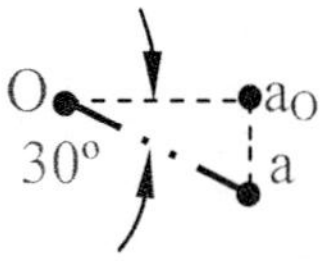

$Oa_O = 2$. $a_Oa = 1,155$. Portanto: $Oa = \sqrt{(2)^2 + (1,155)^2} = 2,31$.

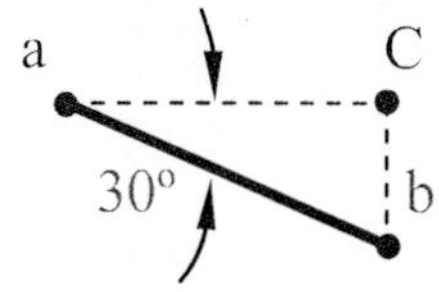

$aC = 3$. $bC = 1,732$. Portanto: $ab = \sqrt{(3)^2 + (1,732)^2} = 3,464$.

$ab = D(B) = 3,464$.

$$\frac{(A)D}{Aa} = \frac{D(B)}{aH} \Rightarrow aH = \frac{D(B) \times Aa}{(A)D} = \frac{3,464 \times 6}{3} \Rightarrow aH = 6,928.$$

$OH = Oa + aH \Rightarrow OH = 2,31 + 6,928 \Rightarrow OH = 9,238.$

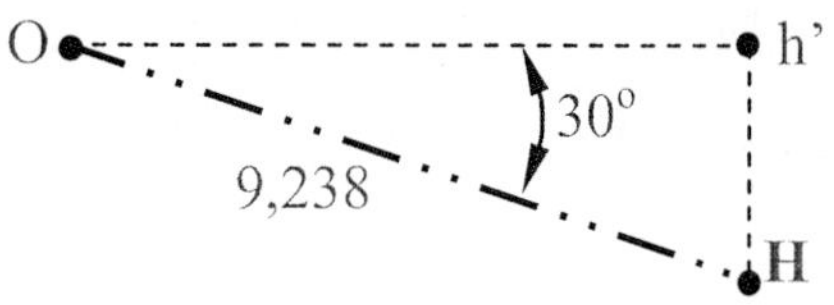

Oh' = abscissa do traço **H** = 9,238 x cos 30º = 8.
h'**H** = afastamento do traço **H** = 9,238 x sen 30º = 4,619.

Coordenadas cartesianas do traço horizontal: (H)(+8; +4,619; 0).

Da semelhança entre os triângulos O**HV** e D(A)(B) tem-se: $\frac{OH}{D(B)} = \frac{OV}{D(A)} \Rightarrow OV = \frac{OH \times D(A)}{D(B)}$

$$OV = \frac{9,238 \times 3}{3,464} = 8.$$

Coordenadas cartesianas do traço vertical: (V)(0; 0; +8).

6) Os comprimentos das projeções da reta (A)(B), nos planos π, π' e π".

Estes comprimentos são obtidos a partir da épura da reta.

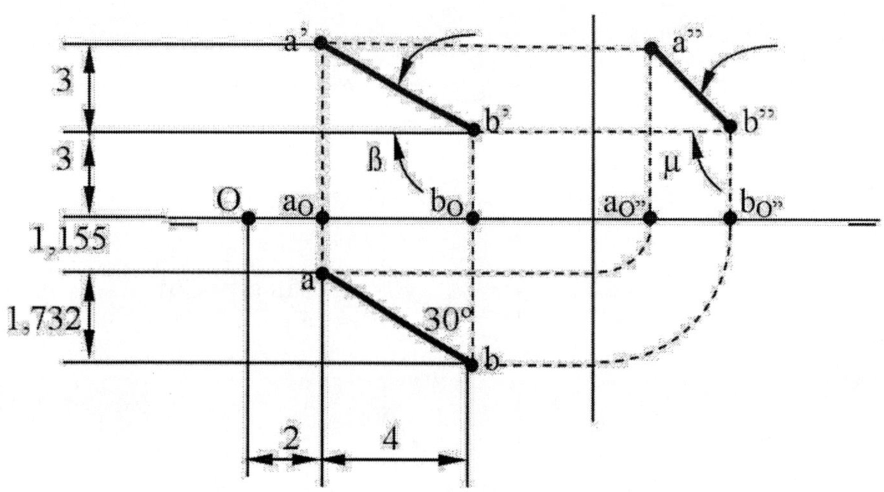

$|a'b'| = \sqrt{(4)^2 + (3)^2} \Rightarrow$ **|a'b'| = 5** ⟵ **Comprimento da projeção em π'.**

$|ab| = \sqrt{(4)^2 + (1,732)^2} \Rightarrow$ **|ab| = 4,359** ⟵ **Comprimento da projeção em π.**

$|a"b"| = \sqrt{(3)^2 + (1,732)^2} \Rightarrow$ **|a"b"| = 3,464** ⟵ **Comprimento da projeção em π".**

7) Os valores dos ângulos que as projeções em π' e π" formam com o plano horizontal π.

Esses ângulos ß e μ são calculados a partir da épura da reta, observando que o plano horizontal é entendido como a Linha de Terra.

tg ß = 3/4 = 0,75 => ß = arctg (0,75) => ß = 36,87°. tg μ = 3/1,732 = 1,732 => μ = arctg (+1,732) => μ = 60°.

A projeção em π' forma um ângulo de 36,87°, com o plano horizontal π. A projeção em π" forma um ângulo de 60°, com o plano horizontal π.

8) O nome da reta (A)(B), com a sua trajetória: Trata-se de uma reta genérica ou qualquer, pois é inclinada em relação aos três planos: π, π' e π". Sua trajetória é: 4°/1°/2° ou 2°/1°/4° diedros.

4.5.3) Considere o plano Vertical α e o plano de Topo ß, que se interceptam no 1° Diedro. Essa interseção gera uma reta. Sobre essa reta existem dois pontos A e B. O ponto A tem Abscissa + 4 e o ponto B tem Abscissa +7. Com esses dados pede-se:a) A Épura da interseção dos planos; b) As coordenadas cartesianas dos pontos A e B e c) As coordenadas cartesianas dos traços da reta que passa por A e B.

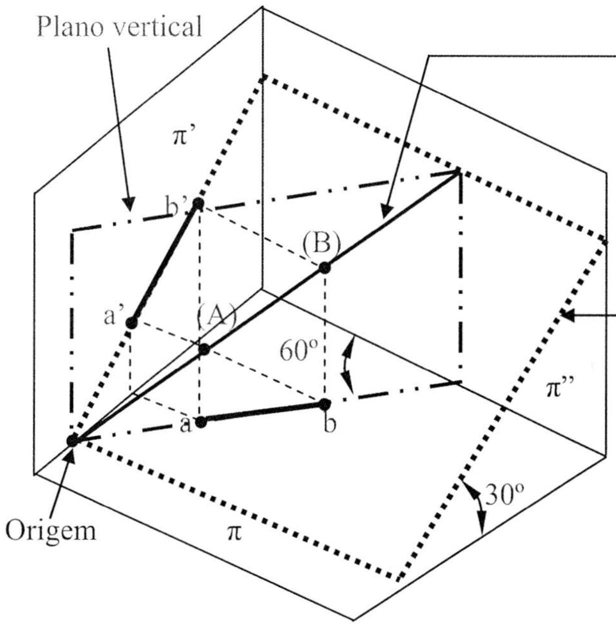

Essa é a reta genérica gerada. O segmento AB está sobre a mesma e, portanto, suas projeções coincidem com o traço Vertical do plano de Topo ß e com o traço Horizontal do plano Vertical α.

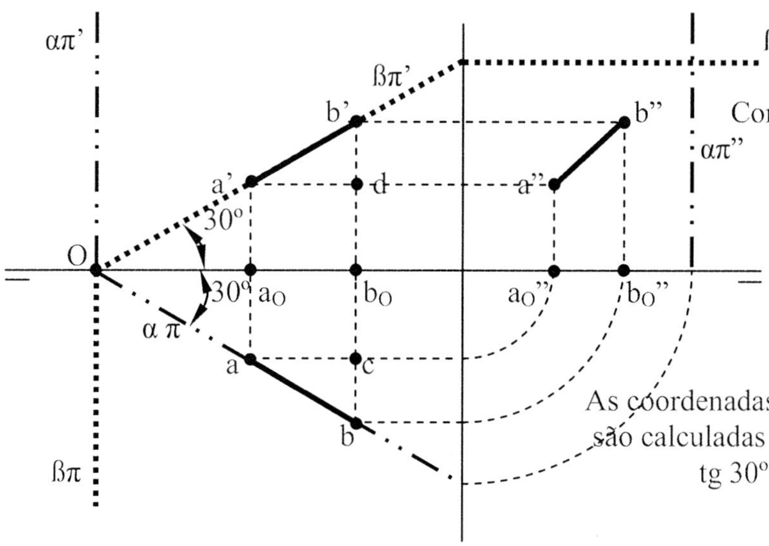

Como os ângulos dos planos são iguais, então:

$a'a_O = a_Oa$.

$a'a_O$ = Cota de A.

a_Oa = Afastamento de A.

$b'b_O$ = Cota de B.

b_Ob = Afastamento de B.

As coordenadas cartesianas dos pontos são calculadas a partir dos triângulos: tg 30° = +0,577.

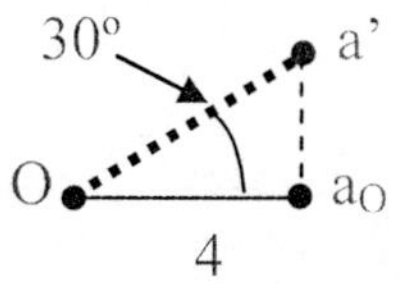

tg 30º = a'a_O/4 => a'a_O = 4 x tg 30º = 4 x 0,577 = 2,308. a'a_O = a_Oa.

Afastamento de A = +2,308 e Cota de (A) = +2,308.

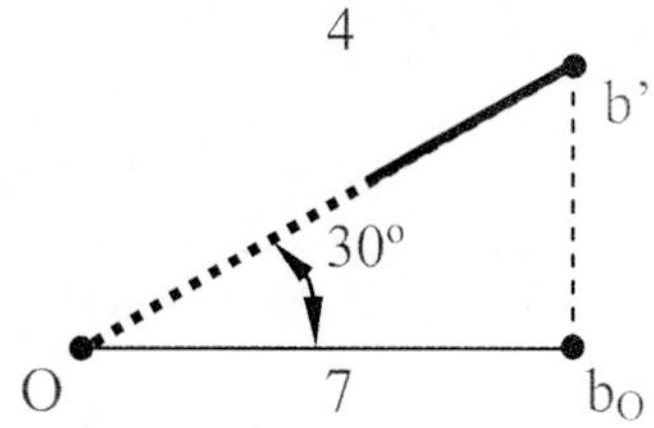

tg 30º = b'b_O/7 => b'b_O = 7 x tg 30º = 7 x 0,577 = 4,039. b'b_O = b_Ob.

Afastamento de B = +4,039 e Cota de (B) = +4,039.

3B) Coordenadas cartesianas: A(+4; +2,308; +2,308) e B(+7; +4,039; +4,039).

3C) Como os planos passam pela Origem, como o segmento de reta AB pertence a uma reta Genérica ou Qualquer, que passa também pela Origem, não existem traços horizontal **H** e vertical **V** demarcados. Também pode-se pensar que os traços coincidem com a Origem O(0; 0; 0).

4.6 Exercícios propostos (veja respostas no Apêndice A)

4.6.1) Dada a peça a seguir dar o nome dos planos, representando suas épuras ou traços.

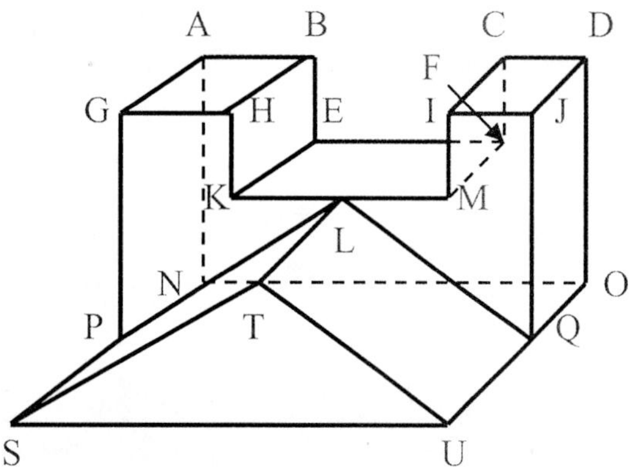

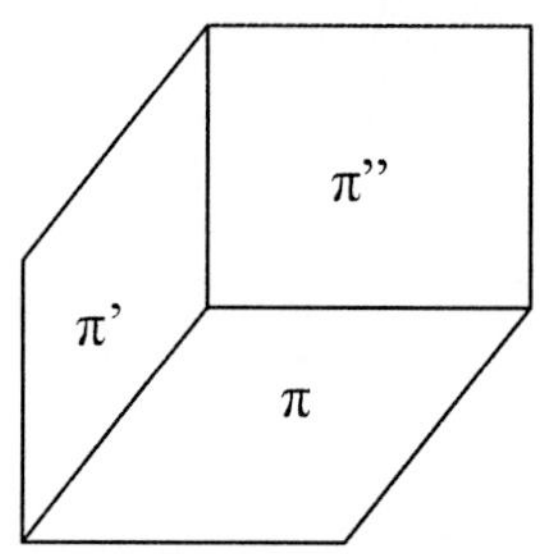

Considere os planos desse modo.

4.6.2) Imagine a interseção de um plano paralelo à Linha de Terra com um plano vertical. a) Qual reta é gerada por esta interseção? b) Faça a épura dos planos e com a reta gerada pela interseção.

4.6.3) Considerando o 1º diedro, tem-se um plano Paralelo à Linha de Terra ou plano em rampa, que forma ângulos de 45º com os planos horizontal π e vertical π'. Esse plano intercepta o plano horizontal π, no afastamento igual a + 15. Esse plano contém três pontos A, B e C, que formam um triângulo equilátero de lado igual a 6. Sabendo que o ponto A tem abscissa +3, o ponto B tem abscissa zero e afastamento + 10 e o ponto C tem abscissa +6 e afastamento +10, pedem-se:

1) Desenhar a visão espacial do plano com o triângulo e as projeções em π, π' e π'', das retas formadas pelos lados.

2) Determinar as coordenadas cartesianas dos três pontos A, B e C.

Capítulo 5

As vistas ortográficas do sistema cilíndrico ortogonal, considerando os 1º e 3º diedros. Exemplos de Desenhos Técnicos Projetivos

A geometria descritiva normalmente utiliza projeções no 1º triedro, ou seja, nos planos π, π' e π'', possibilitando que um objeto ou peça seja visualizado e entendido a partir de três posições ou vistas. Na prática, muitos objetos ou peças têm tal complexidade que apenas estas três vistas não são suficientes para sua representação e entendimento. Para solucionar esta dificuldade surgiu o conceito de imaginar os objetos ou peças dentro do 1º triedro, mas com a adição de mais três planos paralelos a π, π' e π'', formando o hexaedro básico (com seis planos) usado em desenho técnico projetivo e que possibilita a representação gráfica a partir de seis posições, ou melhor, das seis vistas ortográficas.

5.1 Conceito da planificação, a épura, considerando apenas três projeções, no 1º diedro

Visão espacial

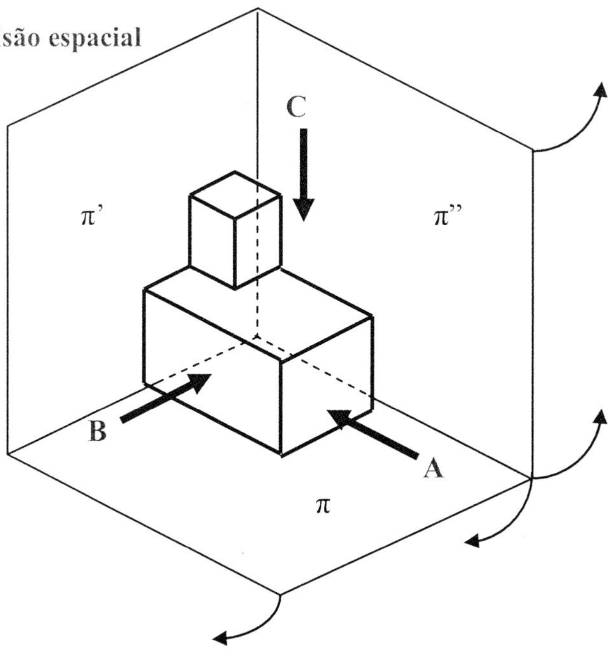

Projeções em π, π' e π''

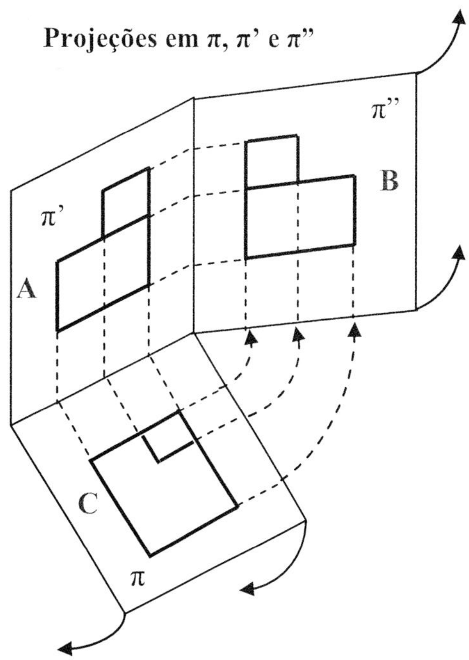

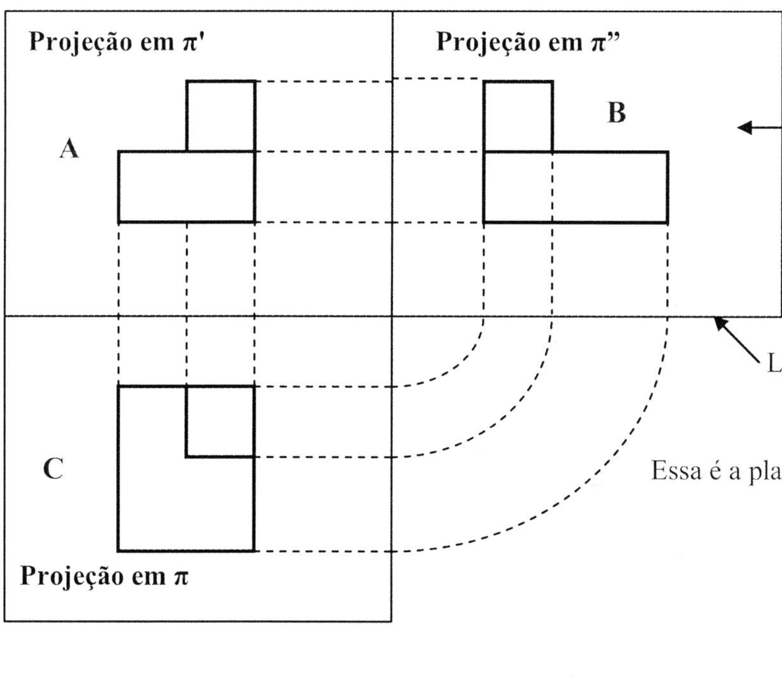

Plano horizontal π gira para baixo, no sentido horário, e o plano de perfil π'' gira para a direita, no sentido anti-horário, deixando a planificação ou épura da forma mostrada.

Linha de Terra.

Essa é a planificação ou épura das projeções.

Na prática, mesmo nos estudos acadêmicos: a Linha de Terra, as linhas que demarcam os limites dos planos e as linhas tracejadas ou de projeções não são representadas. Dessa forma, as três projeções ficam como mostradas a seguir, inclusive com os desenhos das projeções mais próximos.

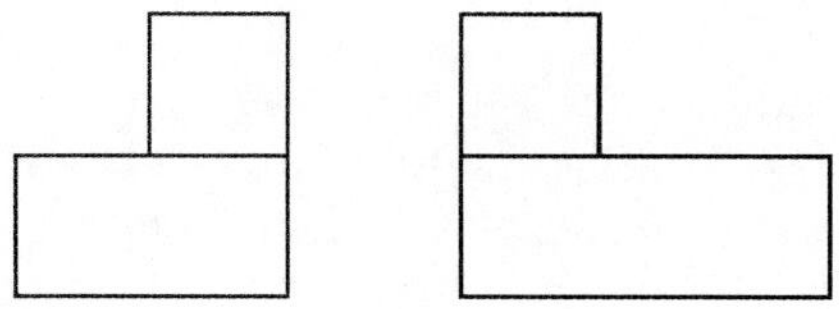

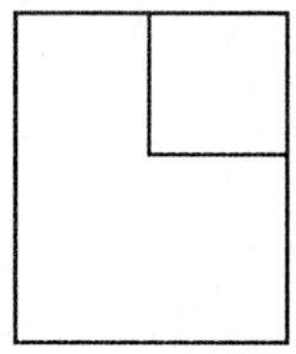

Qualquer pessoa, em qualquer lugar, que saiba interpretar um Desenho Técnico Projetivo, identifica que essas são as três projeções básicas, considerando o objeto no 1° diedro.

5.2 O hexaedro básico (considerando o 1° diedro). Projeções em seis planos

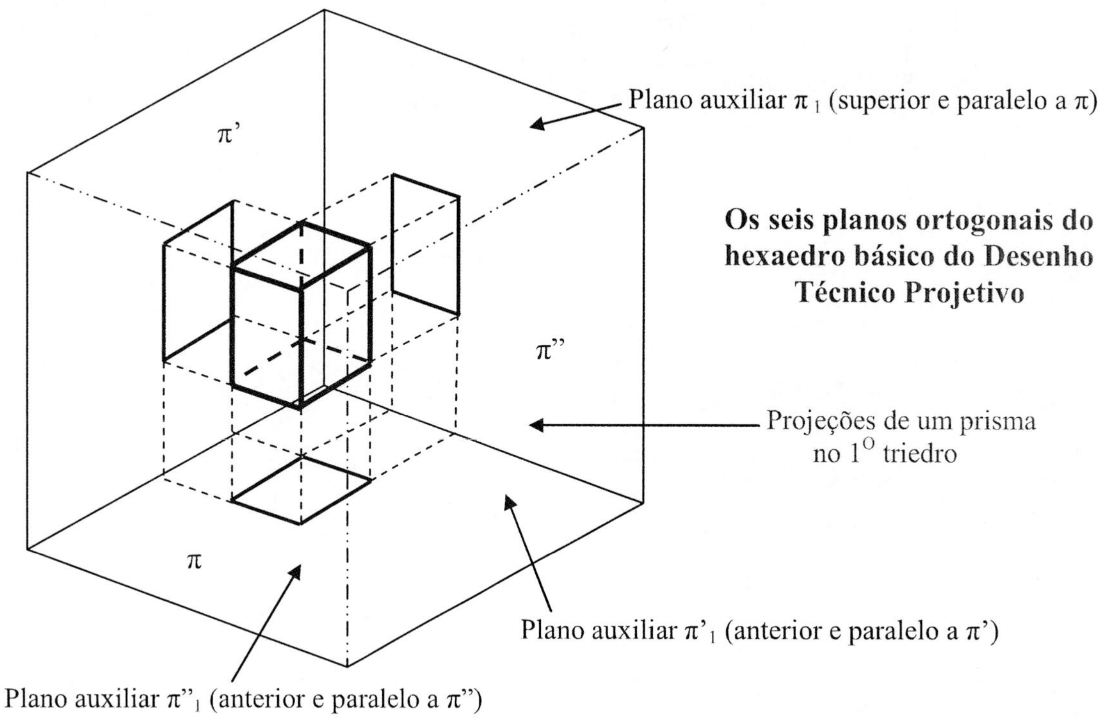

Os seis planos ortogonais do hexaedro básico do Desenho Técnico Projetivo

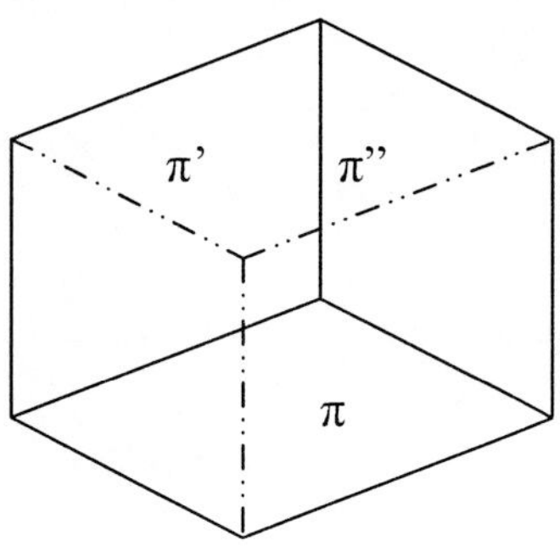

Este é o conceito do hexaedro básico do Desenho Técnico Projetivo, no interior do qual, virtualmente, os objetos ou peças são colocados, permitindo que se tenham as seis projeções que dão origem às seis vistas ortográficas.

O prisma mostrado na visão espacial da figura anterior, tem a sua [epura como mostrada na figura a seguir, ou seja, segundo as projeções nos planos π, π' e π''.

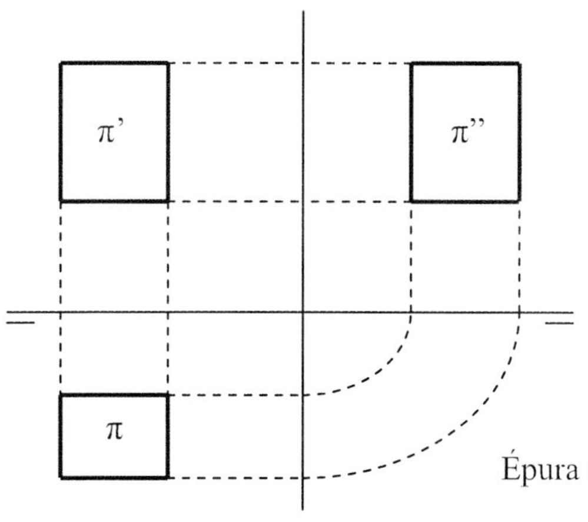

Deve ser lembrado que para se representar uma Épura no 1º triedro, mantém-se o plano vertical π' superior fixo e faz-se a rotação ou rebatimento do plano horizontal anterior π para baixo, no sentido horário, e a do plano de perfil π'' no sentido anti-horário.

Épura de um prisma nos planos π, π' e π''

Como ficam as seis projeções deste prisma, considerando-se o conceito do hexaedro básico do Desenho Técnico Projetivo? Como é feita a rotação dos três planos auxiliares π_1, π π'_1 e π''_1? O parágrafo a seguir mostra como são feitas estas rotações e planificação, obtendo-se uma "nova" épura, agora com as seis projeções.

5.3 A rotação ou rebatimento dos planos do hexaedro básico (considerando o 1º diedro)

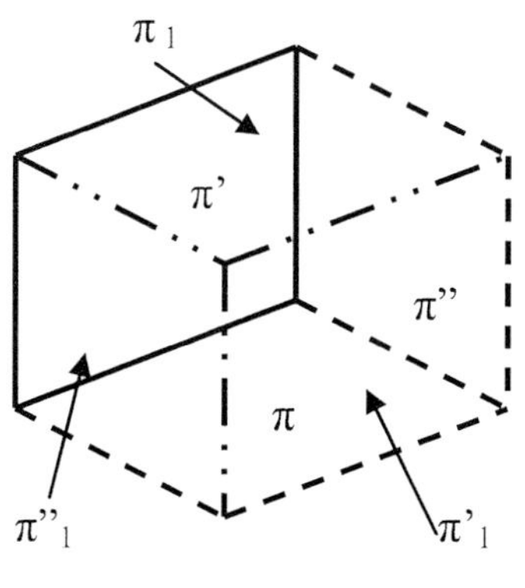

O hexaedro básico no 1º diedro

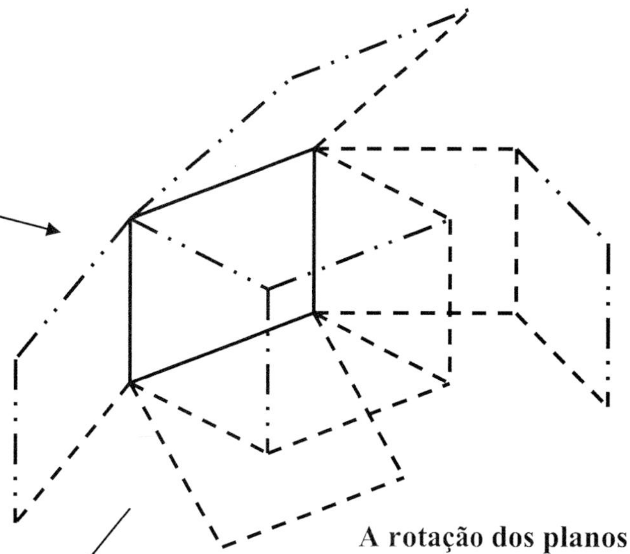

A rotação dos planos

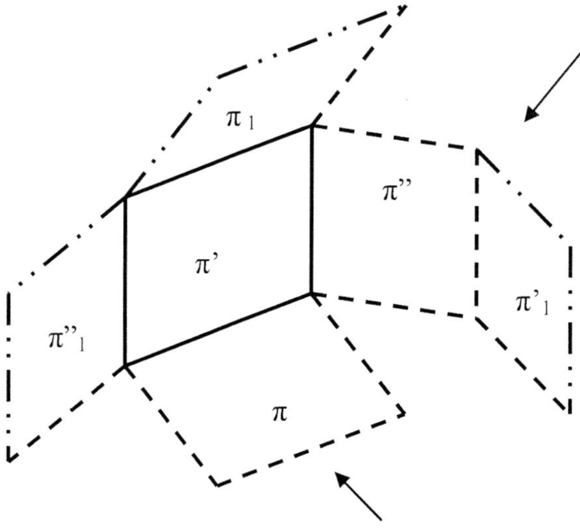

Conceito da planificação do hexaedro básico, considerando-se o 1º diedro

Após a rotação ou rebatimento dos planos do hexaedro básico no 1° diedro, tem-se uma planificação com as seis projeções, como mostradas na figura a seguir.

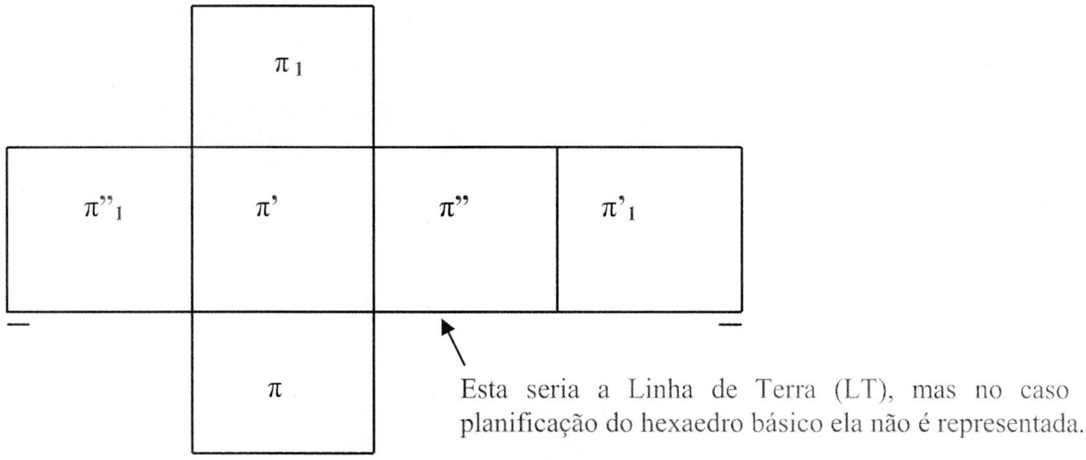

O rebatimento com as seis projeções do hexaedro básico no 1° diedro

Considerando o prisma da figura mostrada em 5.1 as suas seis projeções no 1° diedro são representadas como na figura a seguir.

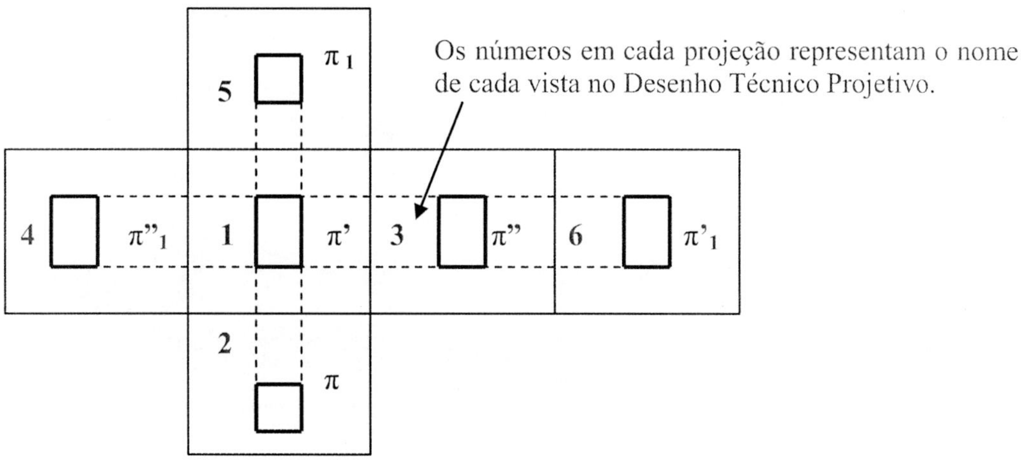

O rebatimento ou planificação das seis projeções do hexaedro básico no 1° diedro

No Desenho Técnico Projetivo estas seis projeções são chamadas e numeradas como vistas ortográficas e recebem os seguintes nomes:

1 – Vista de frente ou frontal ou anterior. (equivalente à projeção em π').
2 – Vista superior ou de cima ou planta. (equivalente à projeção em π).
3 – Vista lateral esquerda ou de perfil. (equivalente à projeção em π'').
4 – Vista lateral direita. (equivalente à projeção em π''_1).
5 – Vista inferior ou de baixo. (equivalente à projeção em π_1).
6 – Vista posterior ou de trás. (equivalente à projeção em π'_1).

Deve ser observado que, devido à forma do rebatimento a vista superior fica embaixo, a Inferior encima, a lateral esquerda fica na direita e a lateral direita fica na esquerda. Na prática do Desenho Técnico Projetivo não são representados os planos, nem as linhas de projeção tracejadas, e as seis vistas ficam como mostradas na figura a seguir.

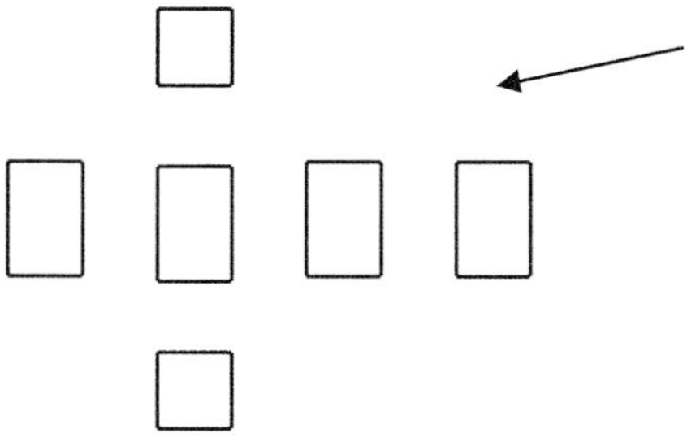

Como as seis vistas ortográficas seguem uma posição conceitual, não há necessidade de se escrever o nome de cada uma.

As seis vistas ortográficas de um prisma de base quadrada no 1° diedro

5.4 Exercícios resolvidos

5.4.1) Fazer as seis vistas ortográficas da peça a seguir (considerando o 1° diedro), em função da face escolhida como vista de frente ou projeção em π':

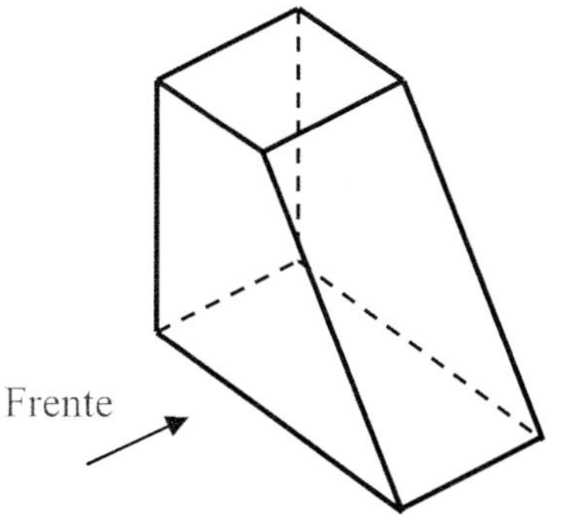

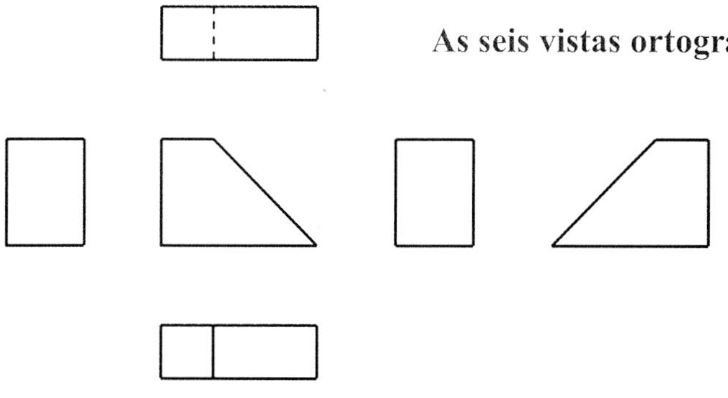

As seis vistas ortográficas de uma peça no 1° diedro

Como a representação gráfica das seis vistas ortográficas no 1° diedro segue um conceito teórico e universal, qualquer profissional que o conheça sabe identificar as vistas, mesmo não sendo descritas, bastando apenas observar a posição de cada vista. A maioria das peças, especialmente na Engenharia Mecânica, são representadas no máximo com as três seguintes vistas: de frente, superior e lateral direita (que vêm das projeções em π, π' e π''), sendo comum apenas o uso de duas destas vistas. Além deste conceito, o Desenho Técnico Projetivo segue uma série de regras e critérios, bem como de especificidades de cada área profissional como, por exemplo, a indicação das medidas das arestas. Por exemplo, peças mecânicas são desenhadas com detalhes diferentes de uma planta baixa da construção civil e arquitetura.

5.4.2) Apenas como um simples exemplo, a figura a seguir mostra as vistas de frente e lateral esquerda de uma peça representada na visão espacial ou tridimensional. Na prática escolhe-se como vista de frente a face da peça que apresenta as maiores dimensões e o maior número de detalhes vistos em verdadeira grandeza e diretamente. Isto evita a representação de muitas linhas tracejadas na vista de frente.

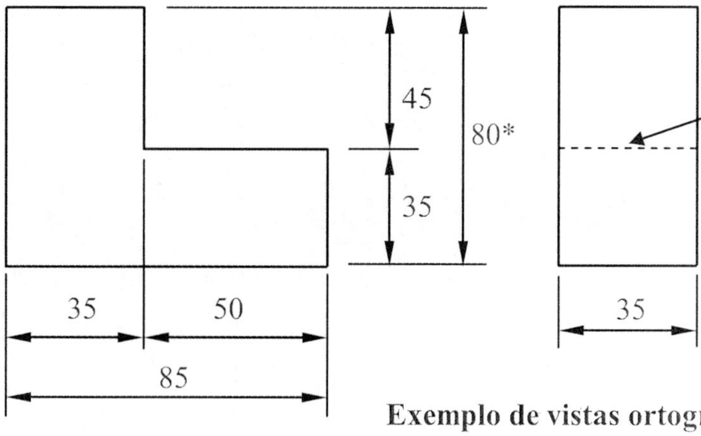

Arestas não visíveis diretamente são representadas com linhas tracejadas.

*As medidas mostradas, são chamadas cotas, e têm toda uma forma de serem representadas, conforme as normas e regras da Associação Brasileira de Normas Técnicas – ABNT.

Exemplo de vistas ortográficas de uma peça simples

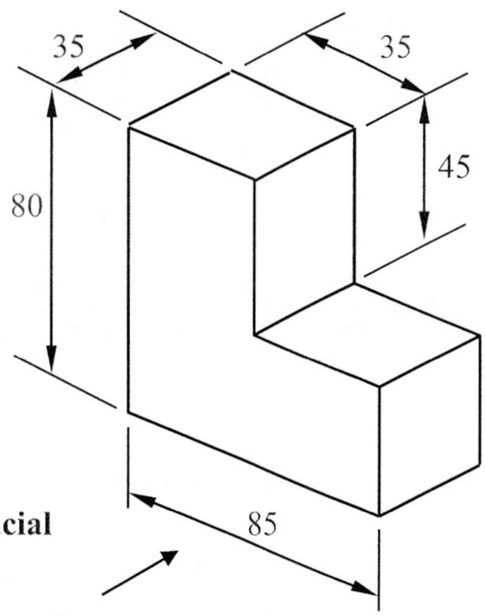

Visão espacial

Frente

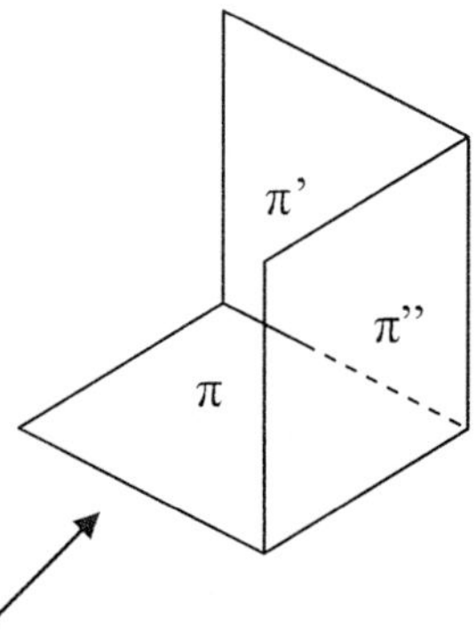

Com esta escolha da vista de frente, a posição equivalente dos planos no 1° triedro fica desta forma.

Esta foi a face escolhida como vista de frente ou a projeção em π'.

5.4.3) Faça as seis vistas ortogonais (sem medidas) das seguintes peças (considerando o 1° diedro)

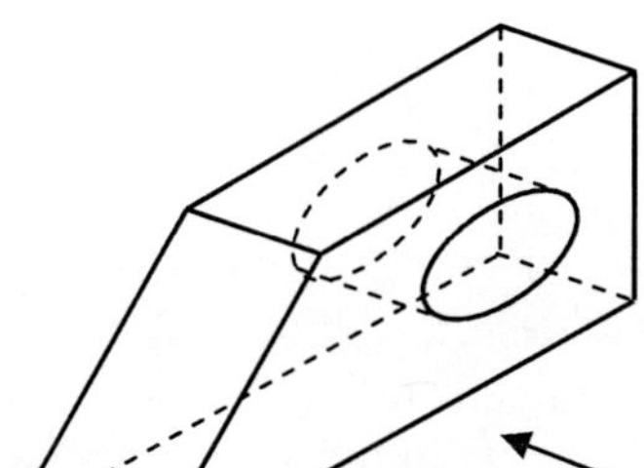

Frente

Peça 1

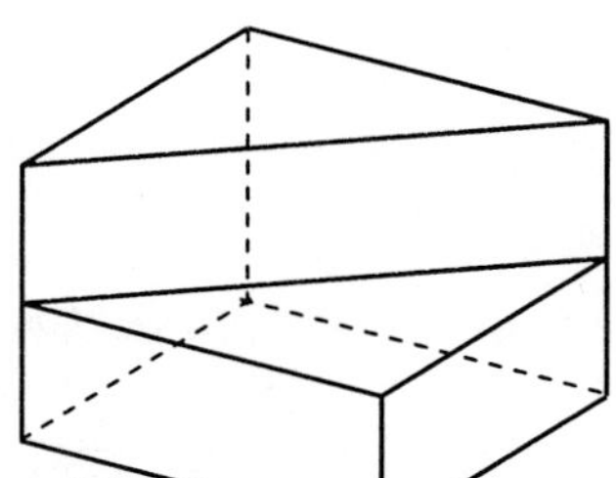

Frente

Peça 2

As seis vistas da Peça 1 (considerando o 1º diedro)

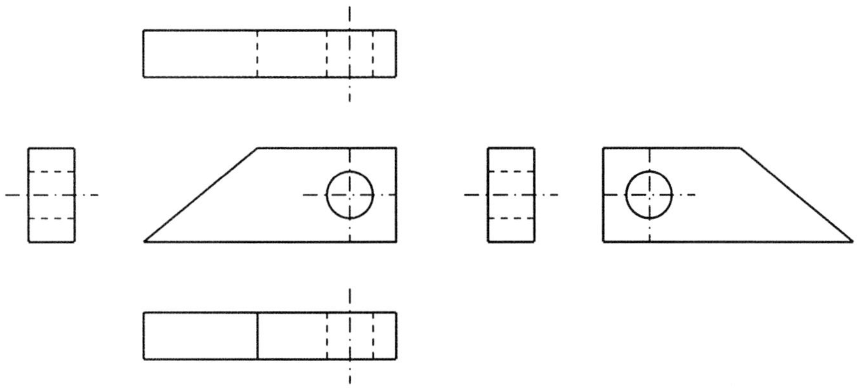

As seis vistas da Peça 2 (considerando o 1º diedro)

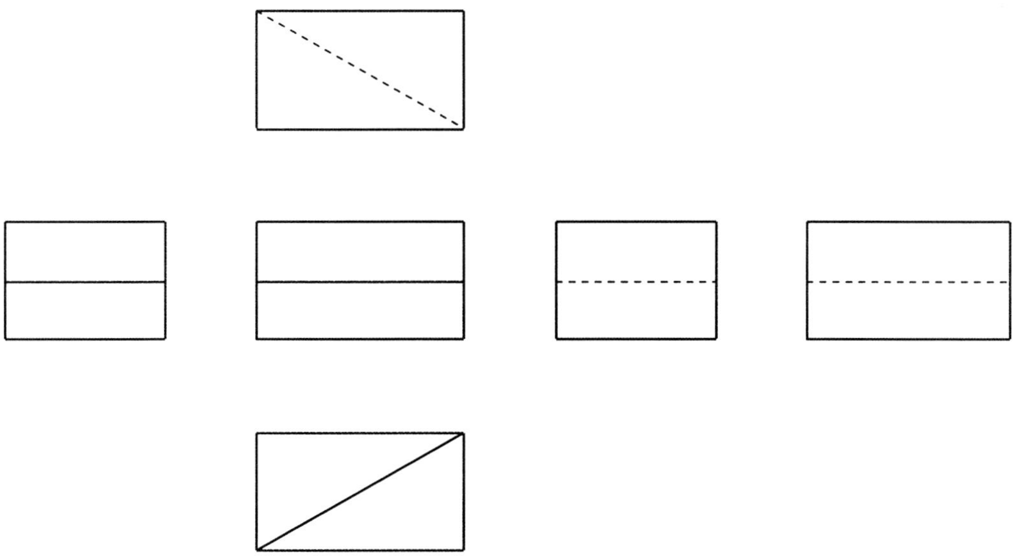

5.5 A rotação ou rebatimento dos planos do hexaedro básico (considerando o 3º diedro)

No Brasil os desenhos técnicos projetivos são feitos considerando-se o objeto ou peça no 1º diedro, mas em alguns outros países, como por exemplo, os EUA, trabalha-se no 3º diedro. Como é normal a importação de máquinas e objetos destes países, é normal que na prática brasileiros tenham que interpretar desenhos feitos no 3º diedro, ou seja, temos que saber também esta particularidade, que é fácil.

As diferenças entre a forma de projetar nos 1º e 3º diedros, está relacionada à forma como se situam o observador, o objeto a ser projetado e o plano de projeção. Os parágrafos e figuras a seguir, mostram as diferenças, tanto com a projeção de um poliedro, quanto com a conceituação teórica. Essas diferenças estão relacionadas, tanto à cultura, quanto à forma de se ver as coisas, ou seja, pontos de vistas diferentes.

5.5.1 O terceiro plano de projeção ou plano de perfil π" (pi duas linhas), considerando o 3º diedro. Exemplo das projeções cilíndricas ortogonais de um poliedro irregular, em π, π' e π"

O plano horizontal π gira, no sentido horário (para cima), o plano vertical π' fica fixo e o plano de perfil π" gira no sentido anti-horário. O plano de perfil π" fica à direita do observador em A.

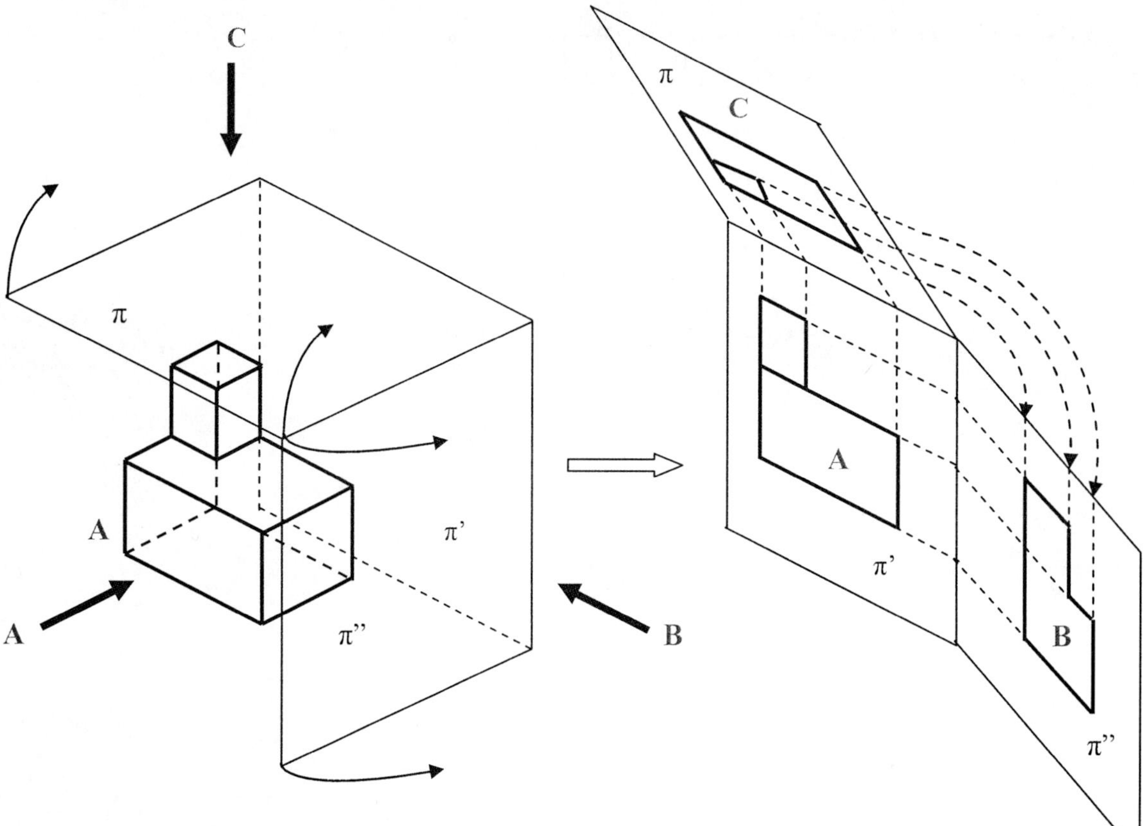

Observa-se que, os planos π e π", estão entre o observador (A, B, C) e o objeto a ser projetado.

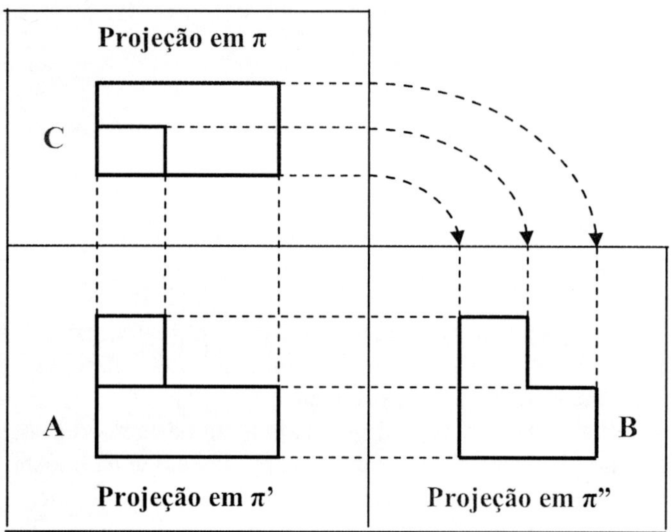

Plano horizontal π gira para cima, no sentido horário, e o plano de perfil π" gira para a direita, no sentido anti-horário, deixando a planificação ou épura da forma mostrada.

5.6 Conceituação teórica das projeções nos 1º e 3º diedros

As diferenças entre a forma de projetar nos 1º e 3º diedros, está relacionada à forma como se situam o observador, o objeto a ser projetado e o plano de projeção. As figuras a seguir, mostram estas diferenças.

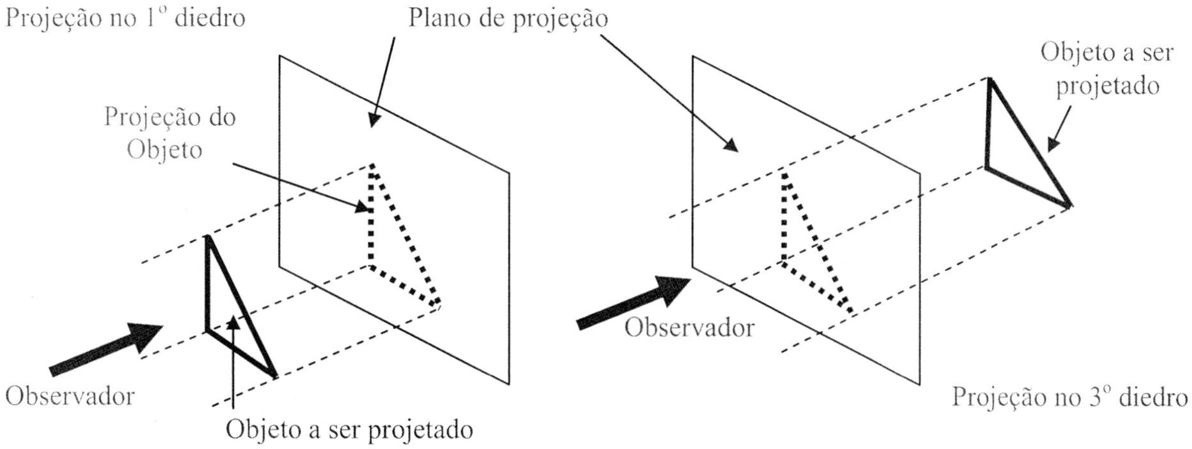

No 1º diedro, o objeto está entre o observador e o plano de projeção. No 3º diedro, a projeção está entre o observador e o plano de projeção.

O hexaedro básico no 3º diedro

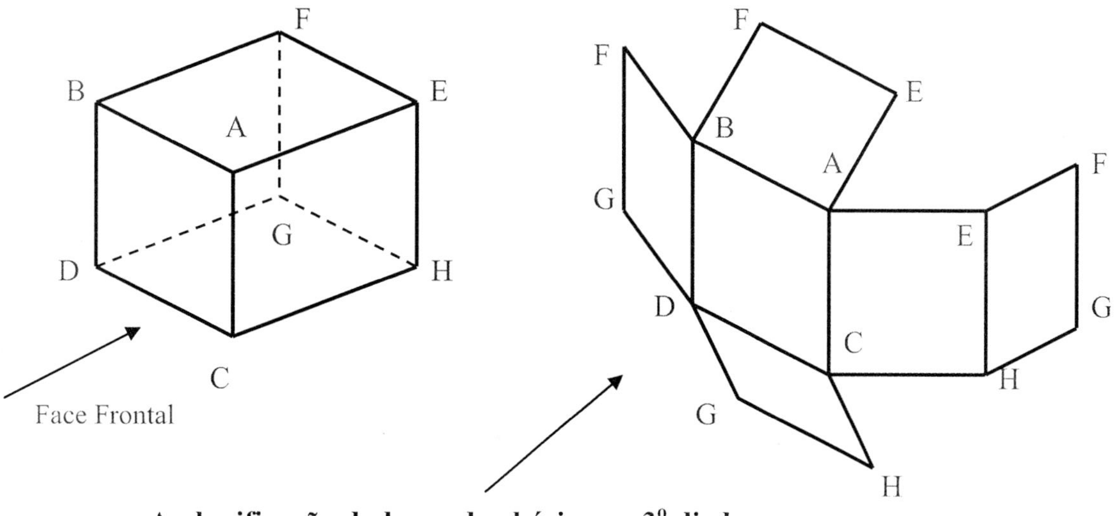

A planificação do hexaedro básico no 3º diedro

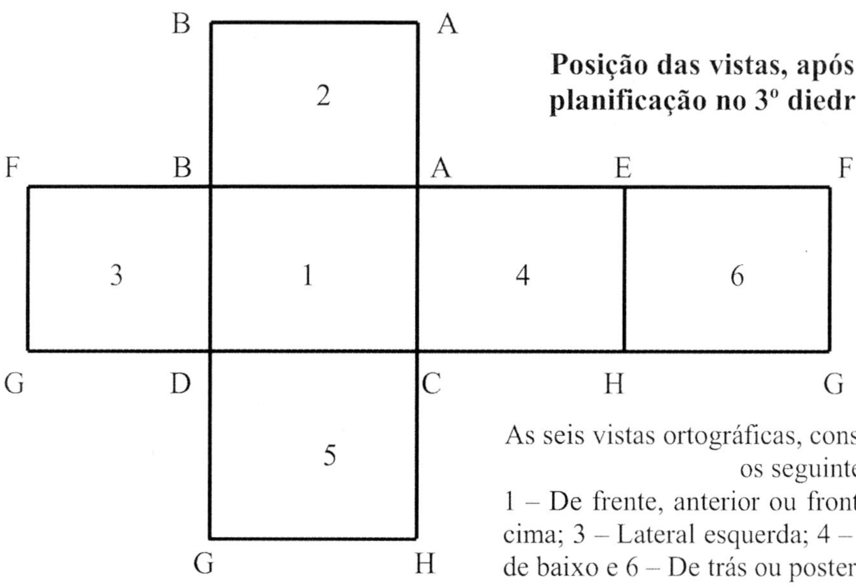

Posição das vistas, após a planificação no 3º diedro.

As seis vistas ortográficas, considerando o 3º diedro, recebem os seguintes nomes:
1 – De frente, anterior ou frontal; 2 – Superior, planta ou de cima; 3 – Lateral esquerda; 4 – Lateral direita; 5 – Inferior ou de baixo e 6 – De trás ou posterior.

5.7 Exercícios complementares resolvidos

5.7.1) Fazer as seis vistas ortográficas da peça a seguir (considerando o 3° diedro):

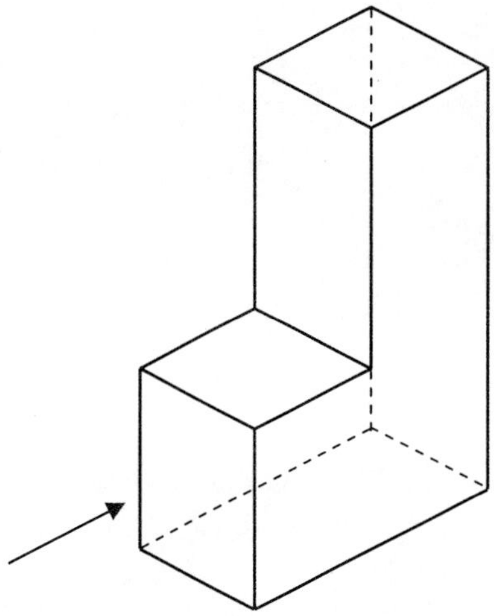

Frontal

Visão espacial

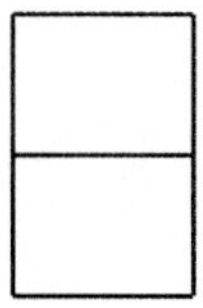

As seis vistas ortográficas considerando o 3° diedro

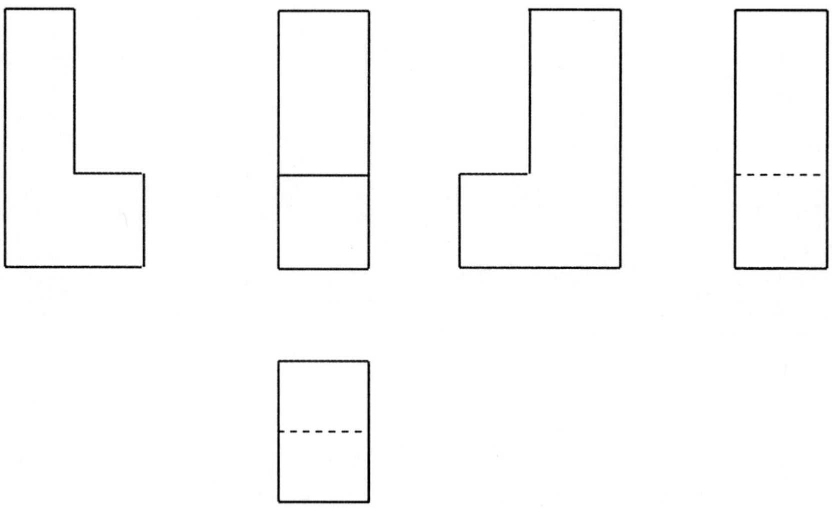

5.7.2) A) Fazer as seis vistas ortográficas do objeto, a seguir, considerando o 3° diedro.

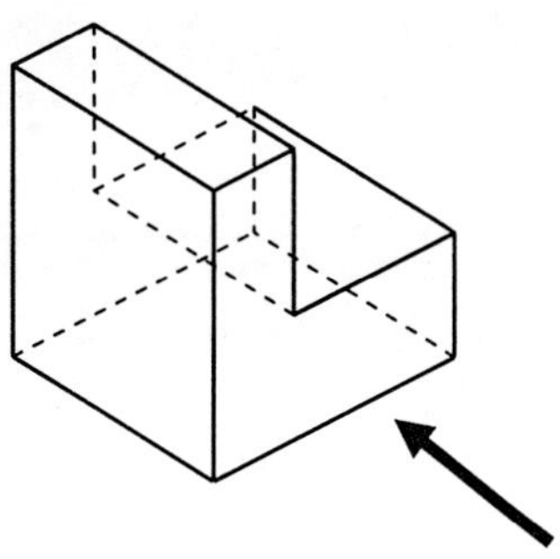

Frente

As seis vistas ortográficas considerando o 3º diedro

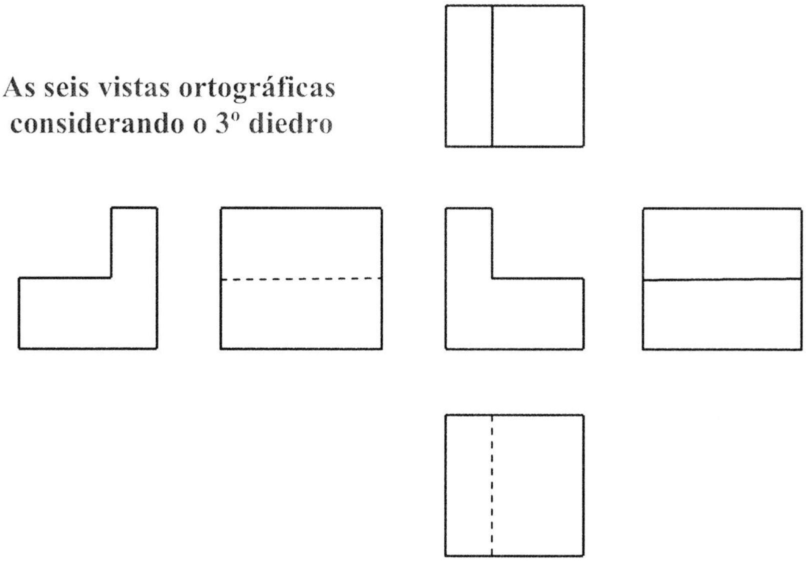

5.8 Exemplos de Desenhos Técnicos Projetivos profissionais reais

Na prática, em especial nas áreas de Arquitetura, Desenho Industrial (*Design*) e Engenharias, as vistas ortográficas, bem como as perspectivas, são utilizadas como Desenhos Técnicos Projetivos que permitem a construção ou fabricação de uma obra ou peça. Os Desenhos Técnicos Projetivos seguem normas técnicas que, no Brasil, são elaboradas pela: Associação Brasileira de Normas Técnicas – ABNT. A seguir são mostrados alguns exemplos de Desenhos Técnicos, elaborados a partir do conceito das vistas ortográficas.

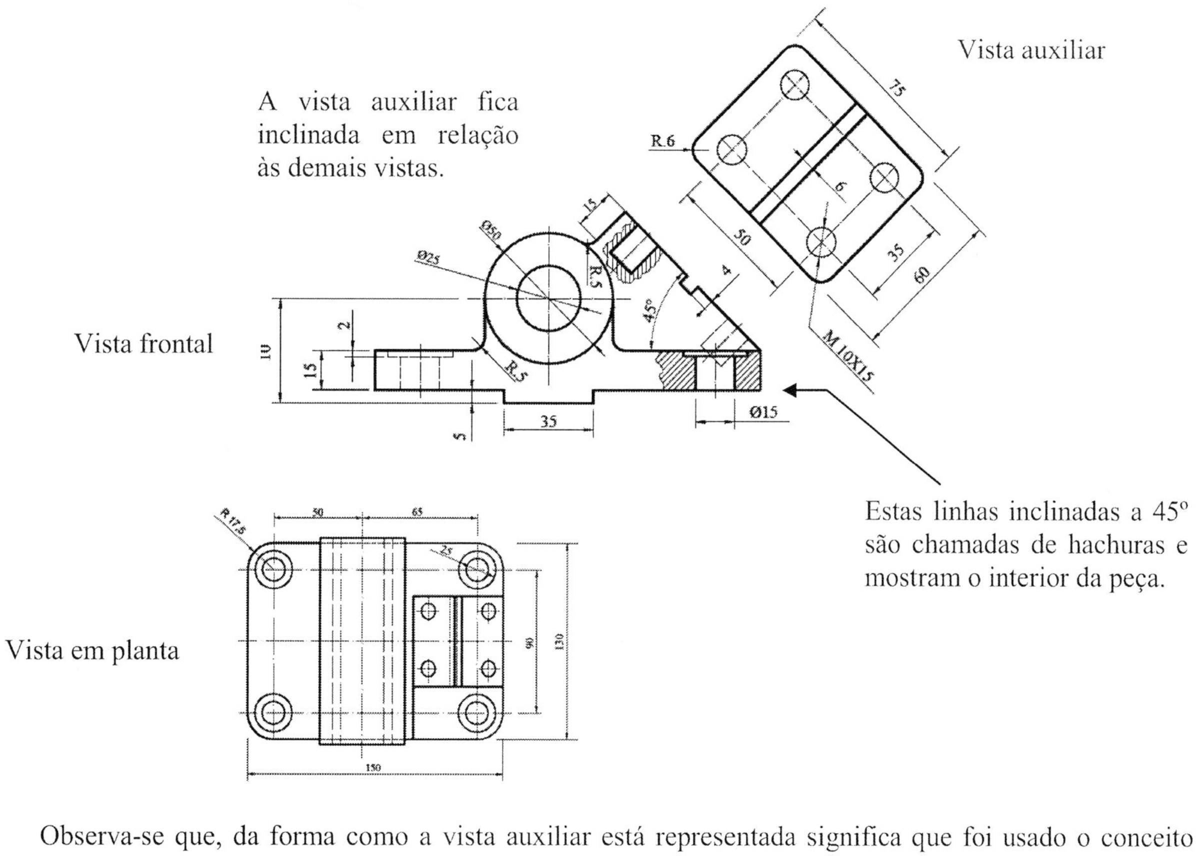

Observa-se que, da forma como a vista auxiliar está representada significa que foi usado o conceito de vista deslocada, já que as vistas de frente e em planta estão segundo o 1º diedro, enquanto a vista auxiliar segue o 3º diedro.

Imagem tridimensional, em perspectiva isométrica

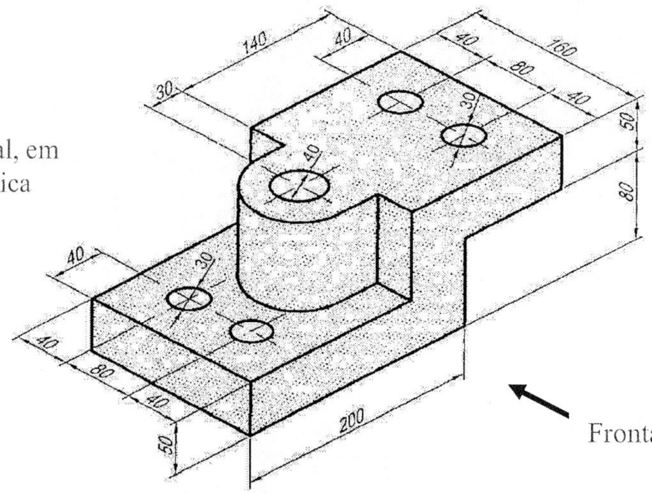

Frontal

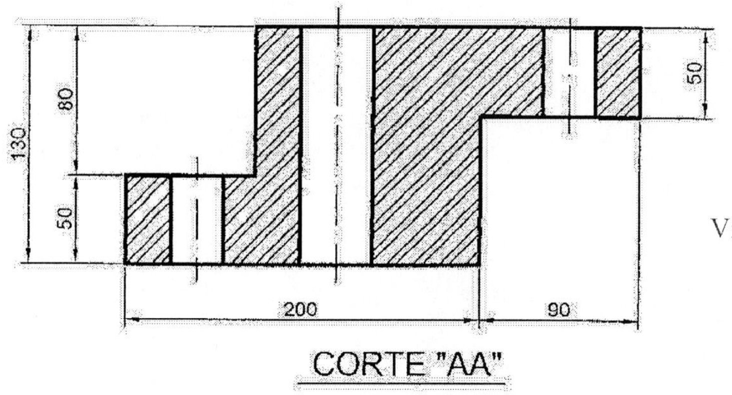

Vista de frente em corte total em desvio

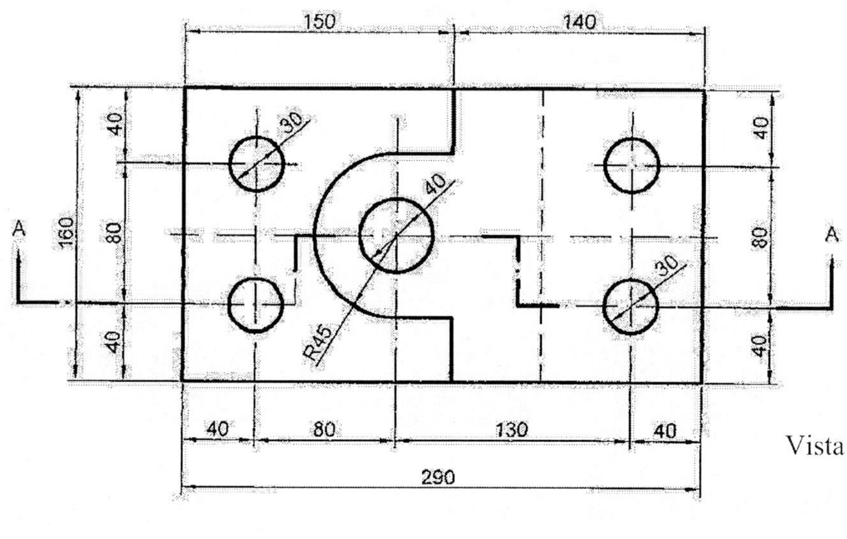

Vista em planta

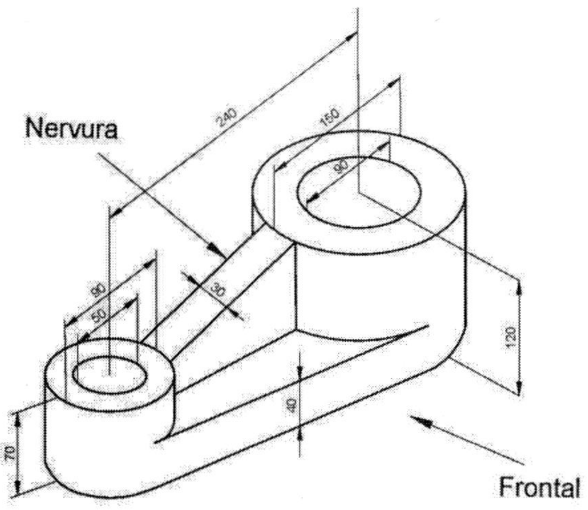

Essa peça só necessita de duas vistas ortográficas. A vista de frente ou frontal é a de maior dimensão, como indicada.
Como é uma peça, relativamente simples, recomenda-se a escala de 1:5, com o desenho no formato A4.
Será feita a vista de frente em corte total e a vista superior ou em planta.
Essa peça é clássica, sendo estudada há décadas, com utilização em sistemas de transmissão de movimentos em máquinas. Pelos dois furos passam eixos.

Apesar do corte passar pelo meio da nervura, por convenção não são representadas as hachuras no corte da mesma.

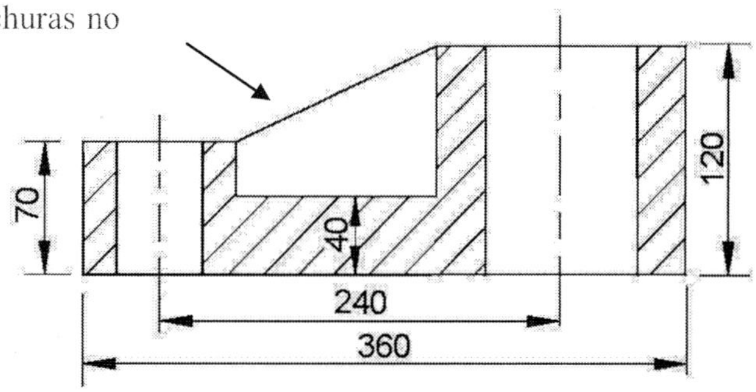

Corte "A - A"

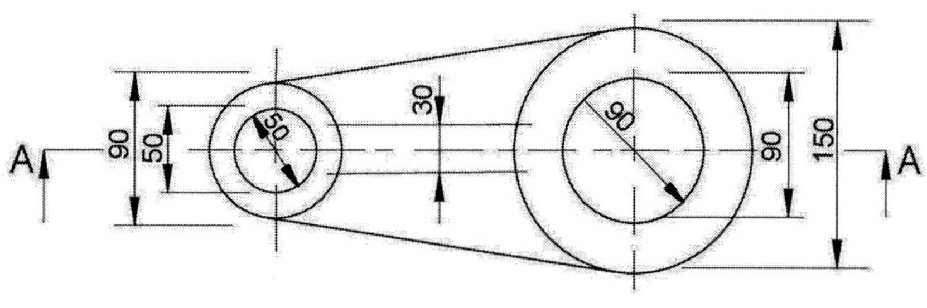

Essa peça, em geral, é fabricada pelo processo de fundição em areia, embora para poucas unidades também possa ser fabricada, em aço, por soldagem e torneamento mecânico. Em 2024, era perfeitamente possível fabricar essa peça usando a impressão tridimensional em aço.

5.9 Exercícios propostos (veja respostas no Apêndice A)

5.9.1) Representar a peça abaixo nas seis vistas ortogonais ou ortográficas, considerando a face indicada como vista de frente: A) No 1º diedro e B) No 3º diedro.

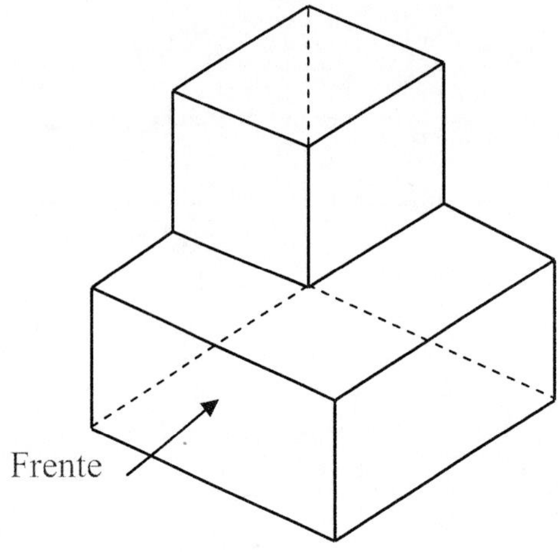

5.9.2) Representar as peças abaixo nas seis vistas ortogonais ou ortográficas, considerando a face indicada como vista de frente. Vistas no 1º diedro.

5.9.2.1)

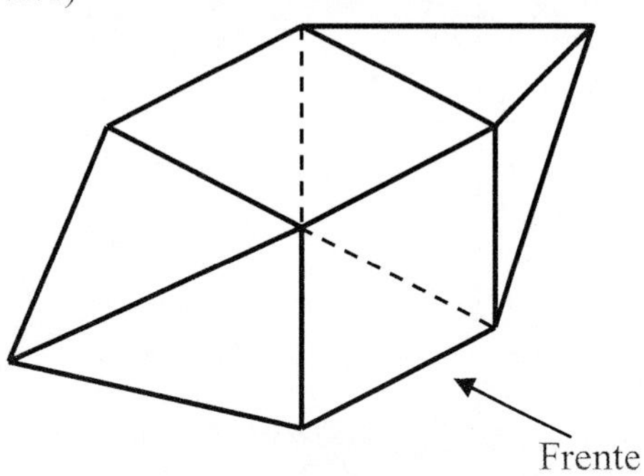

5.9.2.2)

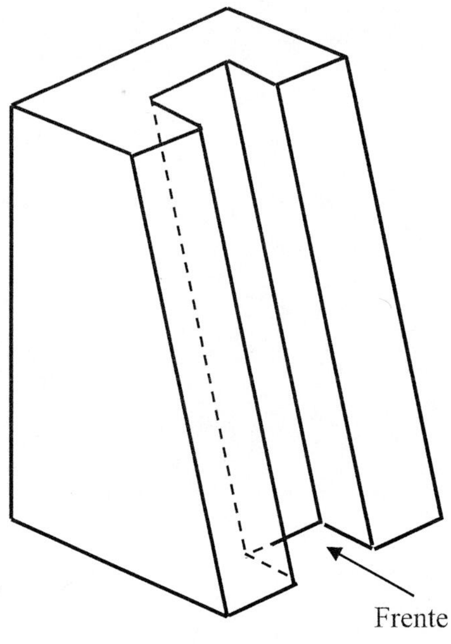

5.10 Desafio

Considerando a perspectiva isométrica a seguir, desenhar as vistas de frente e superior, usando a escala 1:1. Fazer a cotagem das vistas, baseando-se no Apêndice B.

Observa-se que, não se deve repetir a mesma medida, ou melhor, cota em vistas diferentes.

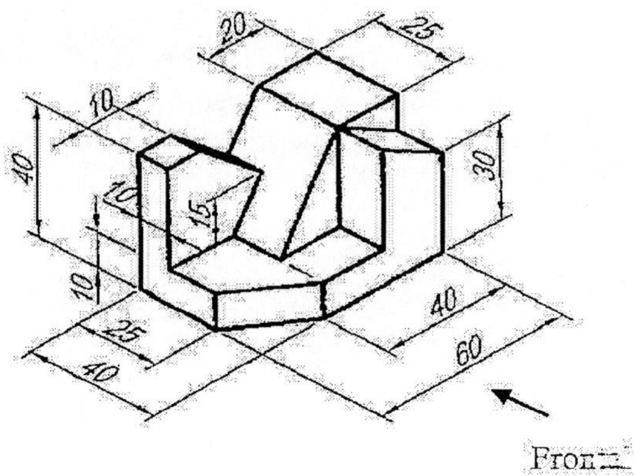

Este desafio está resolvido na página 120, do livro "Desenho Técnico Projetivo Básico", de ABRANTES e GRANADO, publicado em março de 2023.

Apêndice A
Respostas dos exercícios propostos

Capítulo 1: A geometria descritiva e os sistemas projetivos. As perspectivas

1.10.1)

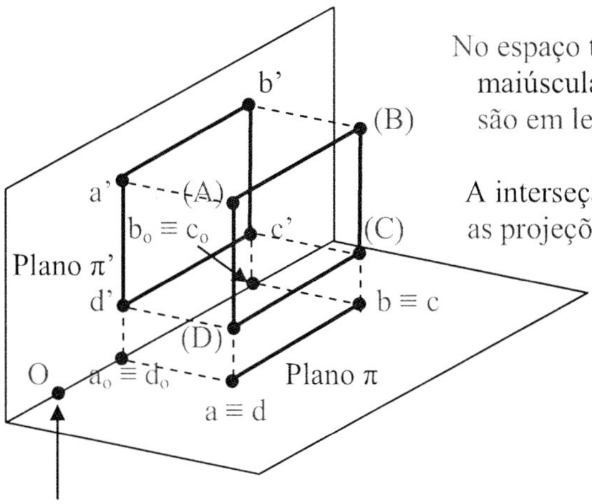

No espaço tridimensional os pontos são escritos em letras maiúsculas entre parênteses. As projeções em π e π' são em letras minúsculas e com a notação do plano.

A interseção entre os planos π e π' gera a linha de terra e as projeções sobre ela recebem o subscrito o minúsculo.

Origem das coordenadas descritivas, definidas no capítulo 2.

1.10.2)

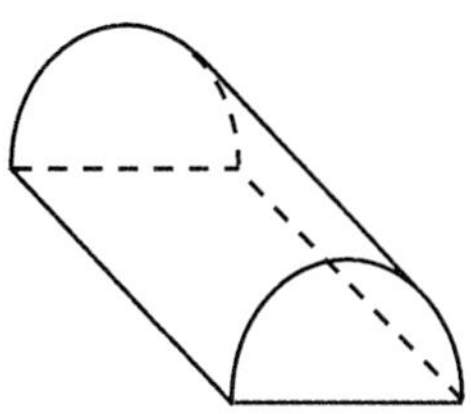

A perspectiva isométrica tem os eixos a 30º

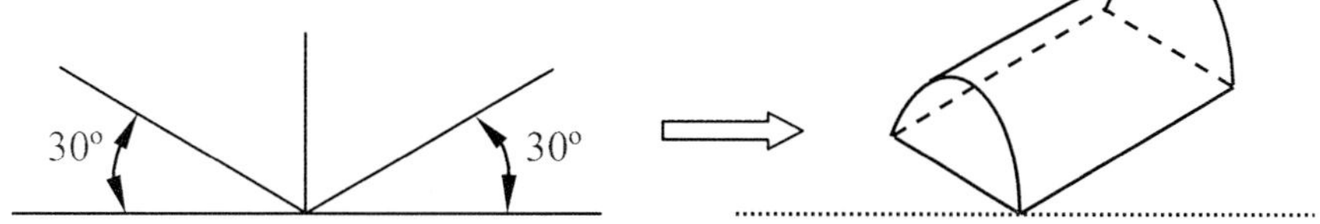

1.10.3)

Problema

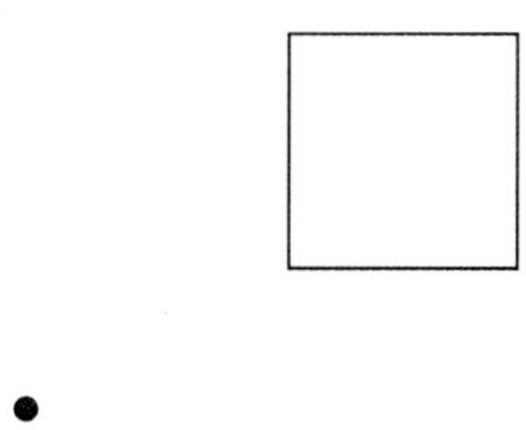

Ponto de fuga

Solução

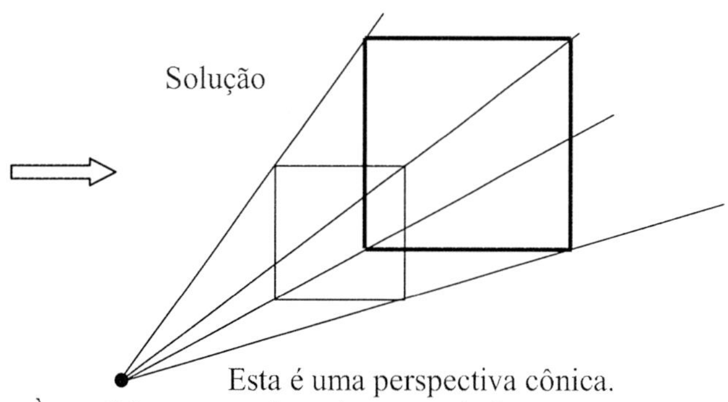

Esta é uma perspectiva cônica.
À medida que se afasta do ponto de fuga, surgem outras.

Capítulo 2 - As coordenadas descritivas, os diedros de projeções e a épura. O estudo do ponto: uma reta é definida por dois pontos

2.5.1) Considere os pontos (A)(+2;+5;+3) e (B)(-2;-5;-3), considere os 4 diedros e: a) Faça suas representações espaciais; b) Una os pontos e interprete o que acontece; c) Faça a épura dos pontos.

a) e b) Representação espacial, união dos pontos e interpretação:

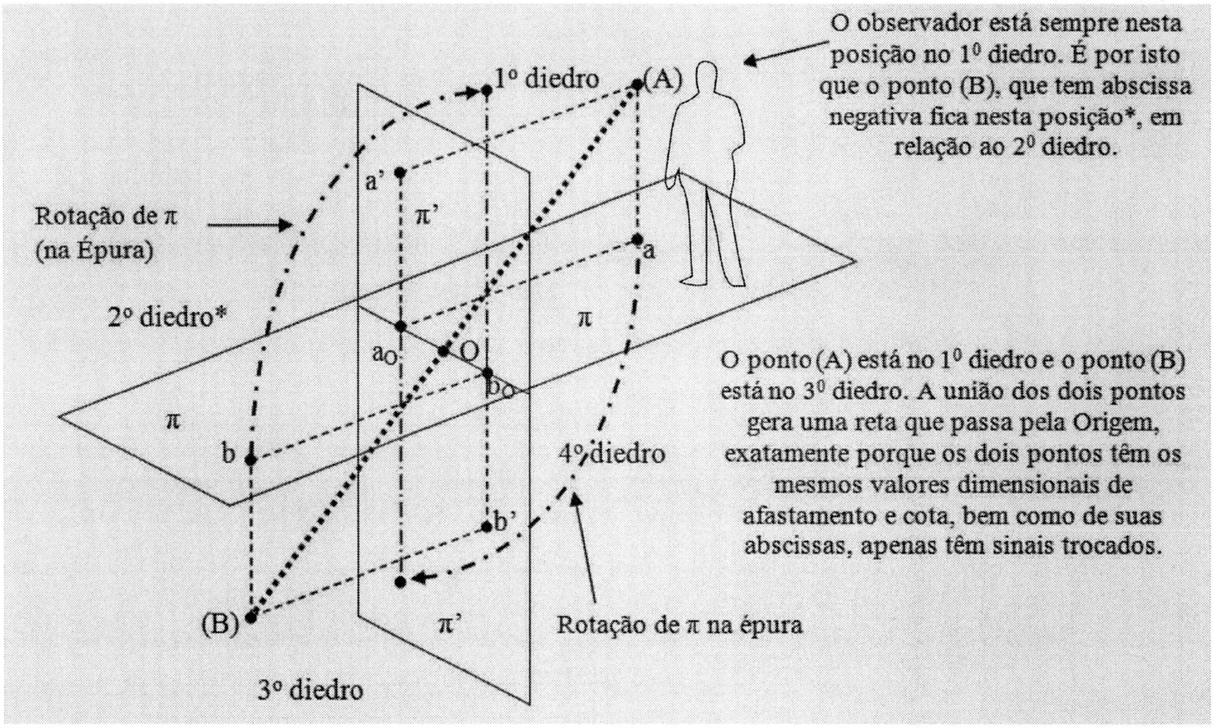

c) Épura dos pontos:

Apesar de, à primeira vista, parecer "estranho" esta é a épura dos pontos. Isto aconteceu porque os pontos estão em diedros opostos, ou seja: 1º e 3º diedros.

Se o leitor observar a representação espacial e imaginar o plano π "subindo" no 3º diedro, onde está o ponto (B) e o plano π "descendo" no 1º diedro, onde está o ponto (A), consegue perceber porque a épura fica desta forma.

Ao unir os pontos, tem-se a reta AB, que é inclinada em relação aos planos π e π' e passando pela origem O.

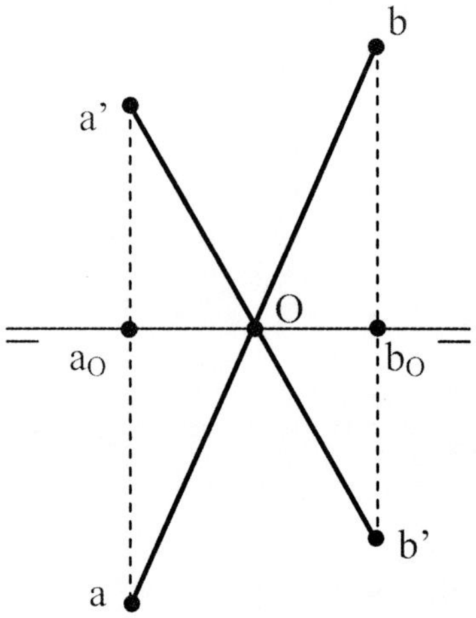

2.5.2) Considere os pontos (A)(+5;+5;+5), (B)(+2;+5;+2) e (C)(+2;+2;+2), faça suas representações espaciais e épuras. Una os pontos e interprete o que ocorre.

Unindo-se os três pontos observa-se que formam um triângulo retângulo.

Visão espacial

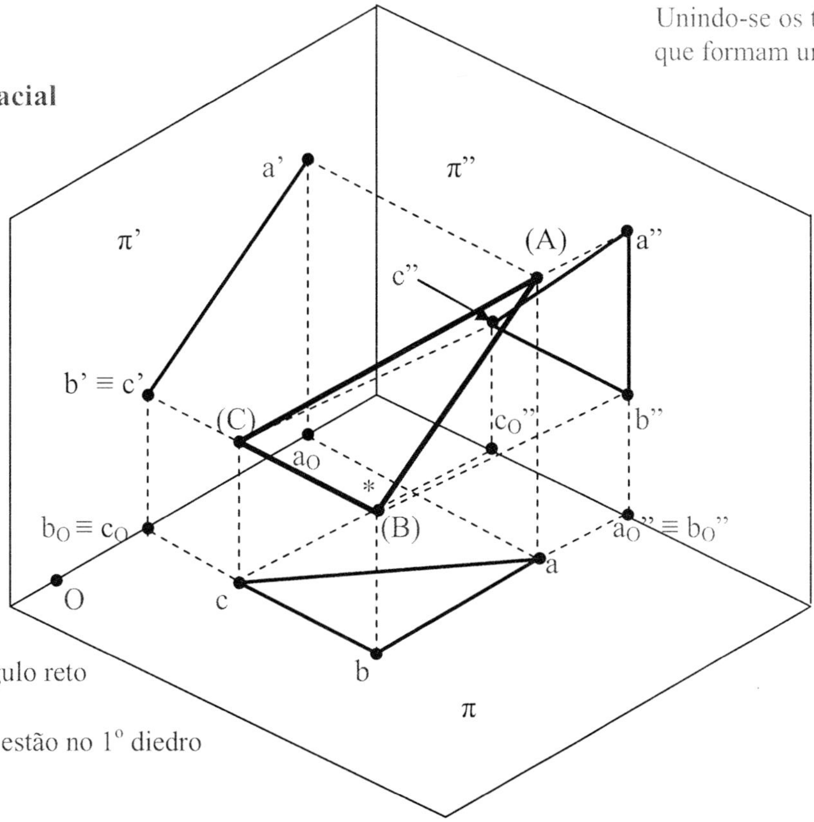

*Este é o ângulo reto

Os três pontos estão no 1° diedro

Épura

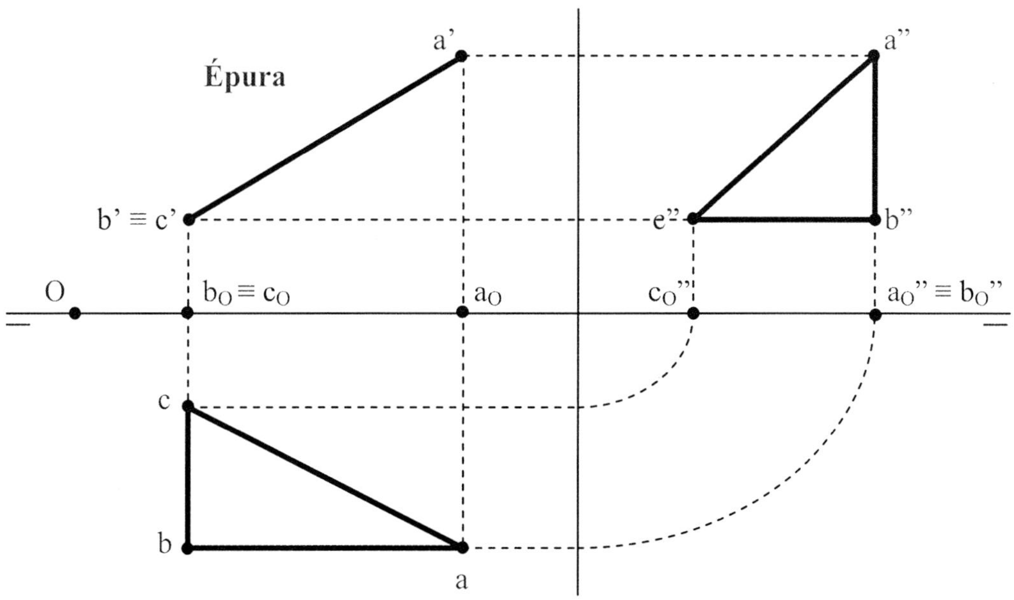

Capítulo 3: Estudo das retas. Classificações, traços e posições no espaço

Considere o sólido e os dados a seguir e resolva os exercícios propostos.

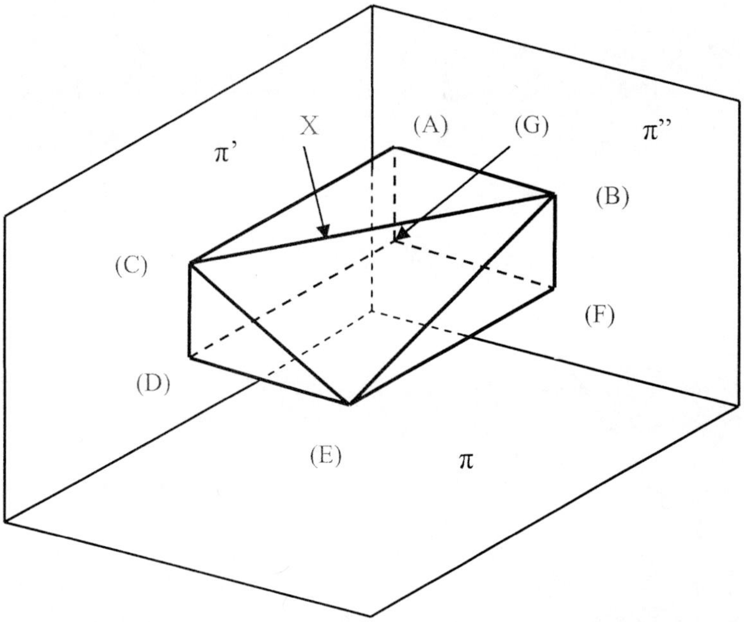

Dados: (A)(+6;+2;+4); AB = 3,
AC = 4, CD = 2AB = DE
AG = BF = CD
AC = DG = EF

3.6.1) Dê os nomes de cada uma das 12 retas (observe que existem retas semelhantes).

As retas AC, DG e EF são tipo fronto horizontal; As retas AB, FG e DE são tipo de topo; As retas CD, AG e BF são do tipo vertical; A reta BC é tipo horizontal; A reta CE é tipo de perfil; A reta BE é tipo frontal

3.6.2) Dê as coordenadas cartesianas de cada um dos sete (7) vértices (A,B,C,D,E,F,G).

A partir das coordenadas do ponto (A)(+6;+2;+4) e considerando as dimensões informadas de cada aresta do sólido, cada ponto é definido a partir de somas e ou subtrações.

Ponto (B): a abscissa é igual a do ponto (A), ou seja, igual a +6. O afastamento é igual ao de (A) mais o valor da aresta AB, ou seja, igual a +5. A cota é igual a de (A), ou seja, igual a +4. Portanto temos: (B)(+6;+5;+4).

Ponto (C): a abscissa é igual a do ponto (A) menos o valor da aresta AC, ou seja, igual a +2. O afastamento é igual ao de (A), ou seja, igual a +2. A cota é igual a de (A), ou seja, igual a +4. Portanto temos: (C)(+2;+2;+4).

Ponto (D): a abscissa é igual a do ponto (A) menos o valor da aresta AC, ou seja, igual a +2. O afastamento é igual ao de (A), ou seja, igual a +2. A cota é igual a de (A), ou seja, igual a +4. Portanto temos: (C)(+2;+2;+2).

Ponto (E): a abscissa é igual a do ponto (A) menos o valor da aresta AC, ou seja, igual a +2. O afastamento é igual ao de (A), ou seja, igual a +2. A cota é igual a de (A), ou seja, igual a +4. Portanto temos: (C)(+2;+5;+2).

Ponto (F): a abscissa é igual a do ponto (A) menos o valor da aresta AC, ou seja, igual a +2. O afastamento é igual ao de (A), ou seja, igual a +2. A cota é igual a de (A), ou seja, igual a +4. Portanto temos: (C)(+6;+5;+2).

Ponto (G): a abscissa é igual a do ponto (A) menos o valor da aresta AC, ou seja, igual a +2. O afastamento é igual ao de (A), ou seja, igual a +2. A cota é igual a de (A), ou seja, igual a +4. Portanto temos: (C)(+6;+2;+2).

3.6.3) Faça a épura da reta BF, considerando o 1º triedro.

Reta BF no 1º triedro: (B)(+6;+5;+4), (F)(+6;+5;+2) (É uma reta vertical)

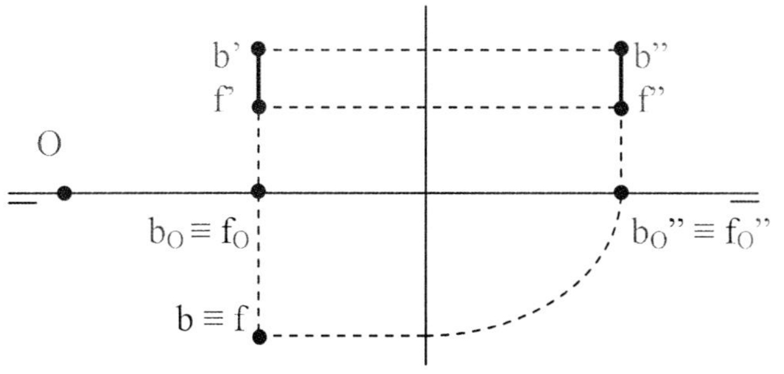

3.6.4) Determine os traços da reta CE e as coordenadas cartesianas destes traços.

Reta de perfil CE: (C)(+2;+2;+4), (E)(+2;+5;+2).

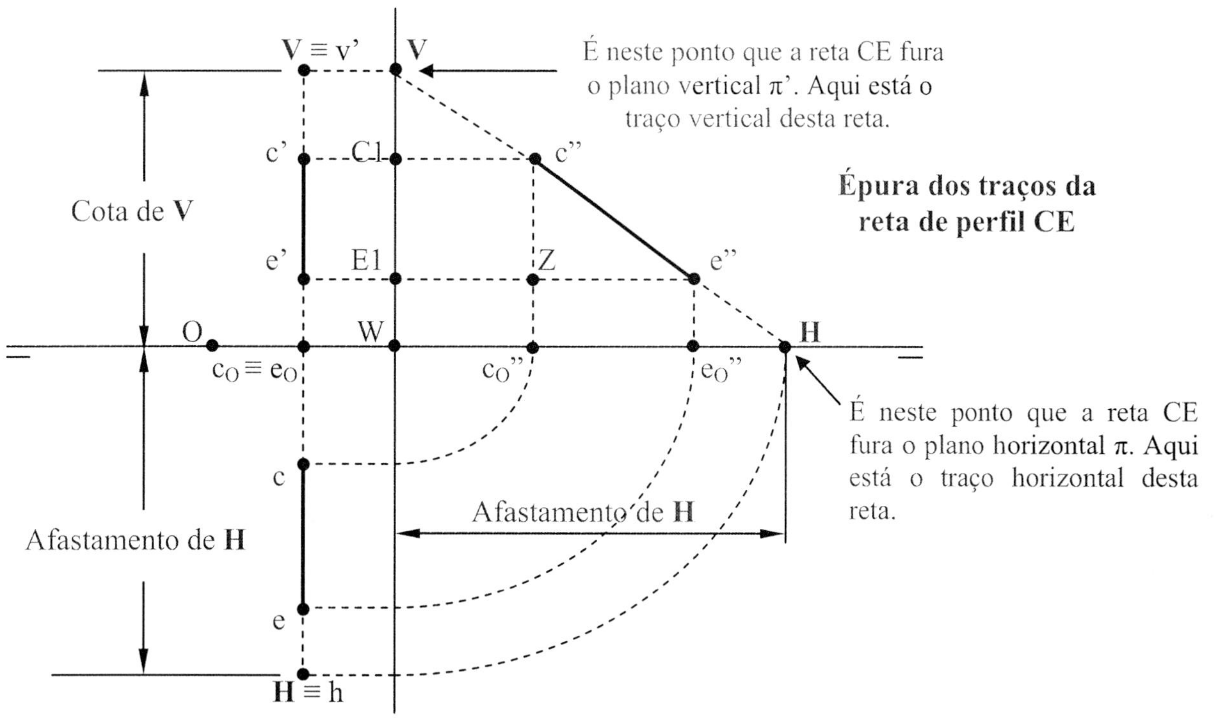

A dimensão WV é a cota do traço vertical V e a dimensão WH é o afastamento do traço horizontal H. O cálculo destas dimensões é feito pela análise da semelhança entre os triângulos a seguir detalhados.

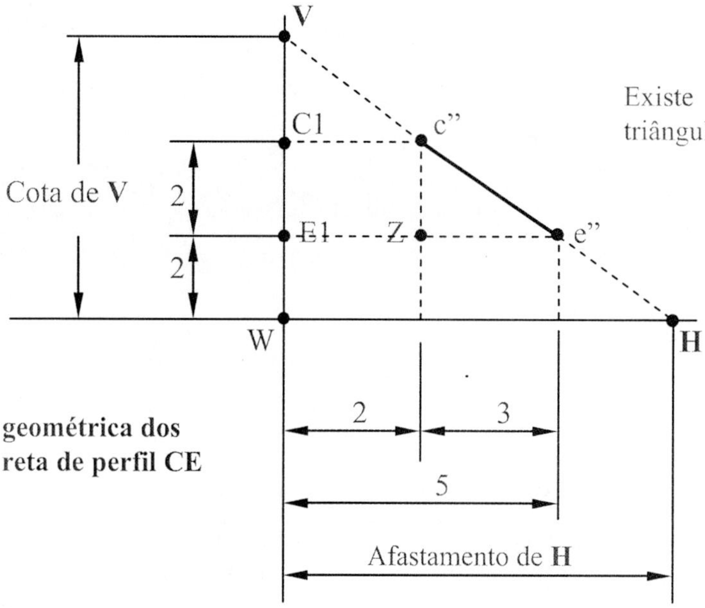

Existe semelhança entre os seguintes triângulos: **HWV**, e''Zc'', e''E1**V** e c''C1**V**.

Análise geométrica dos traços da reta de perfil CE

Da semelhança entre os triângulos e''Zc'' e e''E1**V** temos: e''Z/ e''E1 = Zc''/E1**V**, o que significa que: 3/5 = 2/E1**V**; portanto: E1**V** = (2 x 5)/3 ou E1**V** = 10/3.
E1**V** + 2 = cota de **V** = (10/3) + 2. A cota de **V** é igual a +16/3 (~ 5,33).

Da semelhança entre os triângulos **HWV** e e''Zc'' temos: **H**W/e''Z = W**V**/Zc'', o que significa que: **H**W/3 = (16/3)/2; portanto **H**W = (3 x 16/3) / 2 ou **H**W = 8. O afastamento de H é igual a +8.
As coordenadas cartesianas de **H** e **V** são: (**H**)(+2;+8;0) e (**V**)(+2;0;16/3).

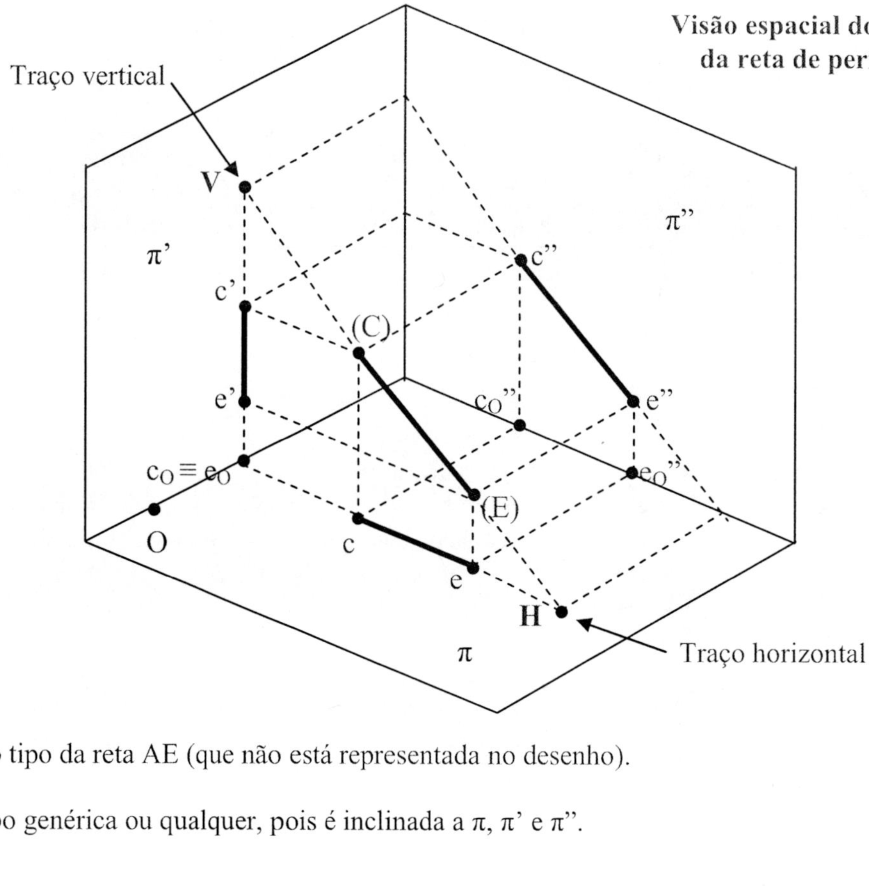

Visão espacial dos traços da reta de perfil CE

3.6.5) Defina o tipo da reta AE (que não está representada no desenho).

A reta AE é tipo genérica ou qualquer, pois é inclinada a π, π' e π''.

3.6.6) Sobre a reta BC determine um ponto X qualquer, pertencente à reta, informando suas coordenadas descritivas.

A reta BC é tipo horizontal com (B)(+6;+5;+4) e (C)(+2;+2;+4).

Primeiro se faz a épura, para depois determinar o ponto X. Supõe-se que o ponto X tem abscissa de + 4.

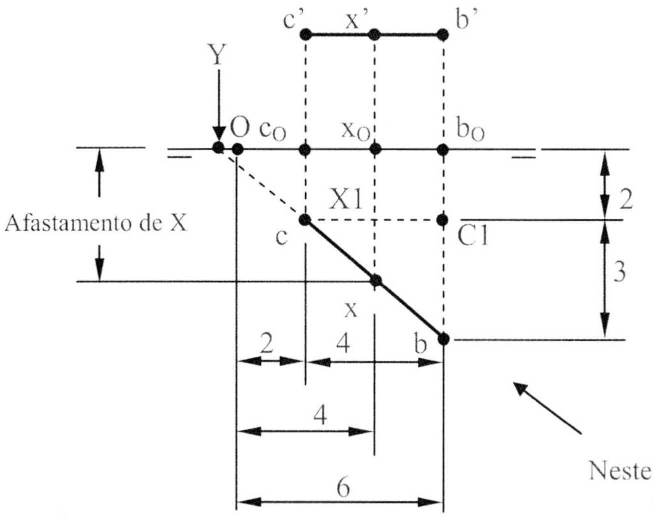

Uma vez definida a abscissa de X = +4 e sabendo que a cota é igual a +4, pois é uma reta horizontal, o problema se resume a calcular o afastamento de X, a partir da semelhança dos triângulos: Yx_Ox e cC1b.

Neste caso a análise geométrica é feita na própria épura.

x_Ox/C1b = Ox_O/cC1, ou seja: $x_Ox/3 = 4/4$, portanto: $x_Ox = 3(4/4)$ ou $x_Ox = 3$

As coordenadas cartesianas do ponto X, pertencente à reta BC, são: (X)(+4;+3;+4).

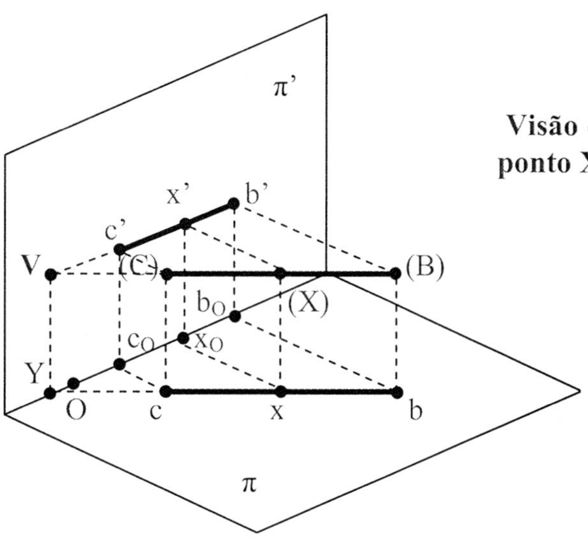

Visão espacial da reta BC e o ponto X pertencente à mesma.

3.6.7) Matematicamente calcule os comprimentos das retas BC, BE e CE.

Uma vez já calculadas as coordenadas cartesianas de todos os pontos, basta reproduzir a visão espacial do objeto, determinando os valores dos comprimentos das arestas e observando que as retas pedidas são hipotenusas de triângulos retângulos, portanto calculadas pelo Teorema de Pitágoras.

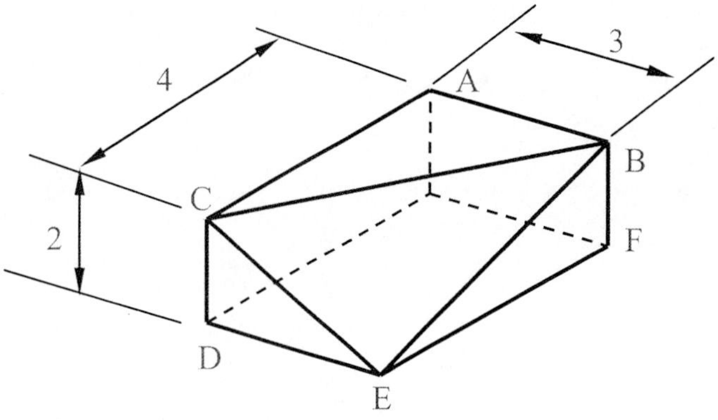

$(BC)^2 = (AB)^2 + (AC)^2$; $(BE)^2 = (BF)^2 + (EF)^2$; $(CE)^2 = (CD)^2 + (DE)^2$.

$BC = 5$; $BE = \sqrt{20}$ (~ 4,47); $CE = \sqrt{13}$ (~ 3,60)

3.6.8) Dados os pontos A(-3,5; +1; -1) e B(-1,7; +3,5; -5) pedem-se: a) Desenhar a épura, sem considerar o plano de perfil π", mostrando os traços horizontal **H** e vertical **V**, caso existam. b) Determinar as coordenadas cartesianas dos traços, indicando os diedros onde ocorrem.

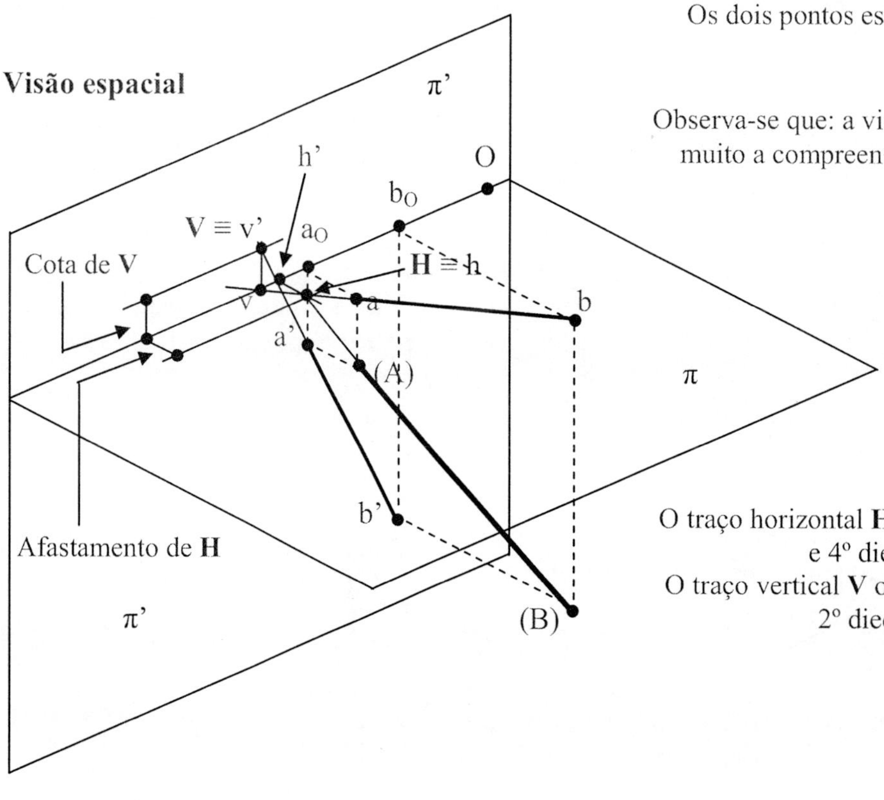

Os dois pontos estão no 4º diedro.

Observa-se que: a visão espacial facilita muito a compreensão do problema.

O traço horizontal **H** ocorre entre os 1º e 4º diedros.
O traço vertical **V** ocorre entre os 1º e 2º diedros.

Do triângulo a'b'e: tg α = a'e/b'e = 1,8/4 => tg α = 0,45.

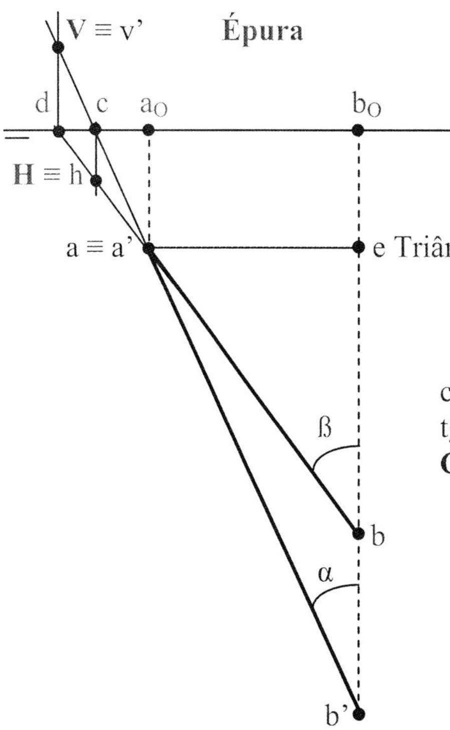

Da semelhança dos triângulos b'$b_o a_o$ e b'ea' tem-se:

$\frac{b_oc}{ea'} = \frac{b_ob'}{eb'} \Rightarrow b_oc = \frac{ea' \times b_ob'}{eb'} = \frac{1,8 \times 5}{4} = 2,25.$

Abscissa de **H** = |Abscissa de B| + |b_oc| =
= 1,7 + 2,25 => **Abscissa de H = -3,95**.

Triângulo bea: tg ß = ae/be = 1,8/2,5 => tg ß = 0,72.
Triângulo bb$_o$d: tg ß = b_od/b_ob => b_od = b_ob x tg ß = 3,5 x 0,72 =>
b_od = 2,52. |Abscissa de V| = b_od + |Abscissa de B| =
= 2,52 + 1,7 => **Abscissa de V = -4,22**.

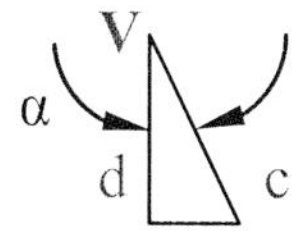

cd = b_od - b_oc = 2,52 - 2,25 => cd = 0,27.
tg α = cd/**V**d => **V**d = cd/ tg α = 0,27/0,45 = 0,6.
Cota de V = +0,6.

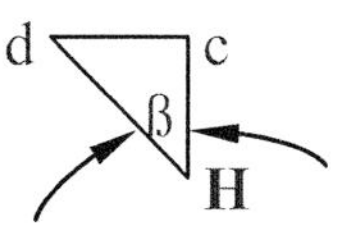

tg ß = cd/c**H** => c**H** = cd/ tg ß = 0,27/0,72 =
= 0,375 => **Afastamento de H = +0,375**.

b) Coordenadas cartesianas dos traços: H(-3,95; +0,375; 0) e V(-4,22; 0; +0,6).

Capítulo 4: Estudo dos planos. Classificações. Traços e posições no espaço

4.6.1) Dada a peça a seguir dar o nome dos planos, representando suas épuras ou traços.

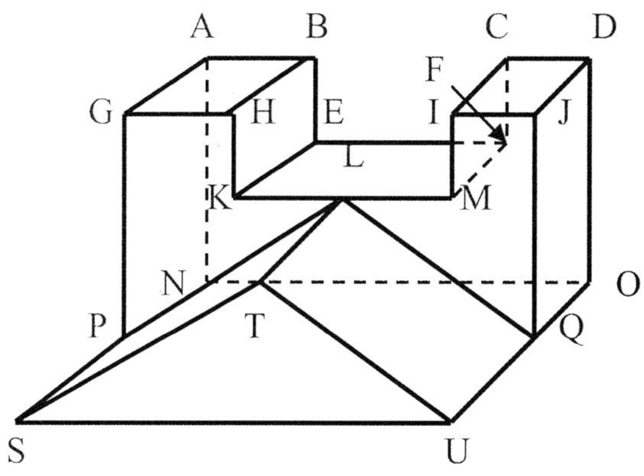

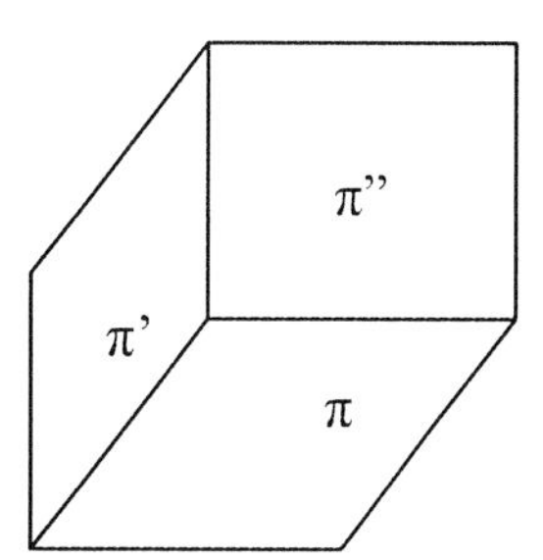

Considere os planos desse modo.

Planos horizontais: ABGH, CDIJ, EFKM e NOSU. (α)

Planos frontais: AGNP, BEHK, CFIM e DJOQ. (β)

Planos de perfil: ABEFCDDNO, GHKLMIJPQ e STU. (γ)

Plano paralelo à Linha de Terra: LQTU. (δ)

Plano que passa pela Linha de Terra: PLST. (ε)

Planos horizontais (α)

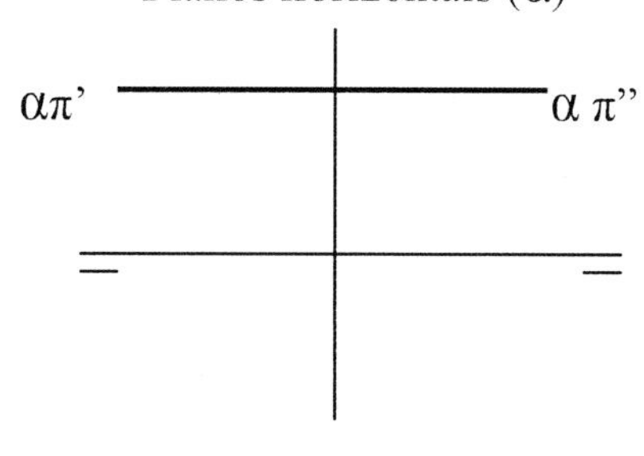

Planos frontais (β)

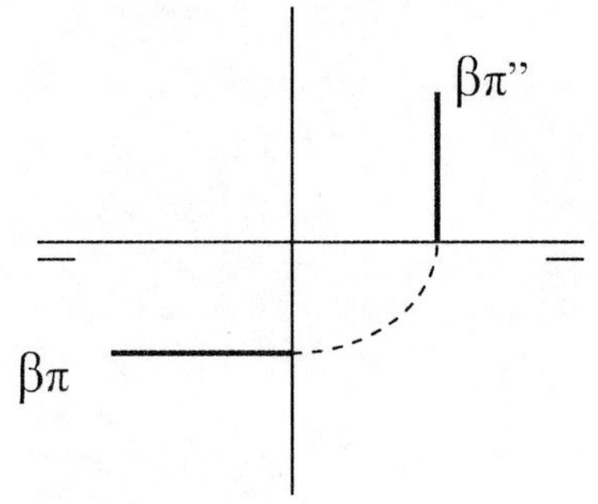

Planos de perfil (γ)

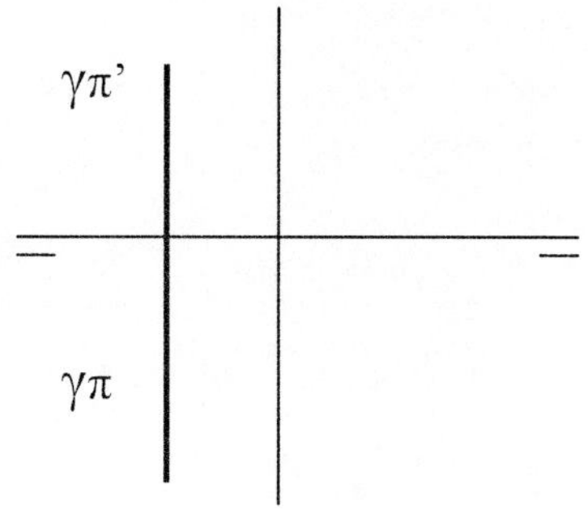

Plano paralelo à Linha de Terra (δ)

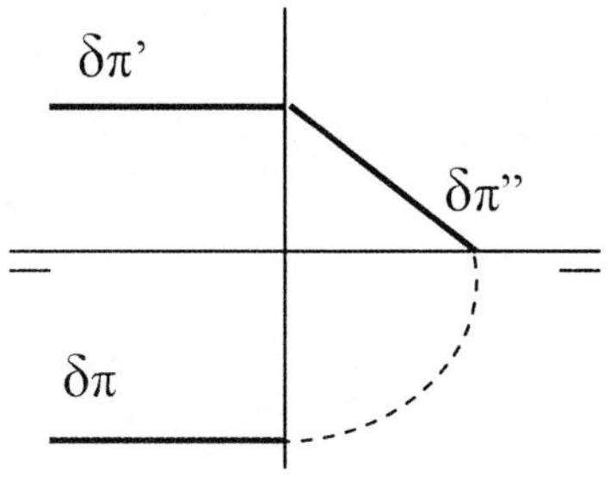

Plano que passa pela Linha de Terra (ε)

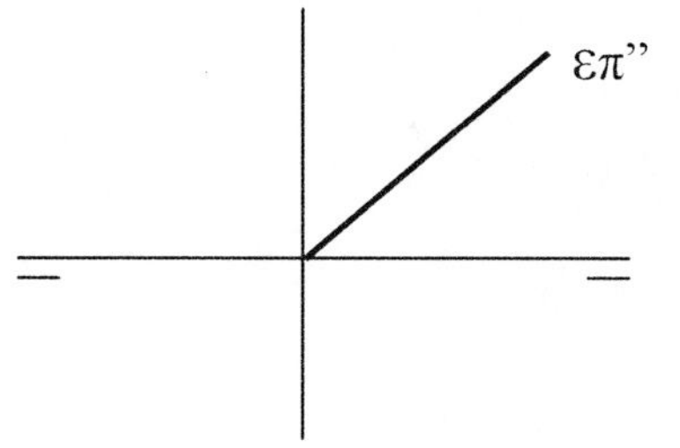

4.6.2) Imagine a interseção de um plano β paralelo à Linha de Terra com um plano μ vertical. a) Qual reta é gerada por esta interseção? b) Faça a épura dos planos, e com a reta gerada pela interseção.

Visão espacial da interseção

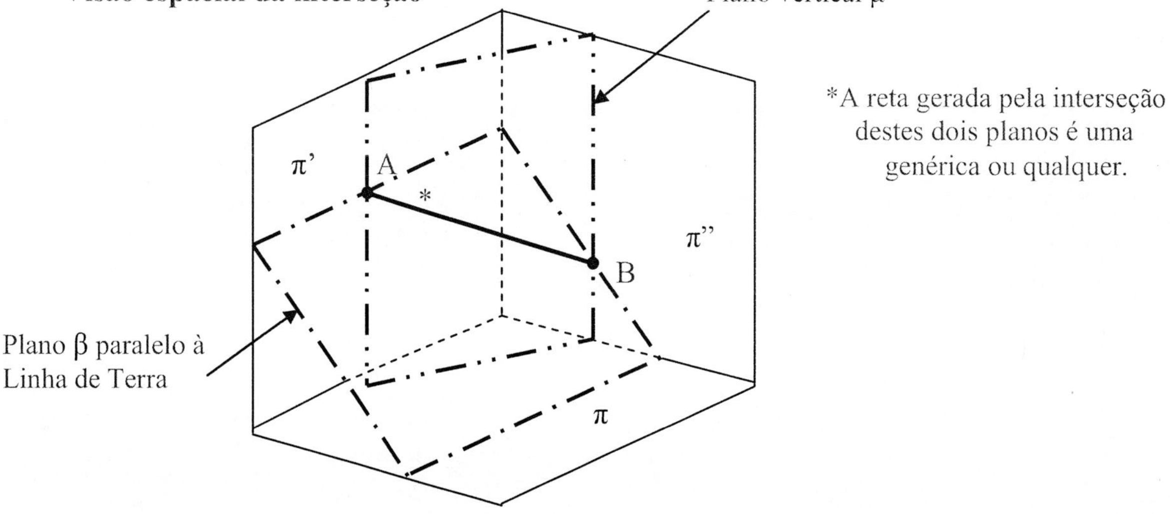

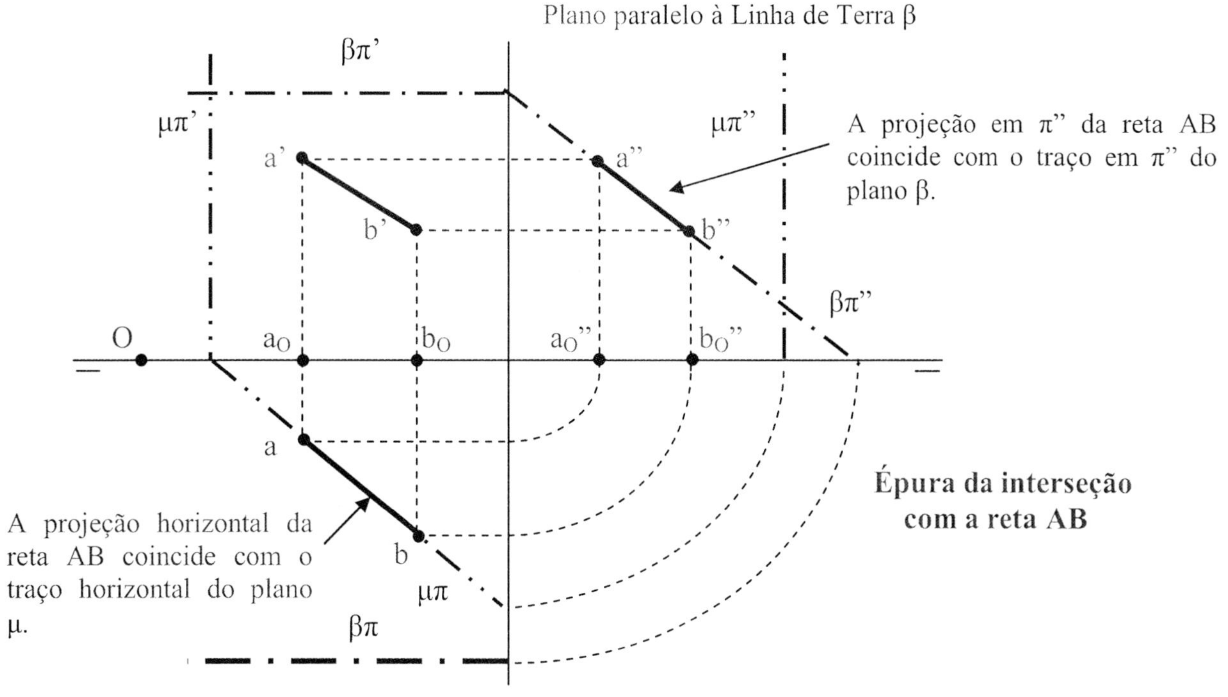

4.6.3) Considerando o 1º diedro, tem-se um plano Paralelo à Linha de Terra ou plano em rampa, que forma ângulos de 45º com os planos horizontal π e vertical π'. Esse plano intercepta o plano horizontal π, no afastamento igual a + 15. Esse plano contém três pontos A, B e C, que formam um triângulo equilátero de lado igual a 6. Sabendo que o ponto A tem abscissa +3, o ponto B tem abscissa zero e afastamento + 10 e o ponto C tem abscissa +6 e afastamento +10, pede-se: 1) Desenhar a visão espacial do plano com o triângulo e as projeções em π, π' e π'', das retas formadas pelos lados. 2) Determinar as coordenadas cartesianas dos três pontos A, B e C.

Visão espacial com as projeções

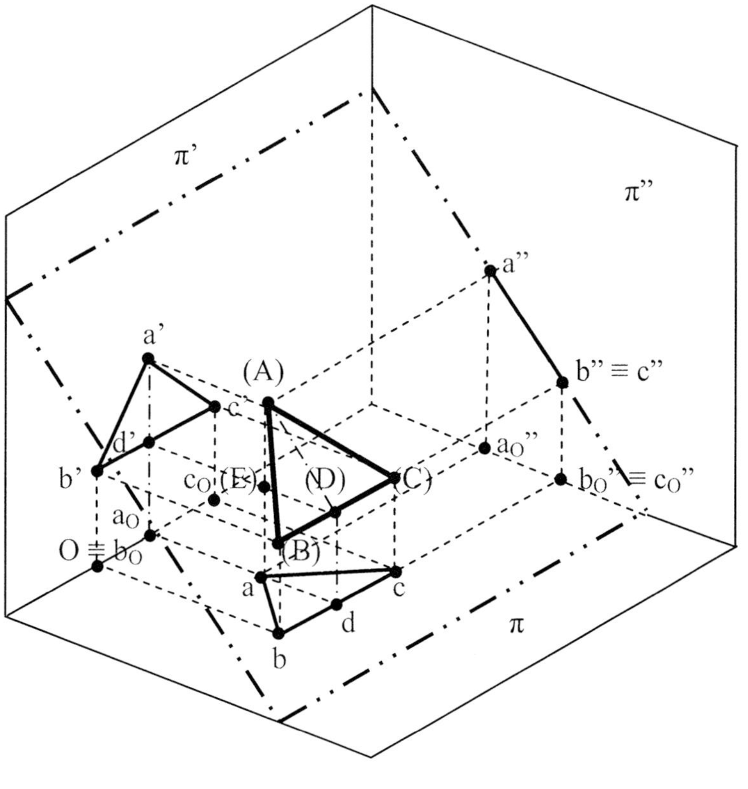

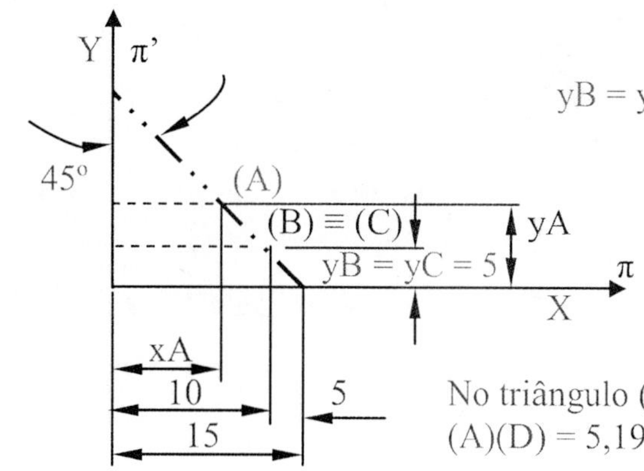

yB = yC = 5, ou seja: cotas de (B) e (C) igual a +5.

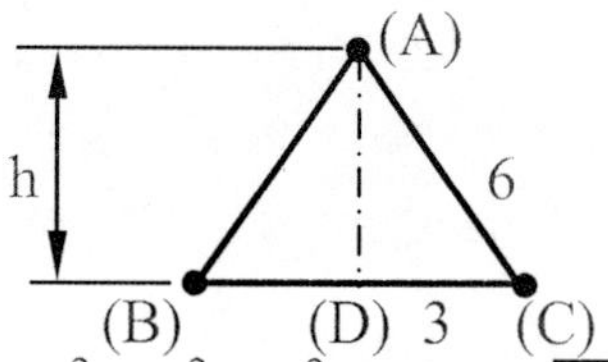

No triângulo (D)(A)(C): $6^2 = 3^2 + h^2 \Rightarrow h = \sqrt{36 - 9} = 5{,}196$.
(A)(D) = 5,196.

No *triângulo (A)(E)(D), tem-se AD = 5,196 e (A)(E) igual a (E)(D), portanto: (*só se vê na visão espacial).

$(5{,}196)^2 = (2)[(A)(E)]^2 \Rightarrow (A)(E) = \sqrt{27/2} \Rightarrow (A)(E) = (E)(D) = 3{,}674$.

A cota de (A) é igual à: 3,674 mais a cota de (B), ou seja: cota de (A) = 3,674 + 5 = +8,674.

O afastamento de (A) é igual ao afastamento de (B) menos (E)(D) = +10 - 3,674 = +6,326.

Coordenadas cartesianas: (A)(+3; +6,326; +8,674), (B)(0; +10; +5) e (C)(+6; +10; +5).

Capítulo 5: As vistas ortográficas do sistema cilíndrico ortogonal, considerando os 1º e 3º diedros. Exemplos de Desenhos Técnicos Projetivos

5.9.1) Representar a peça abaixo nas seis vistas ortogonais ou ortográficas, considerando a face indicada como vista de frente: A) No 1º diedro e B) No 3º diedro.

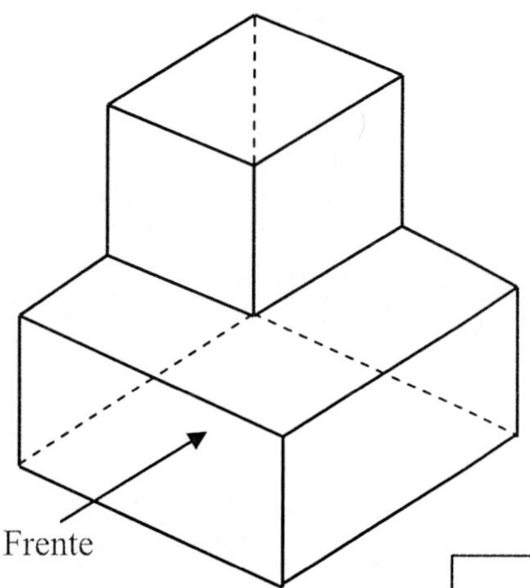

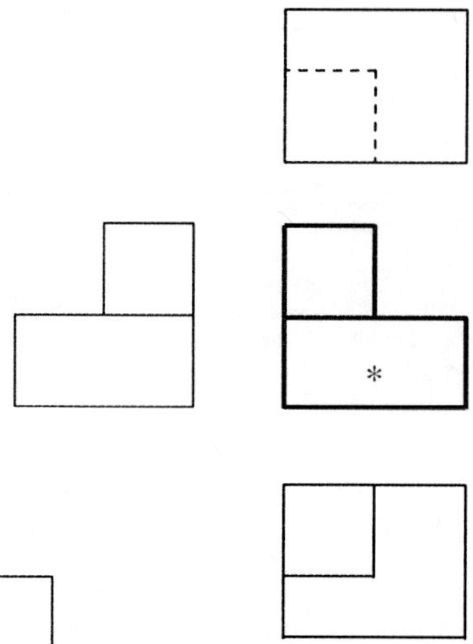

A) Projeções no 1º diedro

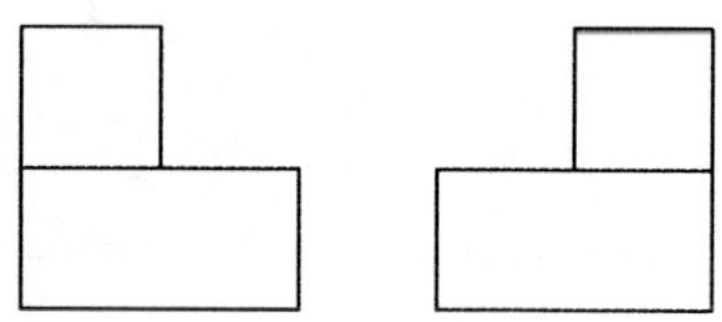

*Observe-se que, com exceção da vista de frente, todas as outras cinco estão invertidas. Isto ocorre devido forma de se planificar o hexaedro básico.

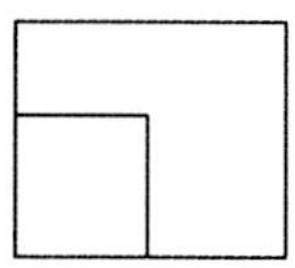

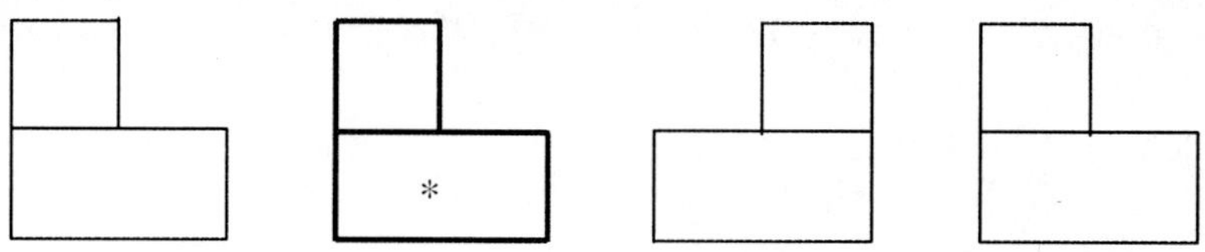

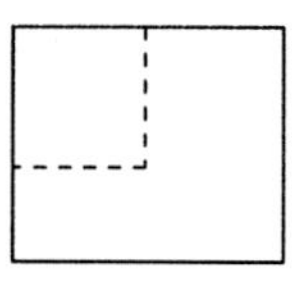

B) Projeções no 3º diedro

5.9.2) Representar as peças abaixo nas seis vistas ortogonais ou ortográficas, considerando a face indicada como vista de frente. Vistas no 1º diedro.

5.9.2.1)

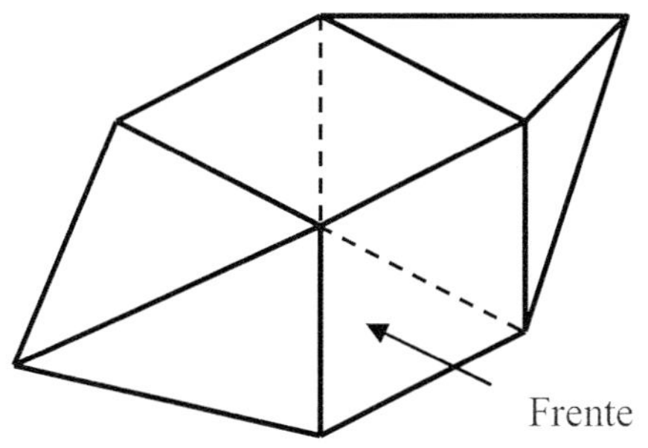

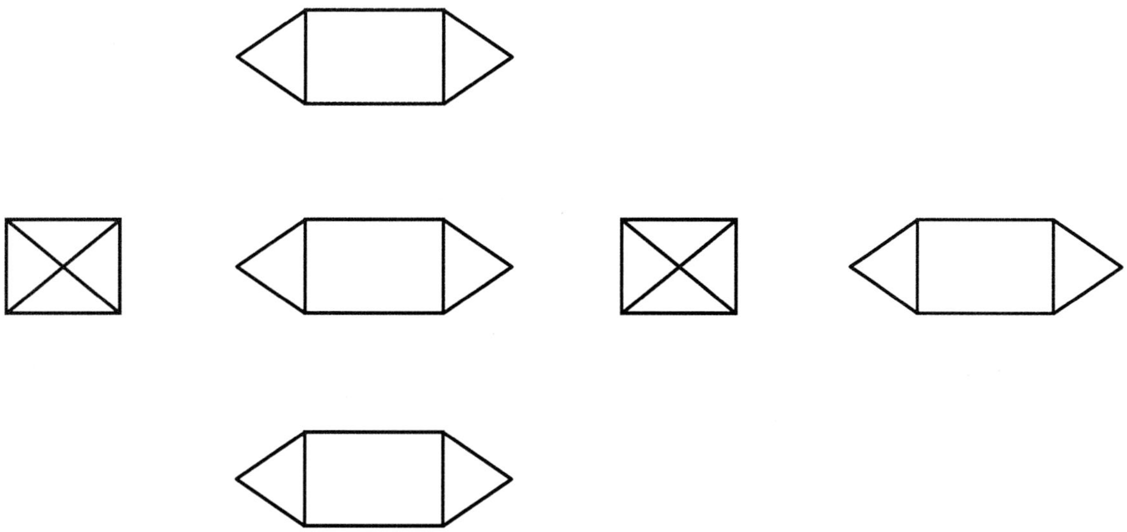

5.9.2.2)

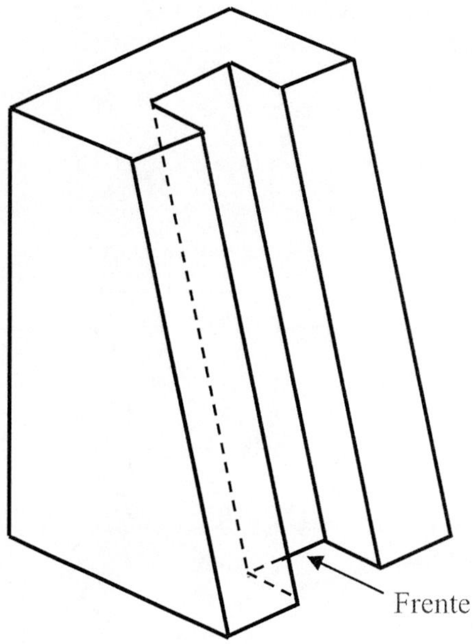

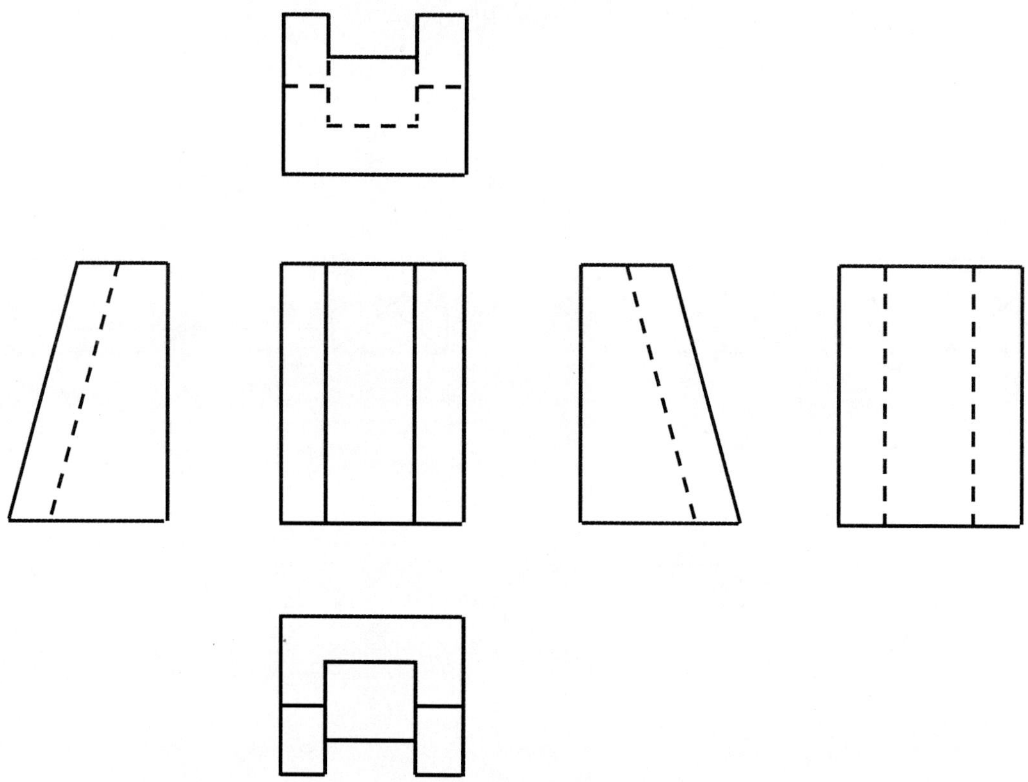

Apêndice B

Recomendações básicas e regras para a cotagem dos Desenhos Técnicos Projetivos

Cotagem é a indicação das medidas da peça ou objeto em um Desenho Técnico Projetivo, conforme a norma NBR 10126. O desenho, além de representar, por meio de vistas ou projeções, dentro de uma escala, a forma tridimensional, deve conter informações sobre as dimensões do objeto representado. As dimensões irão definir as características geométricas do objeto, dando valores de tamanho e posição a todos os elementos e detalhes que compõem sua forma espacial. A forma mais utilizada é definir as dimensões por meio de cotas que são constituídas de linhas de chamada, linha de cota, setas ou tracinhos (ou até pontos) e do valor numérico em uma determinada unidade de medida. Portanto, para a cotagem de uma dimensão são necessários quatro elementos: A linha de chamada, a linha de cota, a seta ou tracinho (ou ponto) e o valor numérico da dimensão.

B.1 Conceitos básicos e observações gerais sobre cotagem

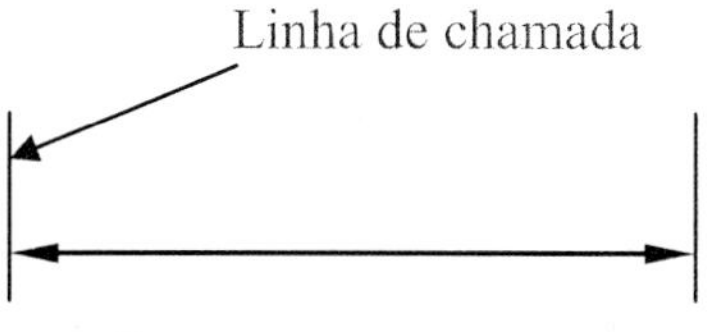

Cotagem com seta

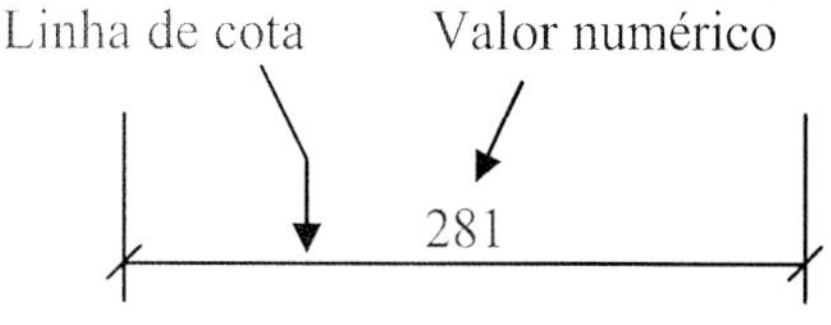

Cotagem com tracinho (inclinação de 45°)

A cotagem com tracinho é muito usada em desenhos de arquitetura e engenharia civil.

As linhas de cotas e de chamadas são finas (portanto espessura 0,5, para desenho a grafite).
A seta é desenhada com linhas curtas formando ângulos de 15°. A seta pode ser aberta, ou fechada preenchida. O tracinho oblíquo é desenhado com uma linha curta a 45°. A seta também pode ser desenhada (por exemplo, criando um bloco no AutoCad), com as seguintes medidas.

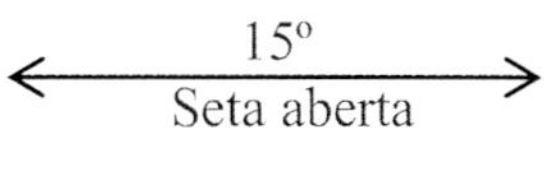

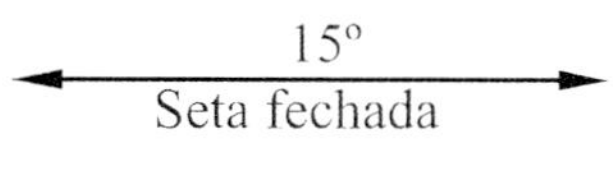

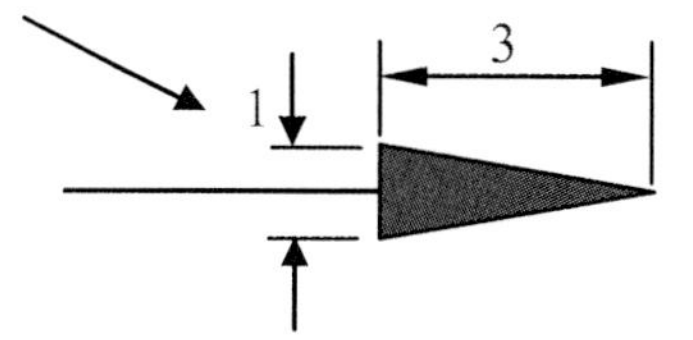

Como será visto adiante, existem muitos detalhes sobre a cotagem, mas os seguintes devem logo ser mostrados em cotagens horizontais e verticais.

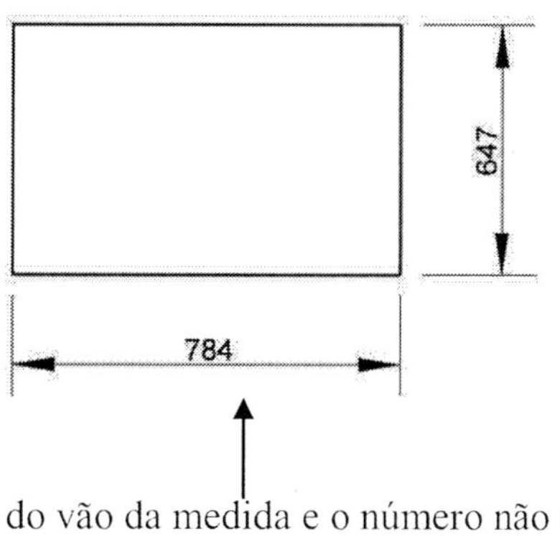

A linha de chamada não toca a aresta do desenho.

A linha de chamada passa um pouco da linha de cota.

O valor numérico é colocado no meio do vão da medida e o número não encosta na linha de cota.

De forma geral, as cotas podem assumir as seguintes posições: vertical, horizontal, inclinada para a direita e inclinada para a esquerda. A colocação do valor numérico, além de estar no meio do vão da medida, e de não

tocar na linha de cota, deve obedecer as posições mostradas a seguir, considerando sempre que, o número fica acima da linha de cota. Estas posições são mostradas no chamado "leque de cotas".
Em qualquer posição, o número nunca encosta na linha de cota.

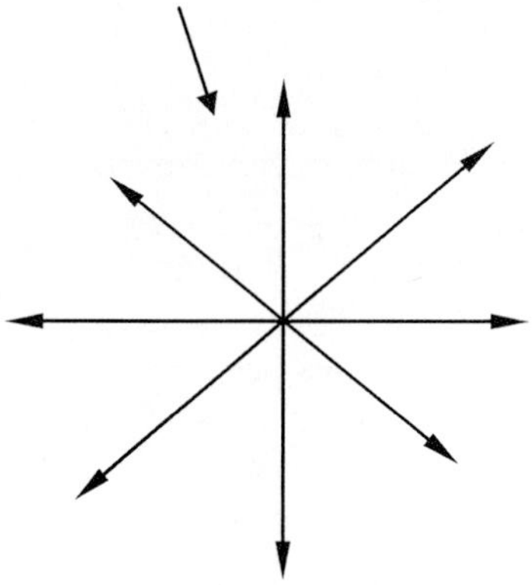

O leque de cotas

Observações do leque de cotas:

1) Em toda cota horizontal, o valor numérico fica acima da linha de cota (sem encostar na linha), independentemente de estar posicionada acima ou abaixo da vista.
2) Em toda cota vertical, o valor numérico fica à esquerda da linha de cota, independentemente de estar posicionada à direita ou à esquerda da vista.

A seguir são mostrados exemplos de aplicações do leque de cotas.

Cotas horizontais

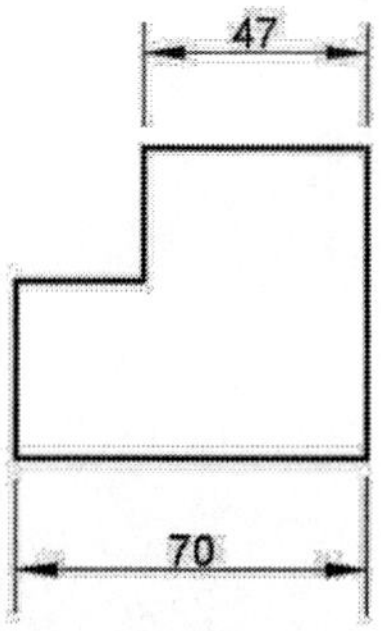

Cotas verticais

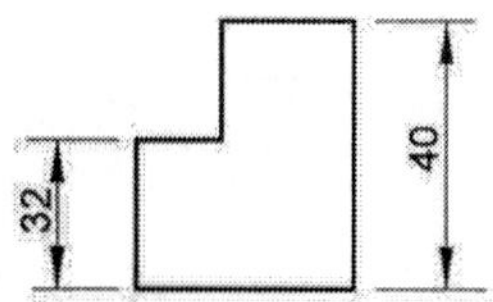

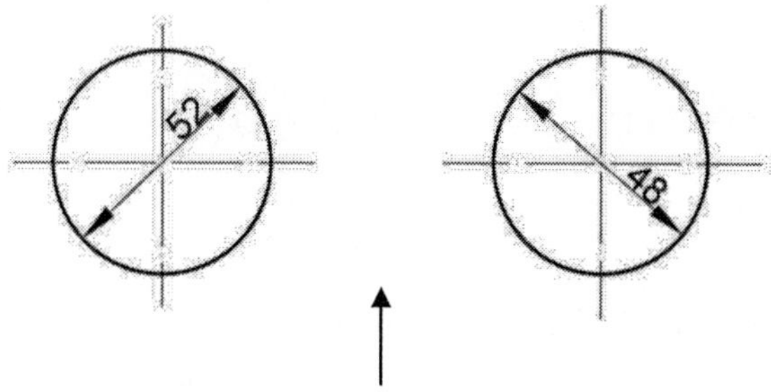

Cotas inclinadas, à direita ou à esquerda, são assim representadas.

A distância entre uma linha de cota e o contorno do desenho deve ser entre 7 mm e 10 mm, recomendando-se o valor de 10 mm, por dar maior clareza ao desenho. A mesma distância é seguida entre cotas paralelas. A figura 5.1 mostra estes espaçamentos e outros detalhes da cotagem.

Como embaixo já foi feita a soma = 50, aqui não há necessidade de dar a cota total

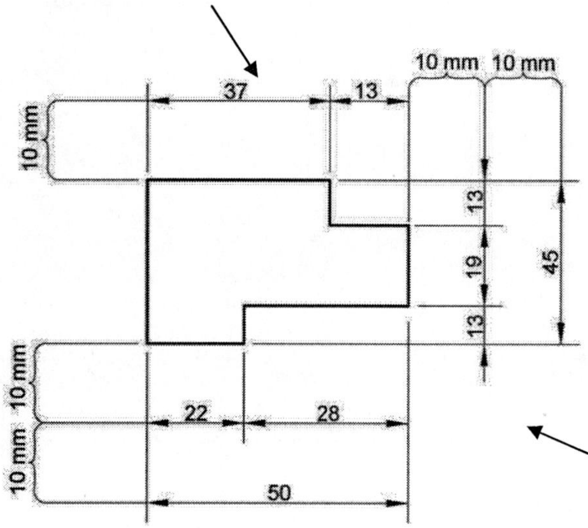

Não se deve deixar cotas parciais, sem indicar a cota total, ou seja, não se deixa para o usuário fazer a soma.

Embora não recomendado, em casos excepcionais, pode ocorrer o cruzamento de linhas de chamadas.

Figura C.1: espaçamento entre linhas de cotas e observações gerais

Pequenas cotas, podem ser indicadas desta forma, com a flecha para fora.

Cotas de maior valor são colocadas por fora das menores

Várias cotas, horizontais e ou verticais, ficam sobre uma só linha.

Embora não recomendado, quando necessário, a cota pode ser indicada dentro do desenho.

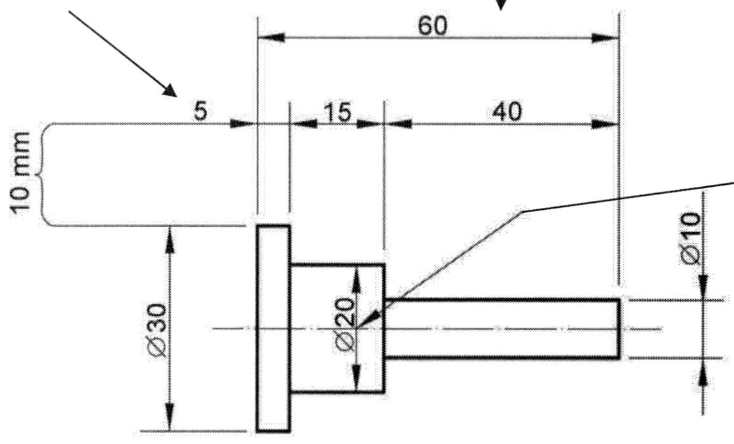

Observe que esta distância de 10 mm refere-se à parte mais externa do desenho.

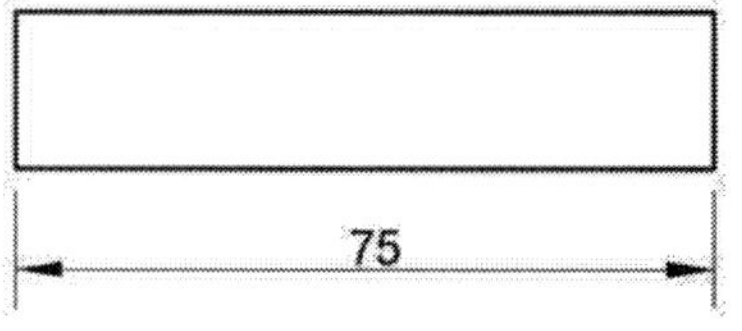

Quando, por algum motivo o valor da cota não estiver na escala indicada, a mesma tem que ser sublinhada.

B.2 Cotagem de diâmetros de círculos e de furos

Antes de mostrar as diversas formas e posições na cotagem de diâmetros e arcos, é importante citar que, a posição do centro destas figuras é uma cota importantíssima, ou seja, é essencial cotar a posição do centro. Círculos e arcos podem assumir diversas posições, com cotagens específicas, como mostradas adiante.

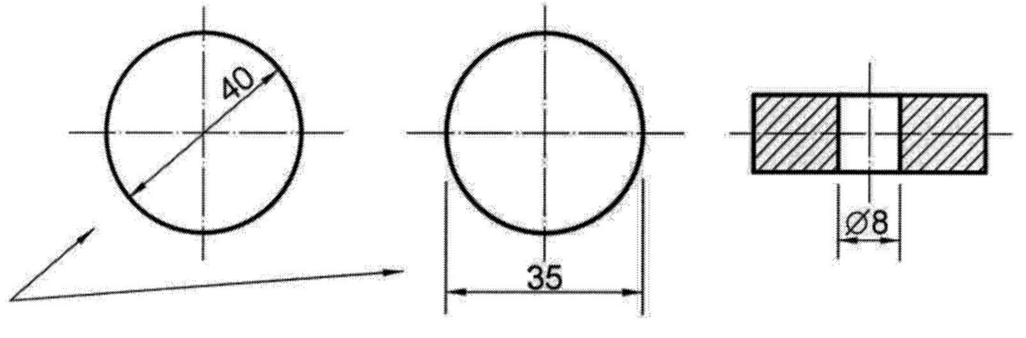

Diâmetros maiores podem ser cotados assim. Quando se vê a linha da circunferência, não se indica o símbolo de diâmetro ou Ø. Só se mostra o símbolo Ø, quando o diâmetro está em uma vista que aparece como linhas paralelas.

Formas de cotar diâmetros

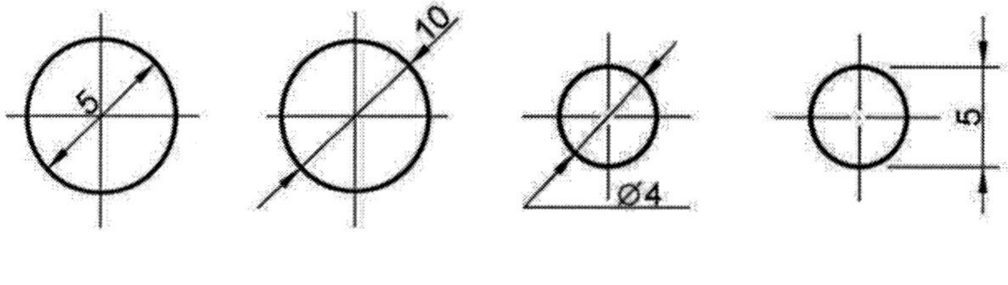

Formas de cotar pequenos diâmetros

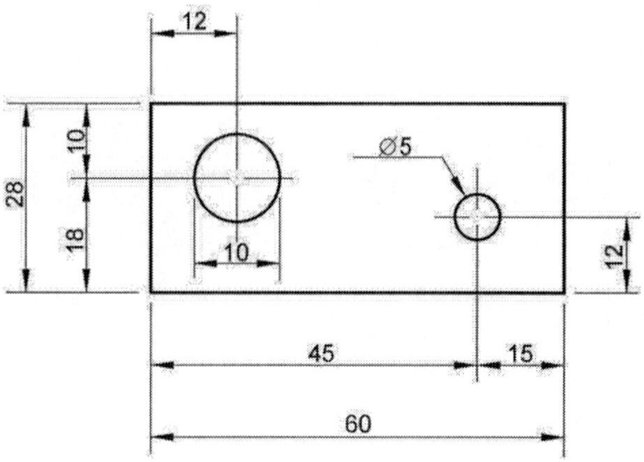

Esta figura mostra, por exemplo, como são indicadas as posições de centros e duas formas de cotar diâmetros.

Forma de cotar dois diâmetros concêntricos

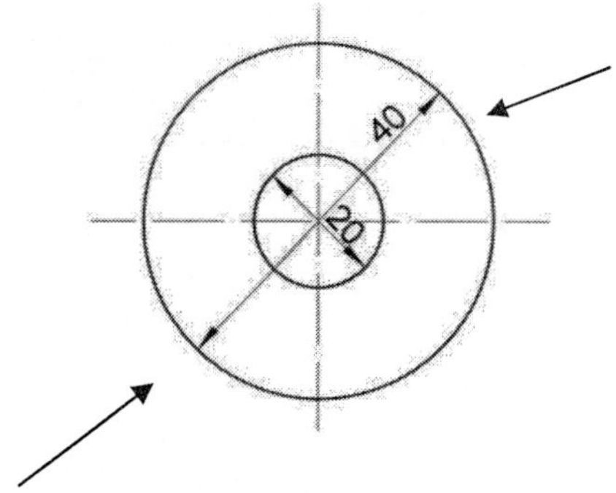

Sempre, ao desenhar circunferências, têm que ser traçados os dois eixos, horizontal e vertical, linha fina (0,3). A linha de centro, na prática com instrumentos analógicos, é traçada com um traço maior, um pequeno espaço, um traçinho (ao invés de ponto), outro espaço e novo traço maior. O centro é determinado por dois traçinhos e a linha termina próximo da borda da circunferência, com o traço maior.

Neste caso, o valor numérico da cota é colocado fora do centro, para não coincidir com a linha de centro.

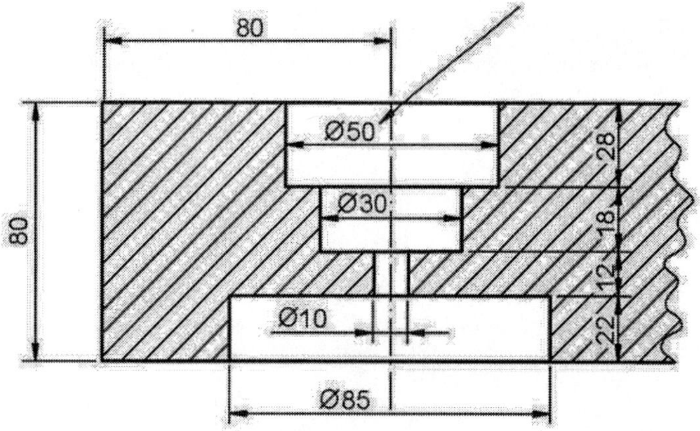

Quando for necessário cotar dentro da vista, e onde se tem hachuras, estas têm de ser interrompidas para se escrever e ler os números, sem interferência, e para não causar dúvidas quanto aos valores.

Cotagem de vários diâmetros de valores diferentes, sobre uma vista

Círculo	X	Y	Ø
1	13	90	30
2	78	80	12
3	50	53	33
4	80	20	10
5	10	15	9,5

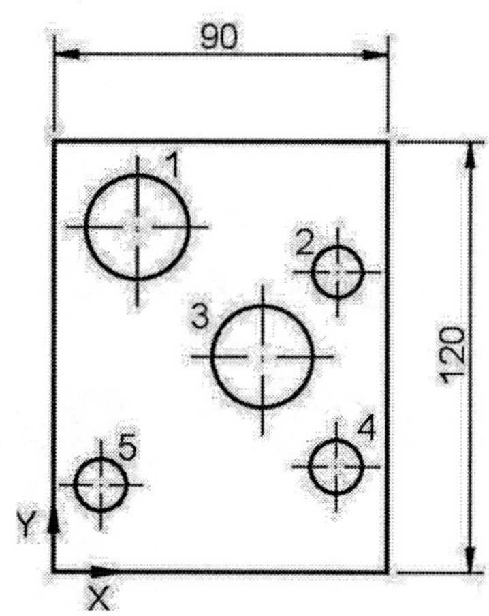

Em casos como este, pode-se usar a cotagem por coordenadas cartesianas (X, Y), definindo claramente a origem e, obviamente a localização e o diâmetro de cada círculo.

Existem alguns símbolos que são padronizados, mas existem outros que foram incorporados à prática do desenho técnico projetivo, na medida do necessário. Vejamos alguns e suas aplicações.

Ø = Diâmetro Ø = Dois diâmetros concêntricos R = Raio R ESF = Raio esférico

Ø = Quadrado Ø = Dois quadrados concêntricos Ø ESF = Diâmetro esférico

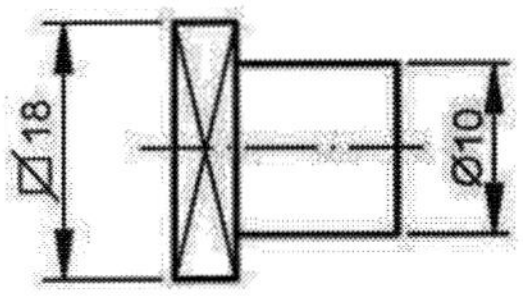

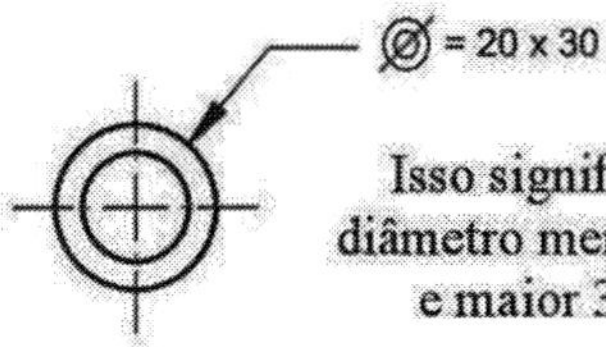

Isso significa: diâmetro menor 20 e maior 30.

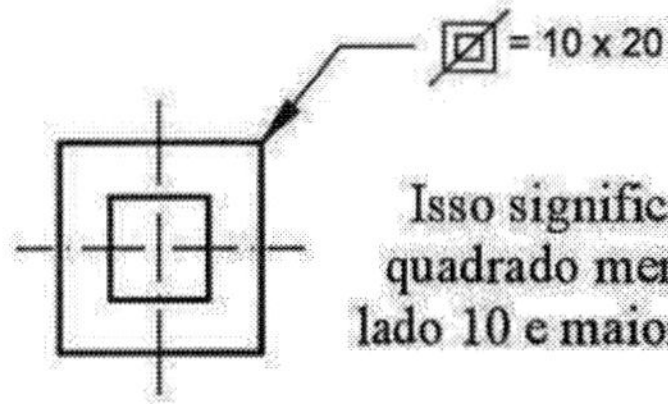

Isso significa: quadrado menor lado 10 e maior 20.

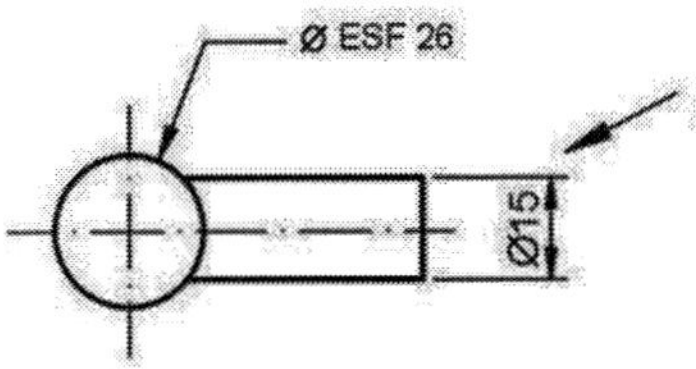

Aqui tem-se uma peça muito comum na Engenharia Mecânica: uma manopla com punho esférico e haste cilíndrica. Por exemplo, é usada em alavancas de marcha de veículos.

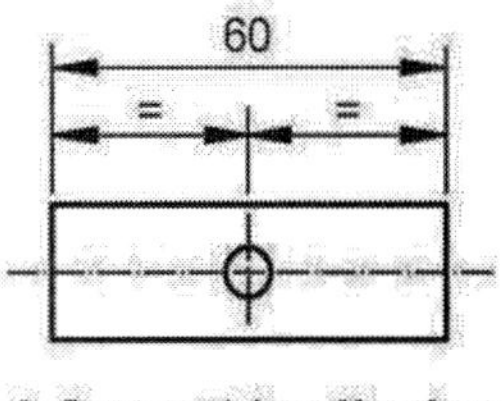

O furo está localizado no centro da chapa

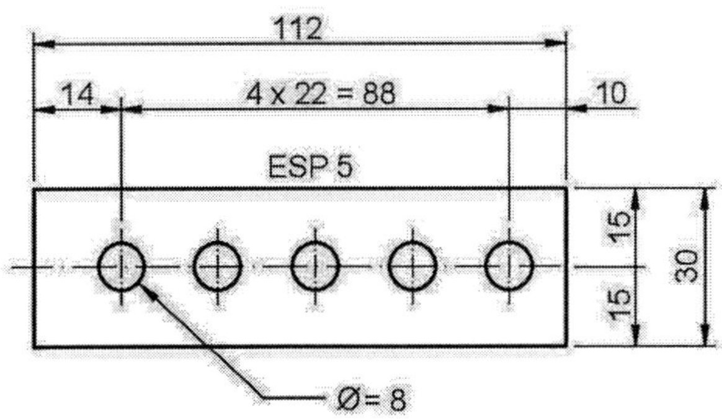

Esta figura tem o seguinte significado:

uma chapa de espessura 5, comprimento 112, largura 30, com cinco furos de diâmetro 8, espaçados a 22 entre si, com o primeiro furo a 14 da borda esquerda e 10 da borda direita. Os cinco furos estão no centro da largura de 30.

B.3 Cotagem de raios de arcos, cordas e retificações de arcos

Quando se tem um círculo, cota-se o diâmetro, se for um arco, cota-se o raio. Não faz nenhum sentido cotar o raio de um círculo, já que na prática, por exemplo, para fazer um furo será usada uma broca ou uma ferramenta com um determinado diâmetro e, não com um determinado raio. A cotagem do raio de um arco parte do seu centro, que tem que ser claramente definido. Assim como no caso de diâmetro, existem diversos casos de cotagem de raio, cordas e até retificações de arcos.

Esta cotagem está totalmente errada, pois neste caso, não se cota raio.

Esta é a forma correta.
3 furos Ø 20

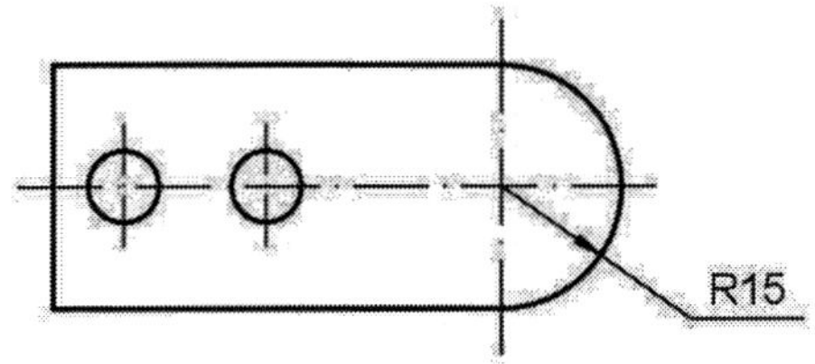

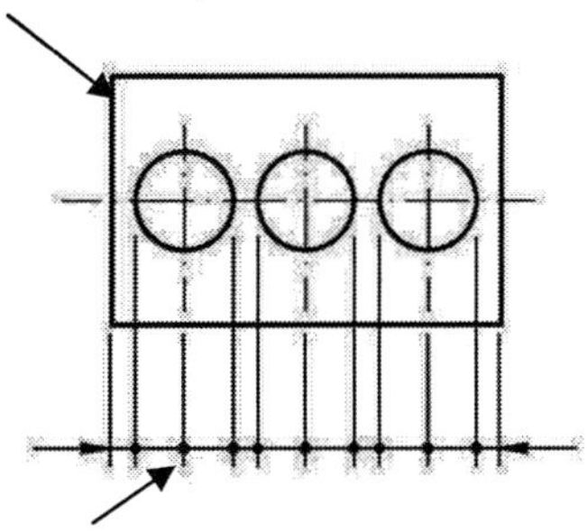

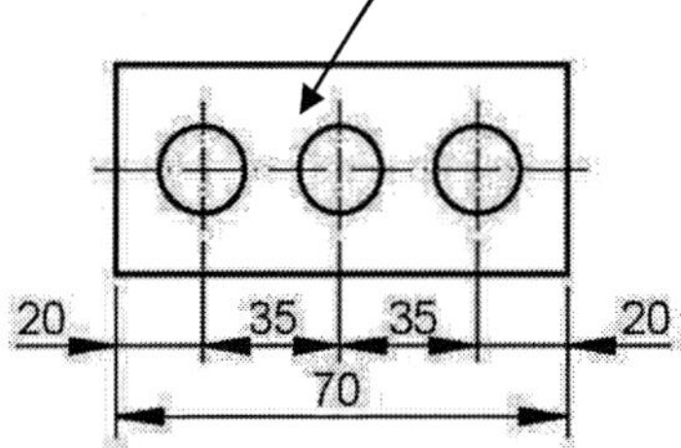

Observa-se o uso de pontinhos, para espaços pequenos, embora não previsto em norma.

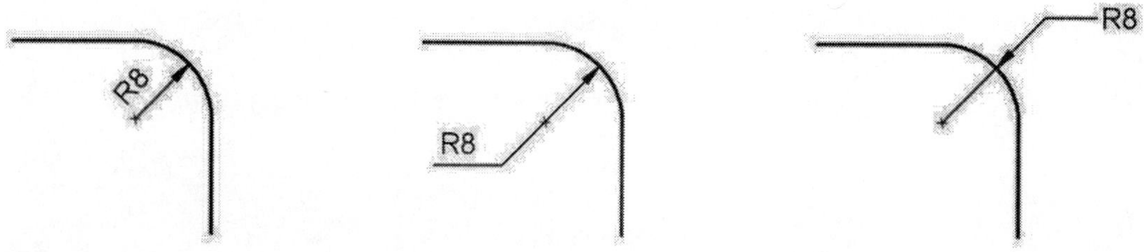

A forma de indicar a cota do Raio, depende do seu valor e do espaço no desenho.

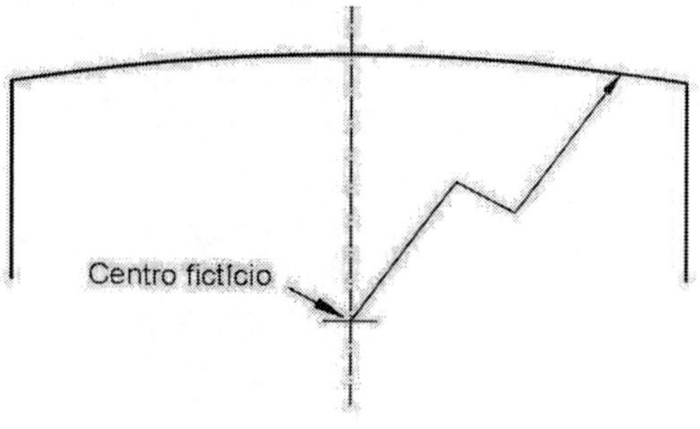

Usa-se esta forma para cotar raios grandes, com o centro distante e ou até fora dos limites do desenho.

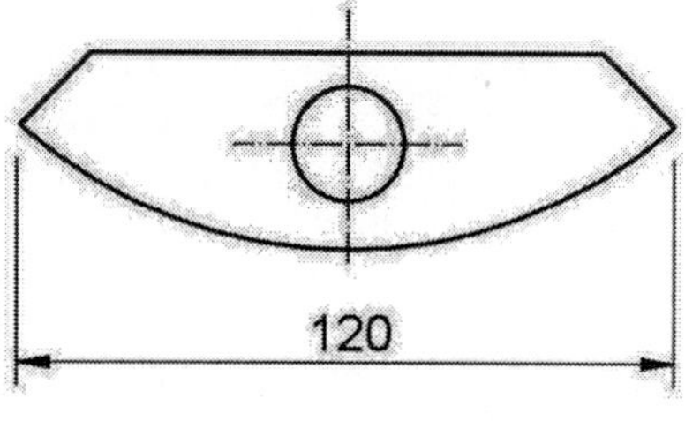

Cotagem de uma corda

Cotagem de um arco (retificação)

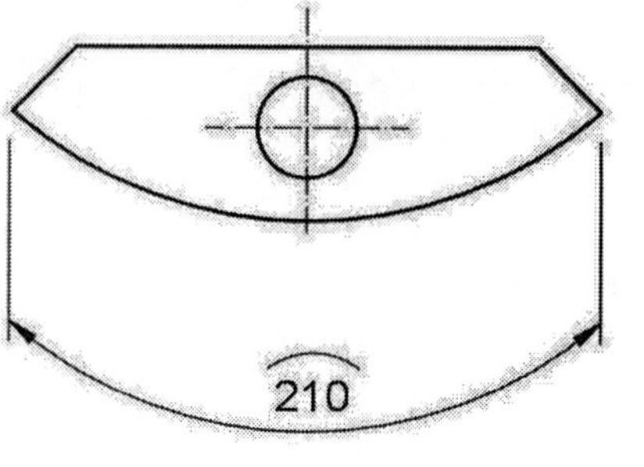

B.4 Cotagem de ângulos

Cotagem de furos escareados. Esse tipo de acabamento é chamado de furo escareado.

Cotagem de pequenos ângulos

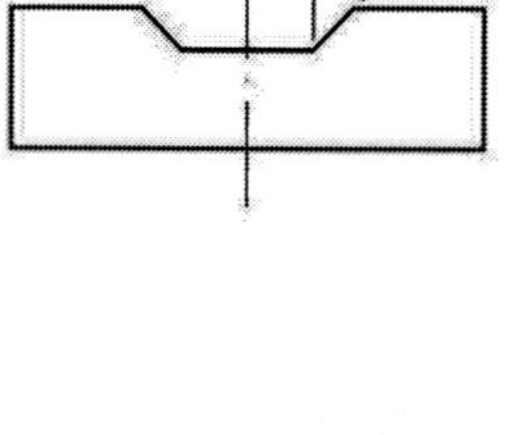

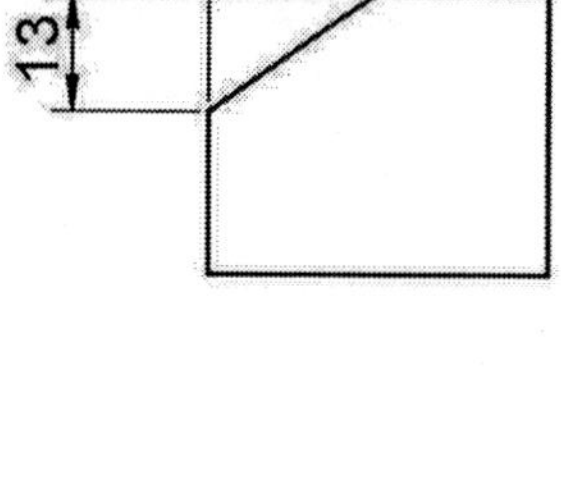

Um ângulo também pode ser cotado, via dimensões das arestas.

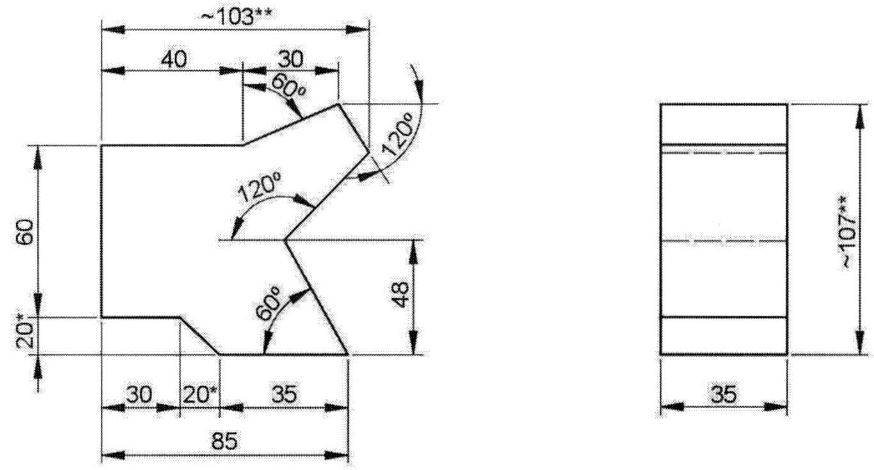

*Esse ângulo de 45° foi cotado indicando-se os valores dos dois lados.
** Esses valores de 103 e 107, são aproximados e consequência dos ângulos.

Especialmente quando se tem peças com muitos e seguidos ângulos, a cotagem de vistas ortográficas, tem que ser bem analisada, para descobrir-se quais são as dimensões e ângulos realmente necessários, pois, tanto o excesso, quanto a falta de cotas impedem uma boa interpretação e uso do desenho. Esta análise chama-se "projeto da cotagem" e pode ser até mais trabalhosa do que o desenho em si. A peça anterior é um exemplo, já que foram feitos vários cálculos, principalmente trigonométricos, até se chegar ao número mínimo e ideal de cotas.

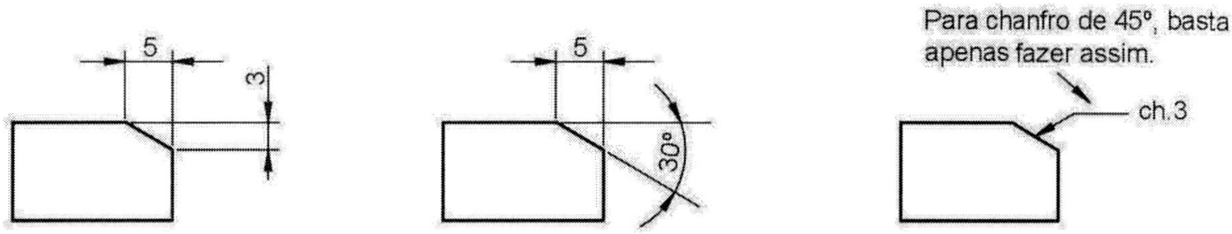

8.5 Detalhes especiais sobre cotagem

Além das já citadas, existem muitas outras formas de se cotar um desenho, sendo impossível mostrar todas. A seguir são mostrados vários detalhes que podem aparecer em desenhos técnicos projetivos, especialmente da área de mecânica.

Quando necessário, as linhas de chamada podem ser inclinadas, porém têm que ser paralelas.

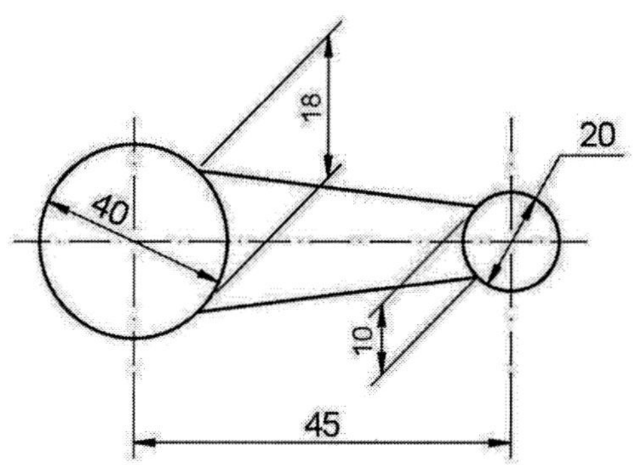

*A cota R 20 (Típ.), significa que o Raio 20 é igual ou típico na parte de cima.

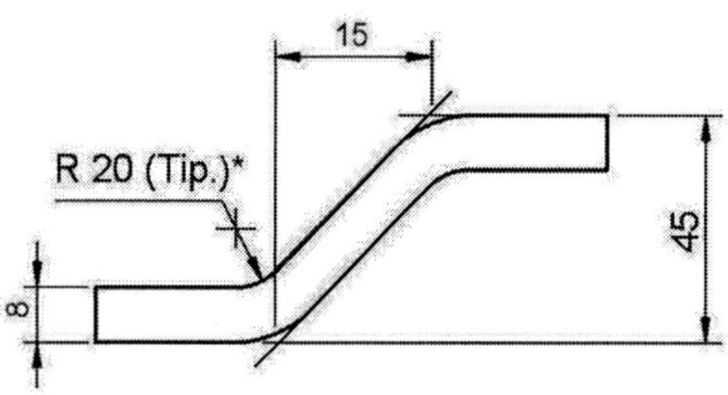

Para algumas cotas, usam-se as linhas de construção do desenho.

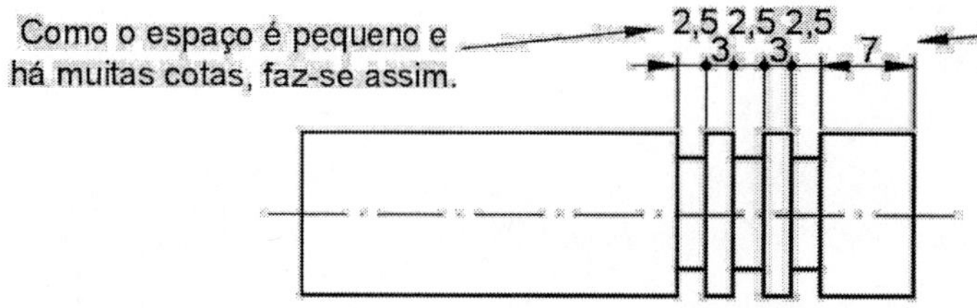

Observe-se o uso de pontos

Cotagem sequencial de cotas de baixo valor

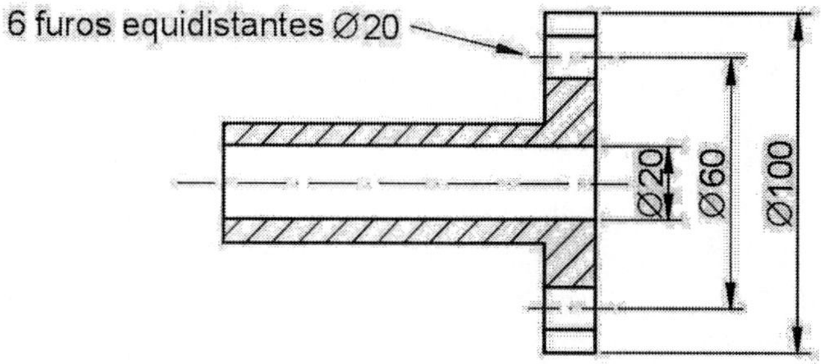

Simplesmente escrevendo uma nota sobre os seis furos basta apenas uma vista em corte da peça. Este é um exemplo de supressão de vista.

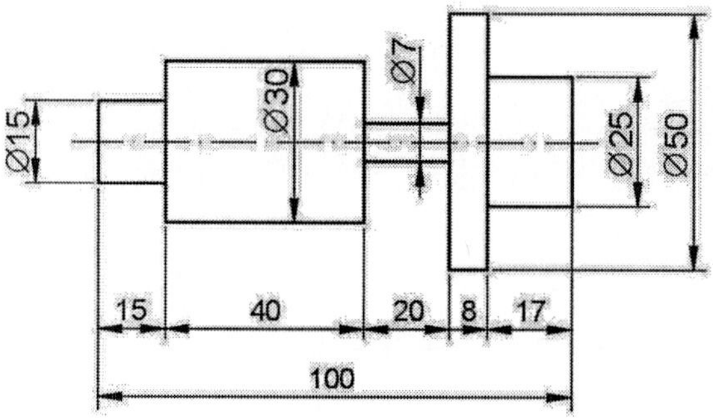

Exemplo de cotagem de peça com diâmetros de diversos valores.

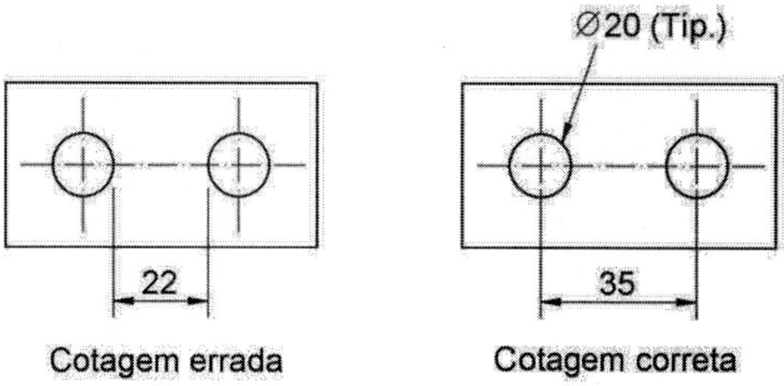

Para furos, o importante é cotar a distância entre furos e não a distância entre paredes. O motivo básico é que, ao se fazer furos, primeiro marcam-se os centros e depois, fura-se conforme os diâmetros. A distância entre paredes, neste caso, não serve para nada.

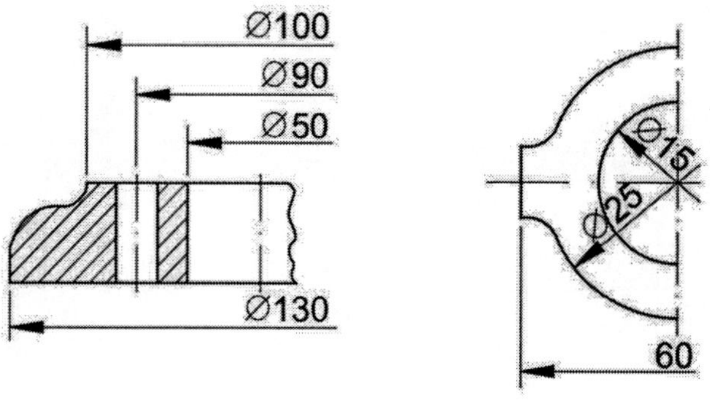

Peças simétricas podem ter suas cotas interrompidas. Aplica-se este detalhe na cotagem de peças em meio corte.

Apêndice C

Exemplos de Desenhos Técnicos Projetivos, baseados nas projeções cilíndricas ortogonais, como aplicações da geometria descritiva.

Tudo que precisa ser construído, fabricado e montado, por exemplo, construções civis, peças mecânicas e veículos, têm que ter seus desenhos técnicos projetivos, para permitir a construção ou fabricação ou montagem. Construções civis são feitas no local definitivo. Peças mecânicas são produzidas em fábricas ou oficinas e, posteriormente, podem ser montadas com outras, gerando, por exemplo, um liquidificador. Um navio, uma aeronave e um automóvel, são exemplos de produtos compostos por centenas e milhares de peças, fabricadas uma a uma e depois montadas. Existe uma infinidade de tipos de Desenhos Técnicos Projetivos e, nesse Apêndice são mostrados alguns que têm a geometria descritiva, ou melhor, nas projeções cilíndricas ortogonais, suas bases conceituais. Observa-se que os Desenhos Técnicos Projetivos, são feitos em escala, onde aparecem as dimensões ou cotas, que permitem a construção ou fabricação.

C.1 Desenhos do projeto de um vidro de perfume e sua embalagem (com planificação)

Esses desenhos são o resultado de pesquisa e projeto, normalmente conduzido por um profissional da área de Desenho Industrial ou *Design*.

Desenho do frasco de perfume

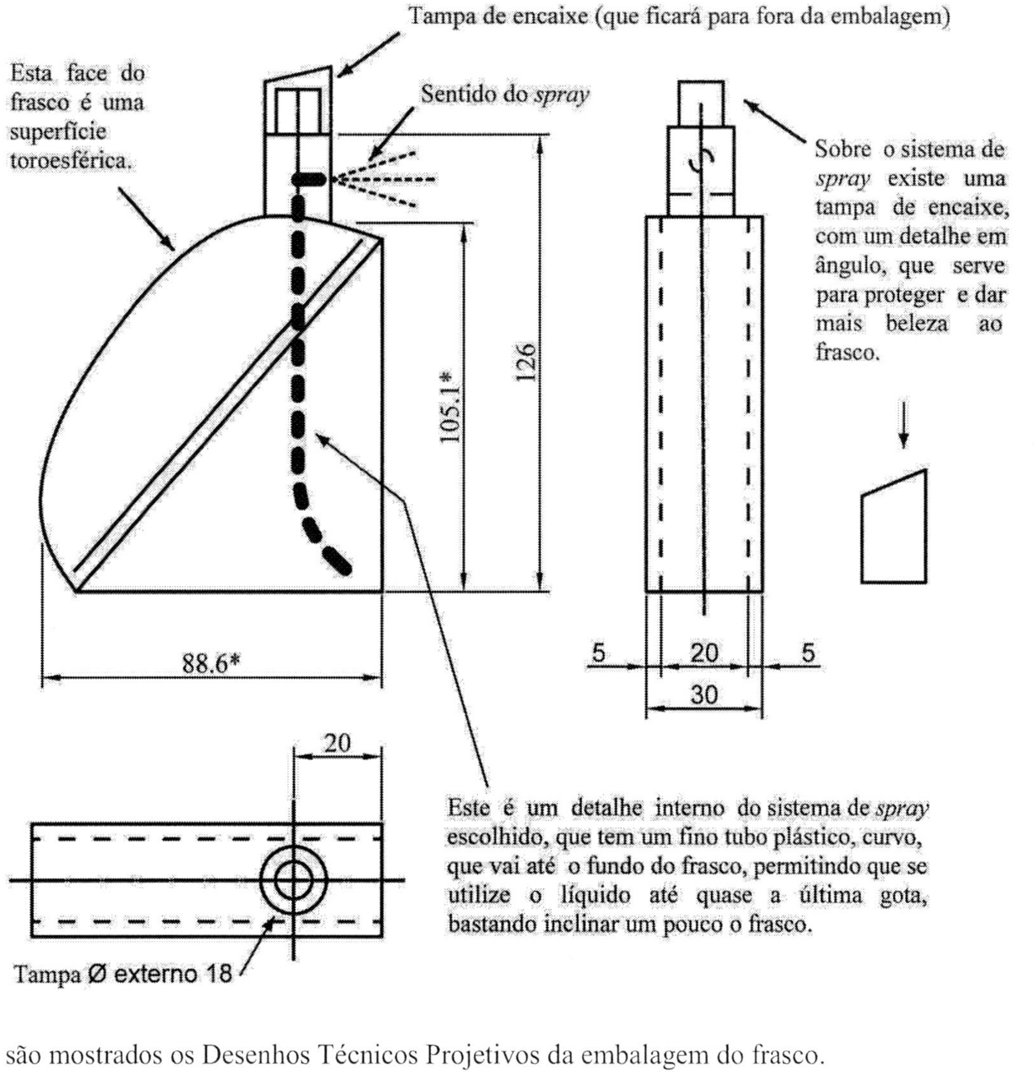

A seguir são mostrados os Desenhos Técnicos Projetivos da embalagem do frasco.

Desenhos da embalagem do frasco

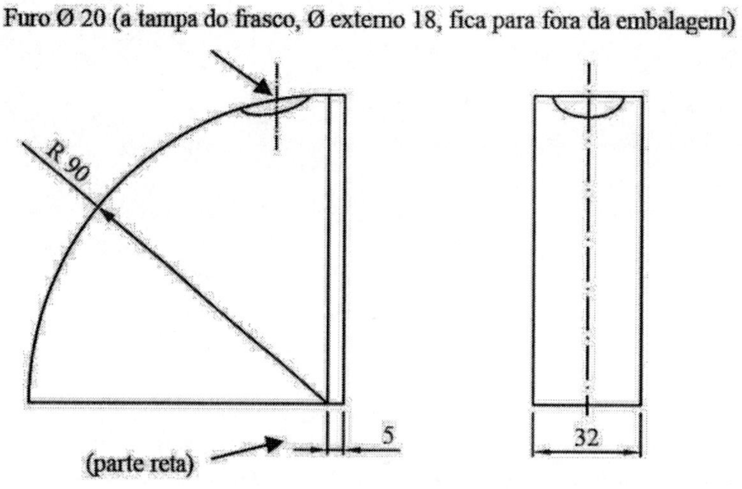

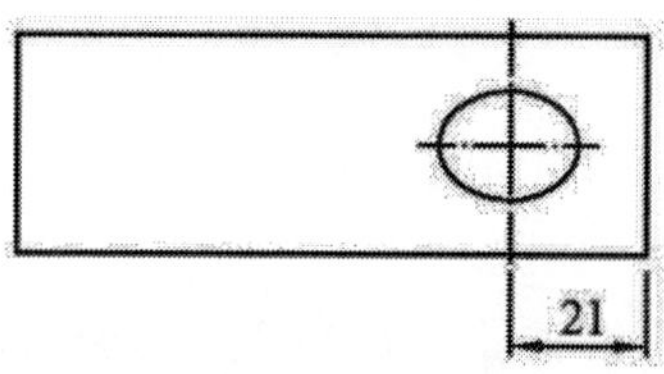

Observação: todas estas dimensões, calculadas no projeto conceitual, podem sofrer pequenas alterações, devido projeto final do frasco e da embalagem, que serão desenvolvidos por firmas especializadas.

Visão Espacial da embalagem

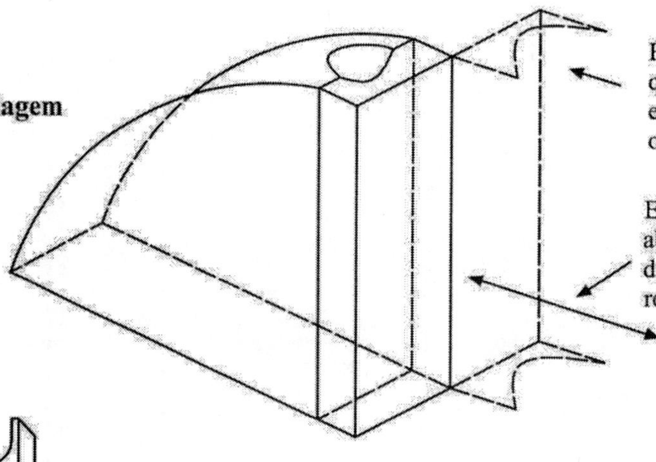

É a partir dessa face que se abre a embalagem, para retirar o frasco

Este é o sentido de abertura e fechamento da embalagem e retirada do frasco

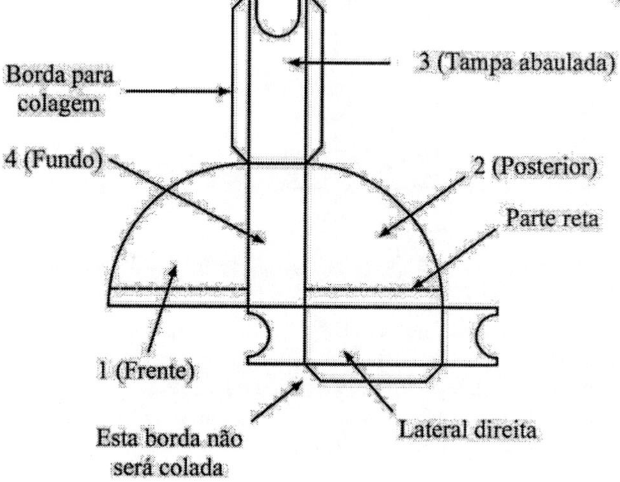

(Observe que, tanto a frente, quanto a face posterior, devido corte semicircular, bem como os recortes circulares para passagem da tampa e do dispositivo *spray*, tornam a operação de dobradura na linha de produção mais complexa (mais custosa) do que a embalagem que só tem recortes retos).

C.2 Planta de situação de uma residência

A planta de situação serve para situar, ou melhor, localizar a edificação em relação aos seus arredores. Esse documento faz parte do grupo de projetos conhecido como "projetos da Prefeitura". A planta de situação é usada na fiscalização e acompanhamento de obras do órgão específico da Prefeitura.
Na prática, plantas de situação, para imóveis nas áreas urbanas são desenhadas nas escalas: 1:500 ou 1:1.000. Quando em áreas rurais são usadas as escalas: 1:1.000, 1:5.000, 1:10.000 e até 1:50.000.
Este tipo de planta, normalmente, é realizado por profissionais de Arquitetura e ou Engenharia Civil.

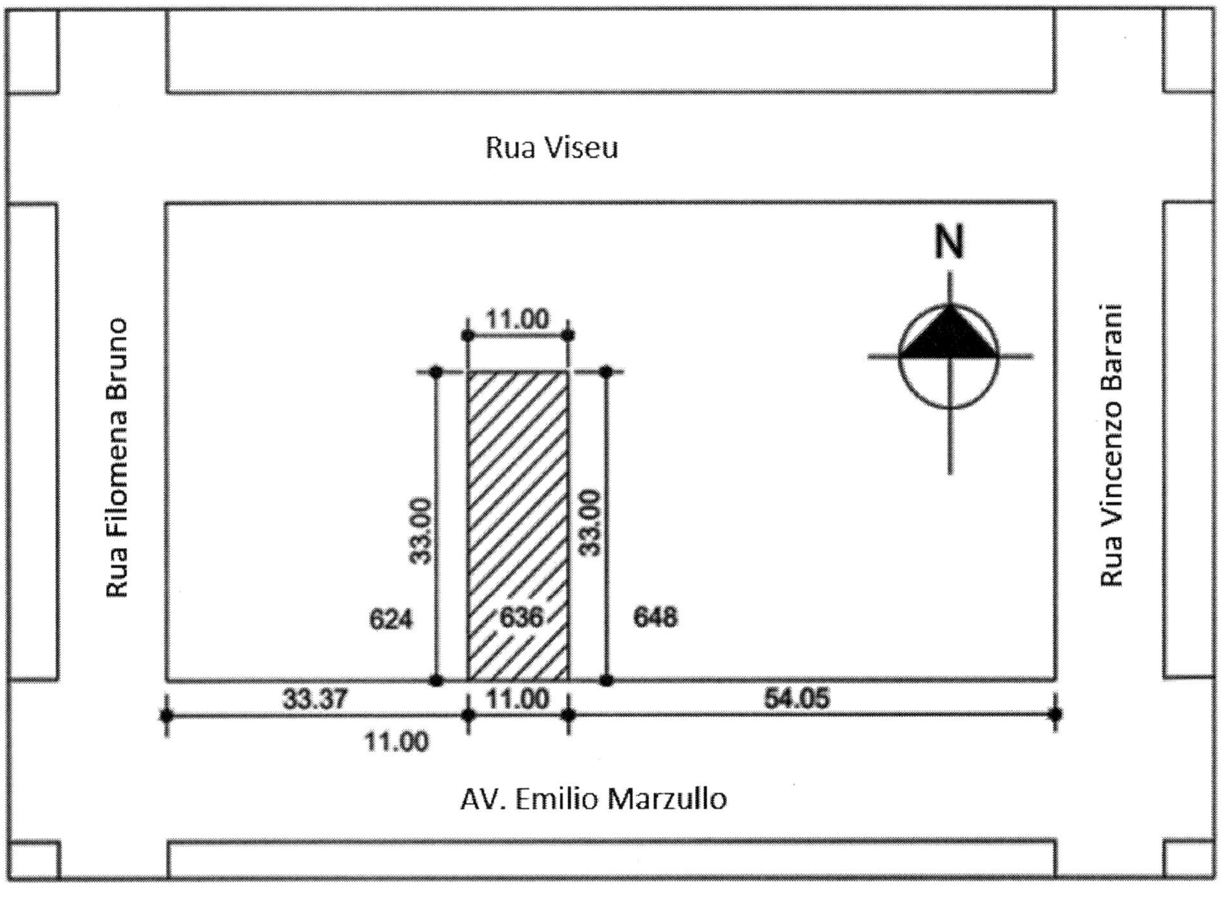

C.3 Planta residencial de um pavimento

É um desenho técnico projetivo, no passado chamada de planta baixa, que representa a casa ou apartamento ou edificação civil, visto de cima, sem o teto e em escala reduzida. Ela serve para planejar o funcionamento da residência, bem como a quantidade, disposição e tamanho dos cômodos. Em geral as plantas são desenhadas nas escalas: 1:25 ou 1:50.

Este tipo de planta, normalmente, é realizado por profissionais de Arquitetura e ou Engenharia Civil.

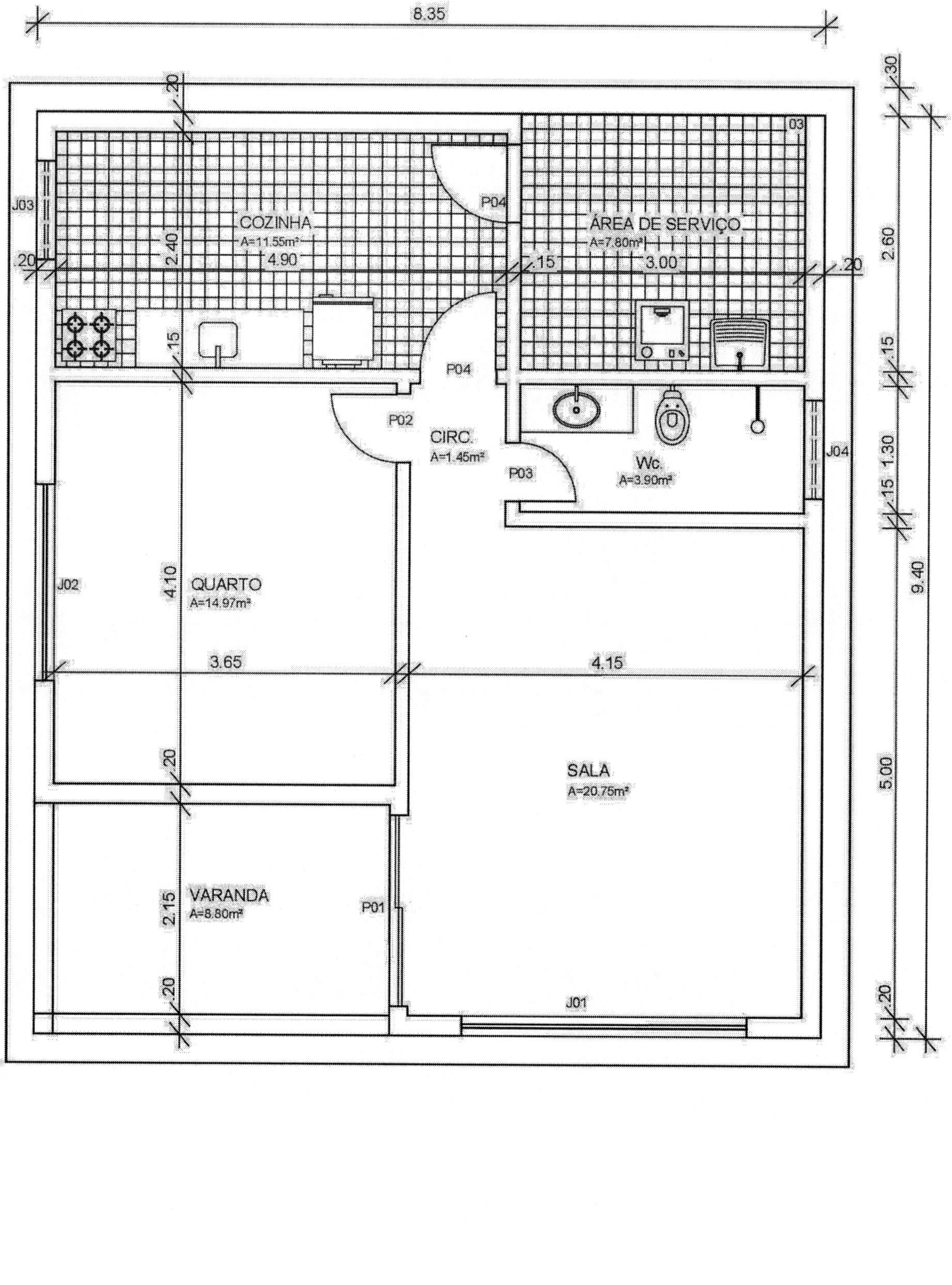

C.4 Desenho de uma instalação hidrossanitária residencial

O projeto hidrossanitário se refere ao projeto hidráulico e sanitário de uma construção civil, desde uma residência popular de um pavimento, até grandes construções como hotéis e Centros Comerciais. Esse projeto detalha as seguintes distribuições: água fria, água quente, esgoto, água pluvial, caixas de gordura, sistema de ventilação por toda a edificação, aquecimento solar, aproveitamento de água da chuva e a cisterna. Em resumo, esse projeto engloba desde a água limpa fornecida pela concessionária e que chega às peças sanitárias, até a eliminação da água negra (efluente dos vasos sanitários).
Este tipo de planta, normalmente, é realizado por profissionais de Arquitetura e ou Engenharia Civil.

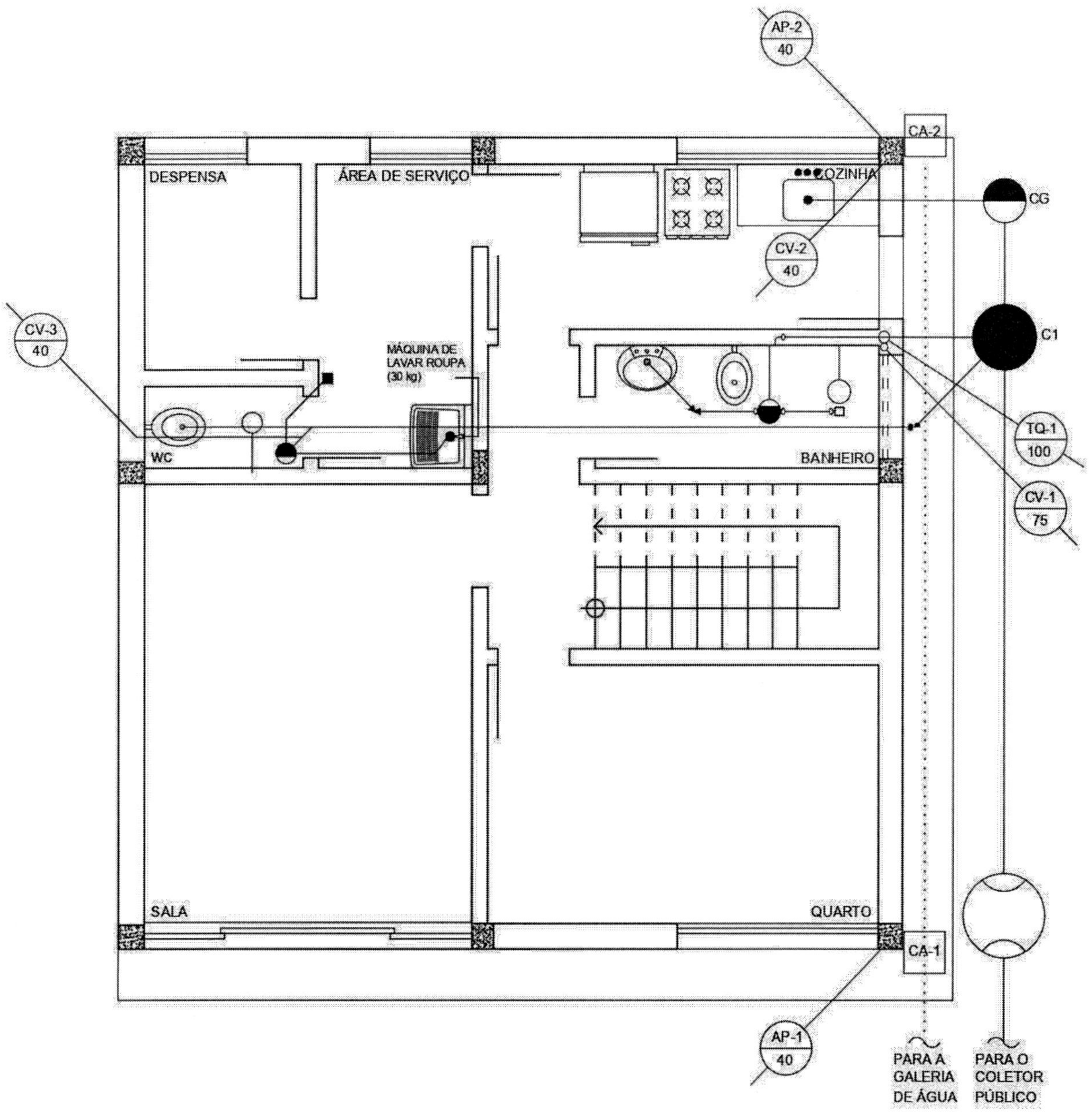

C.5 Desenho de instalação elétrica residencial

O projeto elétrico residencial fornece as informações necessárias para a correta instalação elétrica de uma residência. Arquiteto(a)s e engenheiro(a)s devem seguir uma série de representações e cálculos, que são aplicados de acordo com as normas técnicas vigentes.

A instalação elétrica faz parte da construção de qualquer residência, mostrando a distribuição da eletricidade vinda da concessionária de energia e os eletrodomésticos e demais eletrônicos da casa através de materiais intermediários como: fios, interruptores, tomadas, pontos de luz e instalação elétrica de chuveiros e ar condicionado.

Este tipo de planta, normalmente, é realizado por profissional de Engenharia Elétrica.

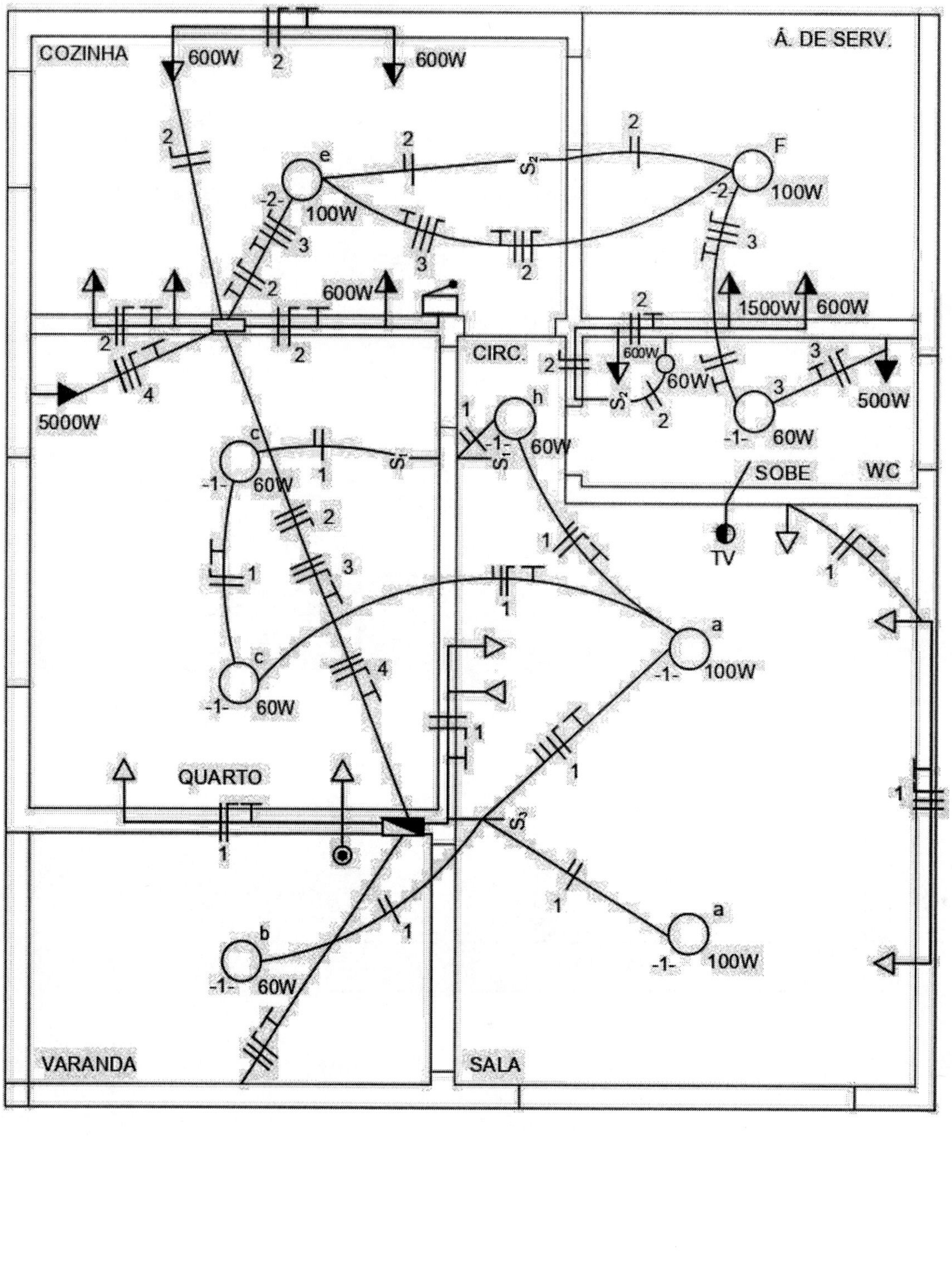

C.6 Desenho de estrutura metálica

Na prática, o projeto de estrutura metalica nada mais é do que o documento com todas as diretrizes para a montagem correta e qualificada de toda a estrutura. É um tipo de sustentação usada na construção composta por materiais metálicos, principalmente aço.

Em geral são utilizados perfis metálicos, sendo os mais comuns os tipos: H, I, L, T, U e W, cada um com sua particularidade.

Este tipo de desenho, normalmente, é realizado por profissional de Engenharia Mecânica.

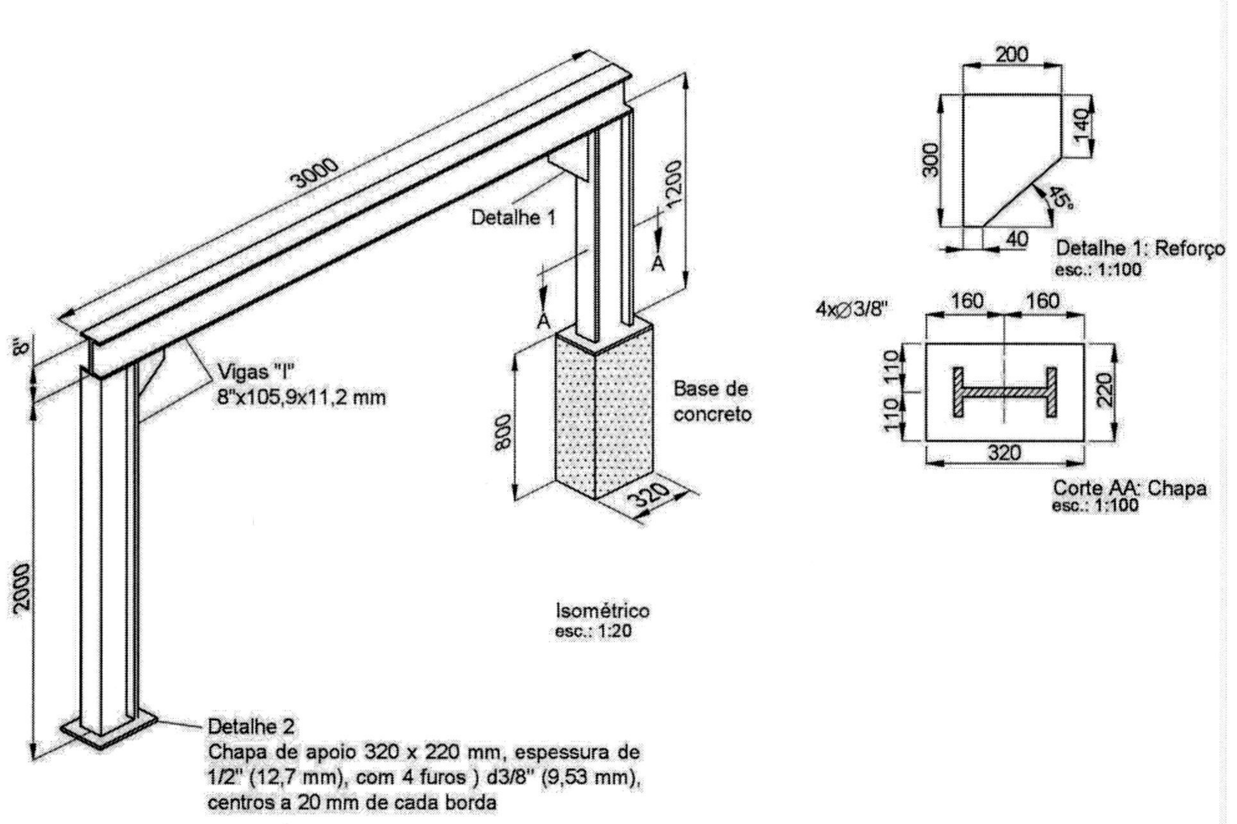

C.7 Desenho de uma planta de tubulação industrial

É um desenho feito em escala, contendo todas as tubulações de uma determinada área industrial, representadas em projeção horizontal, olhando-se de cima para baixo. Os tubos de diâmetro até 12 polegadas (ou 304,8 mm) são representados por traço único, na posição da linha de centro. Acima dessa bitola, os tubos são representados por duas linhas. Em geral são utilizadas as seguintes escalas nas plantas de tubulações industriais: 1:20, 1:50 ou 1:100.

As tubulações são identificadas e indica-se o sentido do fluxo. As válvulas e acessórios são representados por convenções especiais, não normalizadas, e sempre que possível desenhados em escala, sendo mostradas as posições das hastes das válvulas.

Este tipo de planta, normalmente, é realizado por profissional de Engenharia Mecânica.

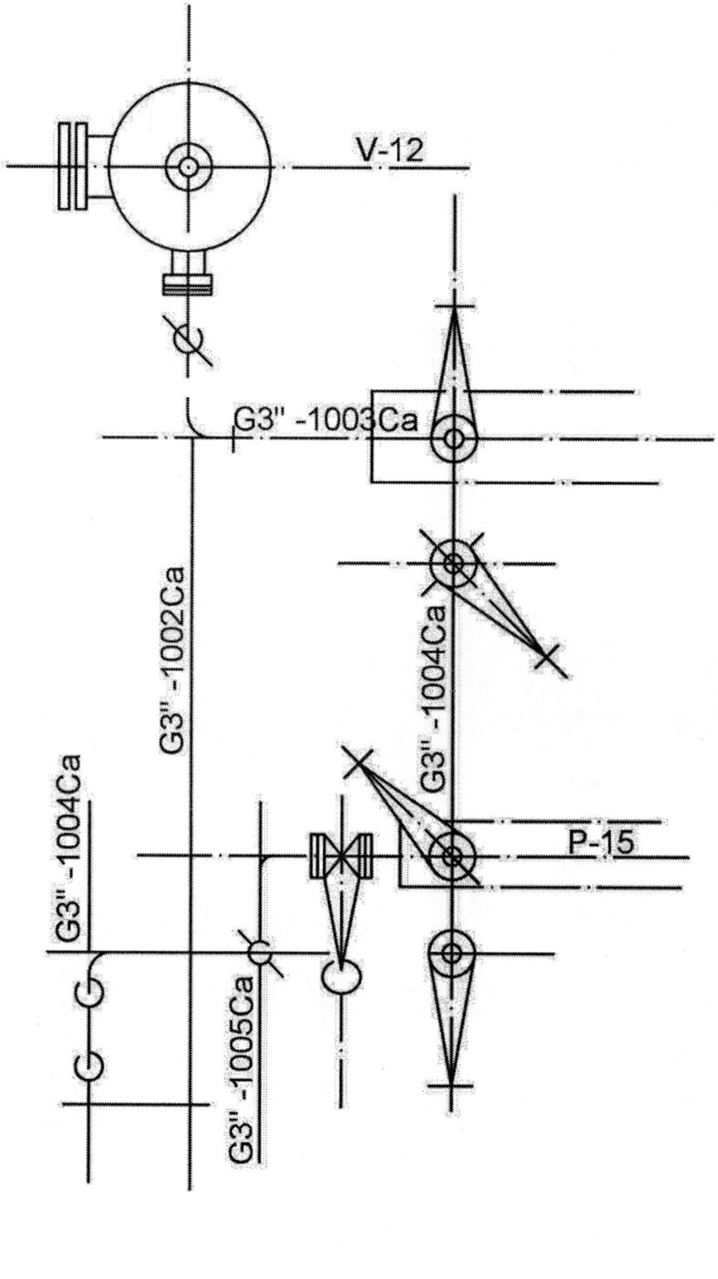

C.8 Desenho de um isométrico de tubulação industrial

Esses desenhos são feitos em perspectiva isométrica, sem escala, executando-se um desenho para cada trecho de tubulação. Nesses desenhos, os tubos verticais permanecem nesta posição e os tubos ortogonais a estes são representados por linhas inclinadas de 30° em relação a horizontal. Os tubos são indicados por traço único, representando a linha de centro dos mesmos. São indicadas, obrigatoriamente, todas as válvulas e acessórios de tubulação, mostrados um a um, bem como a localização e tipo das uniões com a tubulação (rosqueada, flangeada, soldada, etc.). Os equipamentos conectados às tubulações são indicados pela sua identificação, posição da linha de centro e bocais de ligação. As válvulas de controle também são indicadas, bem como as tubulações a ela ligadas, peça a peça. Os desenhos isométricos contêm todas as cotas e dimensões necessárias para a fabricação e montagem de uma tubulação. Normalmente as cotas são indicadas em milímetros e as elevações em metros. Todos os tubos devem apresentar identificação completa, como nas plantas. A identificação de válvulas e acessórios é feita através das convenções especiais.
Este tipo de desenho, normalmente, é realizado por profissional de Engenharia Mecânica.

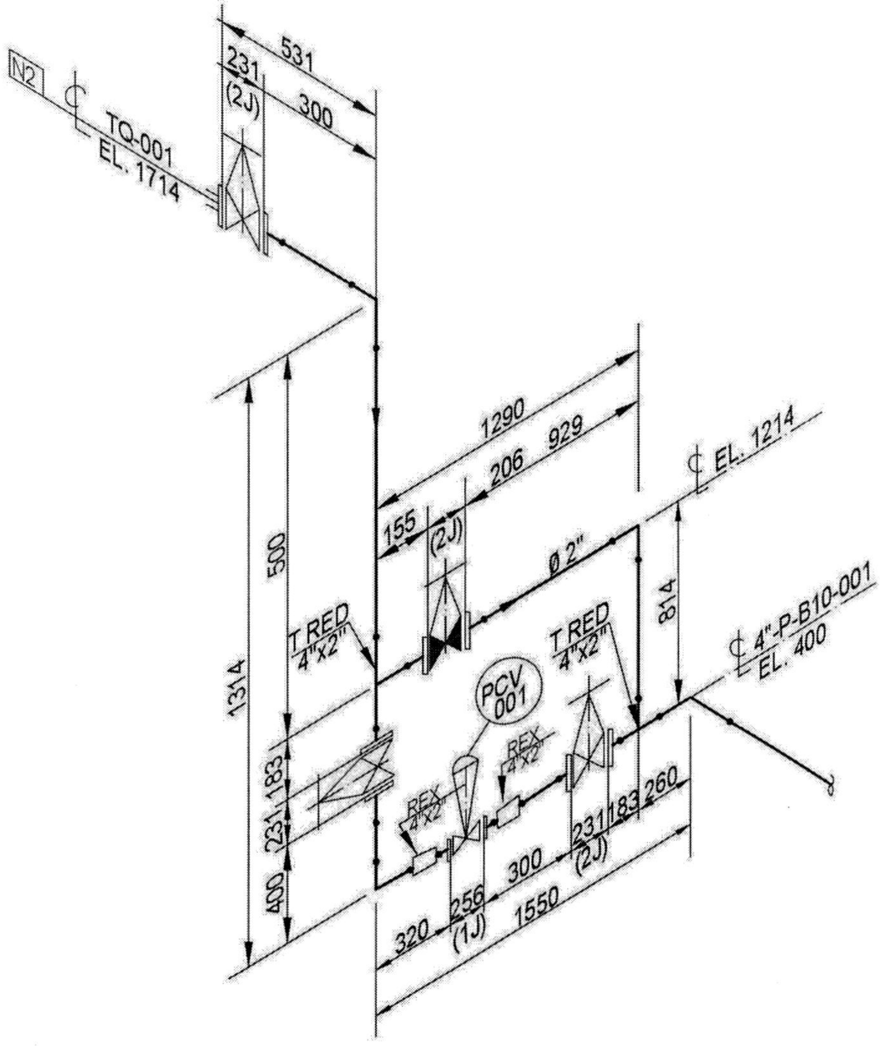

Referências

ABRANTES, José. **Geometria Analítica Aplicada**. Rio de Janeiro: Ciência Moderna, 2019.

__________. **A Geometria Descritiva como base conceitual e introdutória ao Desenho Técnico Projetivo**. Rio de Janeiro: Ciência Moderna, 2022.

__________. **A Geometria Básica estudada nos Ensinos Fundamental e Médio**. Rio de Janeiro: Ciência Moderna, 2022.

__________. **As Pedagogias Digitais e o professor *data show***. Rio de Janeiro: Ciência Moderna, 2022.

ABRANTES, José e FILGUEIRAS FILHO, Carleones Amarante. **Desenho Técnico Básico**. Teoria e Prática. Rio de Janeiro: LTC, 2018.

ABRANTES, José; GRANADO, Renê Mendes. **Desenho Técnico Projetivo Básico**. Rio de Janeiro: Ciência Moderna, 2023.

ARUSTAMOV, Khristofor Artemyevich. **Problems in Descriptive Geometry**. Moscow: Mir Publishers, 1972.

CRUZ, Michele David da. **Projeções e Perspectivas para Desenhos Técnicos**. São Paulo: Érica, 2014.

JANUÁRIO, Antônio Jaime. **Desenho Geométrico**. 2.ed. Florianópolis: Editora da UFSC, 2006.

KRYLOV, Nikolai; LOBANDIEVSKY, Pavel; MEN, Solomon. **Descriptive Geometry**. Moscow: Mir Publishers, 1968.

MACHADO, Ardevan. **Geometria Descritiva**. 27.ed. São Paulo: Atual, 1993.

MICELI, Maria Teresa e FERREIRA, Patrícia. 3.ed. **Desenho Técnico Básico**. Rio de Janeiro: Imperial Novo Milênio, 2008.

__________. **A Perspectiva dos Profissionais**. Sombras, Insolação, Anonometria. 2.ed. 1. reimp. São Paulo: Blücher, 2011.

PEREIRA, Aldemar A. **Geometria Descritiva**. Rio de Janeiro: Quartet, 2001.

PINHEIRO, Virgílio Athayde. **Noções de Geometria Descritiva II**. Mudanças, Rotações, Rebatimentos e Problemas Métricos. 9. reimp. Rio de Janeiro: Livro Técnico, 1981.

PRÍNCIPE JUNIOR, Alfredo dos Reis. **Noções de Geometria Descritiva**. Vol. 2. 19.ed. São Paulo: Nobel, 1976.

__________. **Noções de Geometria Descritiva**. Vol. 1. reimp. São Paulo: Nobel, 2012.

RABELLO, Paulo Sérgio Brunner. **Geometria Descritiva**: fundamentos e operações básicas. Rio de Janeiro: Ciência Moderna, 2021.

RICCA, Guilherme Gonçalves. **Geometria Descritiva. Método de Monge**. 4.ed. Lisboa: Fundação Calouste Gulbenkian, 2009.

RODRIGUES, Álvaro José. **Geometria Descritiva. Projetividades, curvas e superfícies**. 3.ed. Rio de Janeiro: Ao Livro Técnico, 1960.

Impressão e acabamento
Gráfica da Editora Ciência Moderna Ltda.
Tel: (21) 2201-6662